Thermodynamik für Maschinenbauer

von
Prof. Dr.-Ing. Dr. habil Frank-Michael Barth

Oldenbourg Verlag München

Prof. Dr.-Ing. Dr. habil. Frank-Michael Barth ist promovierter Maschinenbauer auf dem Gebiet der Technischen Thermodynamik. Er habilitierte im Fachgebiet Thermische Verfahrenstechnik und war langjährig sowohl in der Lehre an verschiedenen Hochschulen als auch in der Planung thermodynamischer Anlagen- und Prozesstechnik in der Chemie- und Pharmabranche tätig.

Der Autor ist heute an der Hessischen Berufsakademie (BA), c/o FOM Hochschule für Ökonomie & Management, als hauptberuflicher Professor tätig und neben den MINT-Fächern für das Lehr- und Forschungsgebiet Thermodynamik/Wärmelehre verantwortlich.

Bibliografische Information der Deutschen Nationalbibliothek

Die Deutsche Nationalbibliothek verzeichnet diese Publikation in der Deutschen Nationalbibliografie; detaillierte bibliografische Daten sind im Internet über http://dnb.d-nb.de abrufbar.

© 2012 Oldenbourg Wissenschaftsverlag GmbH
Rosenheimer Straße 145, D-81671 München
Telefon: (089) 45051-0
www.oldenbourg-verlag.de

Lektorat: Dr. Martin Preuß, Kristin Berber-Nerlinger
Herstellung: Constanze Müller
Titelbild: thinkstockphotos.de
Einbandgestaltung: hauser lacour
Gesamtherstellung: Grafik & Druck GmbH, München

Dieses Papier ist alterungsbeständig nach DIN/ISO 9706.

ISBN   978-3-486-70772-4
eISBN 978-3-486-71490-6

Vorwort

Alles Leben ist Problemlösen.
Sir Karl R. Popper (1902 – 1994)

Vorliegendes Lehrbuch soll eine Hilfe sein für die Studierenden des Bachelor-Studienganges Ingenieurwesen mit der Fachrichtung Maschinenbau für die Einarbeitung in eines der wichtigsten aber auch nicht ganz leichten Fachmodule der Ingenieurwissenschaften, der Thermodynamik (Energielehre) und Wärmelehre (Transport der thermischen Energie). Aber auch zur Auffrischung von Kenntnissen sowie zur Vorbereitung auf Klausuren und Prüfungen sollte dieses Buch mit vielen Beispiel-Aufgaben dienlich sein.

Dieses Buch ist entstanden aus Vorlesungen des Verfassers an verschiedenen Technischen Universitäten, Hochschulen und Fachhochschulen. Auf Grund der großen Furcht vor diesem Fach sogar bei den Studierenden der früheren Diplom-Studiengänge wurde nach Methoden gesucht, die geeignet erscheinen, den Stoff einfach und verständlich wie möglich darzustellen.

Nach Einführung der Bachelor-Studiengänge konnte für diese Zielgruppe gegenüber den Diplom-Studiengängen auf Grund geringerer Präsenzzeiten für Vorlesungen und Übungen natürlich keine bloße Verdichtung der traditionellen Lehrinhalte vorgenommen werden. Vielmehr mussten die Inhalte der Vorlesung nach Wichtigkeit für die Fragen unserer Zeit und Probleme der Zukunft insbesondere hinsichtlich Energie und Umwelt völlig neu geordnet werden. Ausgewählte praktische und lebensnahe Anwendungsbeispiele sollen nicht nur das Verstehen der Vorlesungsinhalte erleichtern, sondern auch eine immer wieder gleichartige Methode der Lösungsfindung aufzeigen, mit der auch beliebige andere Aufgaben im Ingenieurleben erfolgreiche bearbeitet werden können.

Entstanden ist schließlich ein Vorlesungsskriptum für die Vermittlung der Grundlagen der Thermodynamik, wie sie im ingenieurwissenschaftlichen Fachmodul der Bachelor-Ausbildung mit nur etwa 100 Präsenzstunden behandelt werden. Zugute kam mir bei der Auswahl der Übungs- und Musteraufgaben für das Vorlesungsskriptum meine über zwanzigjährige weltweite Praxistätigkeit in Planung, Errichtung und Betrieb energietechnischer Anlagen als Senior Project Manager und Director of Competence Center des Pharma- und Chemiekonzerns Bayer AG.

Der dargebotene Stoff ist auf das aus meiner Praxistätigkeit bekannte Wesentliche reduziert. Wert wird hier auf eine klare, kurze und verständliche Darstellung gelegt. Eine hinreichende Anzahl praxisrelevanter Rechenaufgaben mit ausführlicher Erklärung der Lösungen soll nicht nur dem Studierenden helfen, die Gesetze der Thermodynamik zu verstehen bzw. Sicherheit in ihrer Anwendung zu erlangen, sondern als Nachschlagewerk auch den Jungingenieur zum energiewirtschaftlichen Denken und Handeln befähigen.

Dass dieses Buch zustande kam, ist letztendlich der Anregung der kritischen und kompetenten Leserschaft meiner Skripte, den Studierenden des Erststudienganges Ingenieurwesen 2008 der BA Hessische Berufsakademie (University of Cooperative Education) c/o FOM Hochschule für Ökonomie & Management (University of Applied Sciences) zu verdanken. Aus dem Feedback war zu erkennen, dass sich die Studierenden intensiv mit der Materie auseinander setzten und das eine oder andere Detail entsprechend genau wissen wollten.

Dank gebührt den studentischen Hilfskräften dieses Studienganges, insbesondere Herrn Karsten Kolberg, B.ENG., der mit großem Fleiß die meisten Formeln drucktechnisch aufbereitet hat.

Dem Oldenbourg Verlag möchte ich für die äußerst angenehme und konstruktive Zusammenarbeit danken.

Frank-Michael Barth

Leverkusen, März 2012

Inhaltsverzeichnis

Häufig verwendete Formelzeichen

a) **Lateinische Formelbuchstaben**

A	Fläche
a	Absorptionskoeffizient
B	Anergie
$\dot{B}$	Anergiestrom
B_Q	Anergie der Wärme
C_s	Strahlungskoeffizient des schwarzen Körpers
c	spezifische Wärmekapazität
c_p	spezifische Wärmekapazität bei konstantem Druck
c_v	spezifische Wärmekapazität bei konstantem Volumen
d	Durchlasskoeffizient
E	Exergie
E_g	Gesamtexergie
E_{kin}	kinetische Energie
E_{pot}	potentielle Energie
$\dot{E}$	Exergiestrom, Strahlungsenergiestrom
$\dot{E}_S$	flächenbezogenen Energiestrom des schwarzen Körpers
e	spezifische Exergie
F	Fläche
g	Erdbeschleunigung
H	absolute Enthalpie
h	spezfische Enthalpie
I	elektrische Stromstärke
K	Kelvintemperatur
k	Wärmedurchgangskoeffizient
k_B	BOLTZMANN-Konstante
M	molare Masse
m	Masse
$\dot{m}$	Massenstrom
N_A	AVOGADRO-Konstante
n	Molzahl, Teilchenmenge, Polytropenexponent
p	Druck
p_B	barometrischer Druck

p_n Normaldruck

p_U Unterdruck

$p_{\ddot{U}}$ Überdruck

Q Wärme

$\dot{Q}$ Wärmestrom

q spezifische Wärme

$\dot{q}$ spezifischer Wärmestrom

R spezielle Gaskonstante, elektrischer Widerstand

R_T thermischer Widerstand

$\bar{R}$ universelle Gaskonstante

r Reflexionskoeffizient

S Entropie

$\dot{S}$ Entropiestrom

S_{irr} irreversible Entropie

s spezifische Entropie

T Kelvintemperatur

T_n Normaltemperatur

t Celsiustemperatur

U absolute innere Energie, elektrische Spannung

u spezifische innere Energie

V Volumen

$\dot{V}$ Volumenstrom

v spezifisches Volumen

$\bar{v}$ molares Volumen

$\bar{v}_n$ Norm-Molvolumen

W absolute Arbeit

W_t absolute technische Arbeit

W_D absolute Arbeit der Druckkräfte (Oberflächenkräfte)

W_R absolute Arbeit der Reibungskräfte

$\dot{W}$ Arbeitsstrom

w spezifische Arbeit

w_t spezifische technische Arbeit

w_D spezifische Arbeit der Druckkräfte (Oberflächenkräfte)

w_R spezifische Arbeit der Reibungskräfte

$\dot{w}$ spezifischer Arbeitsstrom

x Koordinate

y Koordinate

Z Realgasfaktor

z Koordinate

b)   Griechische Formelbuchstaben

α Wärmeübergangskoeffizient

δ Schichtdicke

ε Emissionskoeffizient

η_{th} thermischer Wirkungsgrad einer Wärmekraftmaschine

η_C CARNOT-Faktor

λ Wärmeleitkoeffizient

κ Isentropenexponent

ρ Dichte

σ STEFAN-BOLTZMANN-Konstante

1   Einleitung

Die Entwicklung einer modernen Gesellschaft geht mit ihrer Fähigkeit parallel, sich Energien in Form von Wärme, Arbeit und später in Form von Elektroenergie in immer größerem Maße nutzbar zu machen.

Bis ins Mittelalter erfolgte hauptsächlich die Nutzung der Energievorräte im natürlichen Zustand (Brennstoffe, Haustiere, Wasser, Wind). Im 18. Jahrhundert gelang die Umwandlung von Wärme in mechanische Arbeit mit Hilfe eines Arbeitsmediums. Danach begann eine schnelle Entwicklung der Prozesse zur Gewinnung von Arbeit und der für die Prozessdurchführung benötigten Maschinen (Kolbendampfmaschine, Kolbengasmaschine, Dampfturbine, Gasturbine). Der prinzipielle Weg der Erzeugung von Arbeit bzw. Elektroenergie aus Wärme ist auch bis heute noch geblieben. In Deutschland werden dabei immer noch vorwiegend natürliche Brennstoffe (fossile Energieträger: Kohle, Erdöl, Erdgas) aber nach der Energiewende 2011 abnehmend Kernbrennstoffe (Uran) und zunehmend erneuerbare Energien (Windenergie, Wasserkraft, Sonnenenergie, Bioenergie, Geothermie, Wellenenergie) genutzt.

In Deutschland wurden im Jahr 2010 mehr als 30% des Primärenergiebedarfs noch mit Erdöl, mehr als 20% mit Erdgas und mehr als 20% mit Kohle gedeckt. Im Jahr 2010 betrug der Anteil der Kernenergie an der Bruttostromerzeugung noch über 20%. Seit dem 11. März 2011, dem Tag des Reaktorunglücks im japanischen Fukushima, hat sich die Bundesregierung im geradezu atemberaubenden Tempo von der Atomkraft verabschiedet, denn 8 der 17 Anlagen in Deutschland gingen sofort vom Netz. Die Wende zu erneuerbaren Energien hin ist offenbar eingeleitet.

Durch zunehmendes Umweltbewusstsein und bewussteren Umgang mit vorhandenen Ressourcen gewinnen erneuerbare Energien eine immer größere Bedeutung. Die Windenergie zählt zu den erneuerbaren Energien. Über 25.000 Windräder gibt es in Deutschland. Mit etwa 32 GW ist deren Anteil von 6% (Stand 12/2010) auf 7,6% (Stand 12/2011) an der Bruttostromerzeugung gestiegen (Quelle: Bundesverband der Energie- und Wasserwirtschaft-BDEW). Bis zum Jahre 2050 soll die Brutostromproduktion durch Wind-, Wasser- und Solarenergie, Biomasse und Geothermie auf fast 200.000 GW erweitert werden.

Allein der Wind könnte theoretisch fast die Hälfte des heutigen weltweiten Bedarfs an regenerativer Energie decken und die Sonne sogar weit über die 3,5-fache Menge.

Die Investitionen in Anlagen zur Nutzung der erneuerbaren Energien in Deutschland betrugen in Deutschland rund 20 Milliarden Euro.

Der bisherige maßlose Verbrauch fossiler Energieträger führte zu globalen Problemen. Technischer Fortschritt – der mit weniger Energie Gleiches oder mehr zu erzielen ermöglicht – ist zu beschleunigen. Energiesparende Produkte und Techniken sollen die alten verdrängen.

Aus dem Bestreben heraus, die Umwandlung und Übertragung der einzelnen Energieformen sicherer zu beherrschen, entstanden als Teilgebiete der Physik die Thermodynamik (Grundlagen der Energielehre) und die Wärmelehre (Grundlagen der Wärmeübertragung, d.h. präziser der thermische Energietransport durch Leitung, Konvektion
und Strahlung).

Der Begriff Thermodynamik ist aus den griechischen Wörtern *thermos* und *dynamis*
(Wärme und *bewegen)* abgeleitet und resultiert aus einer historischen Wissenschaftsbe-
trachtung, in der es vornehmlich um die Untersuchung von Wärmeerscheinungen ging.
Heute wird unter Thermodynamik die Energielehre, d.h. die Lehre von den Energieumwandlungen und Energieübertragungen und den damit verbundenen Änderungen der
Stoffeigenschaften verstanden. Wärmelehre wird als die Lehre vom Transport thermischer Energie aufgefasst.

Die hier betrachtete nur auf makroskopisch messbare Eigenschaften aufbauende so
genannte phänomenologische Darstellungsart der Thermodynamik oder „technische"
Thermodynamik (inklusive Wärmelehre) stützt sich im Gegensatz zur „statistischen"
Thermodynamik in ihren Betrachtungen auf Erfahrungssätze. Die wichtigsten Erfahrungssätze sind der erste und zweite Hauptsatz der Thermodynamik, die Größen enthalten, die direkt gemessen werden können. Bei dieser Darstellungsart werden zudem
chemische, elektrische und magnetische Vorgänge aus der Betrachtung ausgeschlossen.
Die „technische" Thermodynamik in seiner phänomenologischen Darstellungsart, ausgehend von Erfahrungssätzen, ist gegenüber der statistischen Thermodynamik eine
relativ einfache, beschreibende ingenieurtechnische Wissenschaft, die zur Behandlung
technischer Aufgabenstellungen in der Regel völlig ausreichend ist.

Die statistische Thermodynamik geht dagegen vom Atom- bzw. Molekülaufbau der Materie aus und beschreibt mit statistischen Methoden die Eigenschaften der Teilchen des
zu untersuchenden Stoffes.

Die technische Thermodynamik – im folgenden nur Thermodynamik genannt – wird
hier also phänomenologisch behandelt, d.h. die Eigenschaften der untersuchten Stoffe
in einem thermodynamischen (Makro-)System werden mit experimentell messbaren
Größen, z.B. Druck, Temperatur und Volumen beschrieben. Grundlage dieser Darstellung
sind hypo-thesenfreie Erfahrungsgrundlagen (Axiome oder Hauptsätze) und Gleichungen zur Beschreibung der Stoffeigenschaften. Die phänomenologische Betrachtungsweise beschränkt sich auf die Beschreibung von Gleichgewichtszuständen thermodynamischer Systeme und auf die Darstellung von Zustandsänderungen, die unendlich
langsam (im Sinne von unendlich vielen Gleichgewichtszuständen) durchlaufen werden. Die Materie im thermodynamischen System (Kontrollraum, Bezugsraum oder
Stoffmenge) wird dabei als Kontinuum mit seinen wesentlichen messbaren Eigenschaften z.B. Druck, Temperatur und Volumen betrachtet. Diese Betrachtungsweise führt zu
einer gewissen Kompliziertheit in der Begriffsbildung, die den Studierenden erfahrungsgemäß zunächst einige Schwierigkeiten bereiten. Schnell wird jedoch klar, dass
die bei der phänomenologischen Betrachtungsweise erlangten Aussagen zur schnellen
und unkomplizierten Lösung von technischen Aufgaben bestens geeignet sind.

Eine große Zahl technischer Vorgänge hat Energieübertragungen und Energieumwand-
lungsprozesse zum Ziel. Somit ist die Thermodynamik für viele Fachdisziplinen von
besonderer Bedeutung. Hierzu zählen z.B. alle Bereiche der Versorgungs- und Entsor-

gungstechnik, die Planung, Errichtung und der Betrieb energietechnischer Anlagen (Pumpen, Verdichter, Motoren und Turbinen), Wärmeübertrager (Dampferzeuger, Kondensatoren), Feuerungs-, Heizungs- und Rohrleitungstechnik, Klima- und Kältetechnik, Wärme- und Stoffübertragung.

Thermodynamische Kenntnisse sind schließlich notwendig bei der Entwicklung von Energiespeichertechnologien und dem so genannten Wärmemanagement. Beispielhaft ist hier das 2011 errichtete Hybridkraftwerk Prenzlau für grundlastfähige Windkraftwerke, in dem Wasserstoff erzeugt und als Energiespeicher genutzt wird. Der zwischengespeicherte Wasserstoff wird in Zeiten hoher Nachfrage nach Elektroenergie und geringem Windenergieangebot beispielsweise in einem Blockheizkraftwerk mit dem Brennstoff Biogas und Wasserstoff zur Erzeugung von Strom- und Wärme genutzt.

Die Thermodynamik ist ebenfalls Grundlage in der thermischen Verfahrenstechnik und der Umweltschutztechnik sowie bei der thermischen Behandlung von Abfällen. Zur Umweltschutztechnik gehört auch der Einsatz von Dämmstoffen. Berechnungsgrundlage ist hier die Wärmelehre.

Nach Angaben der Dämmstoff-Spezialisten können durch bessere Isolierung mehr Treibhausgasemissionen eingespart werden, als über die gesamte Lebensdauer der Produkte (Lebenszyklus der Produkte einschließlich des Herstellungsprozesses) emittiert werden. Beim 3-zu-1-Modell entspricht der Verbrauch einer Tonne CO_2 für den Lebenszyklus eines Produktes drei Tonnen CO_2, die durch Nutzung dieses Produktes eingespart werden. Polyurethan-Dämmstoffe sparen zudem im Laufe ihrer Nutzung im Gebäude etwa 70 Mal mehr Energie ein als zu ihrer Herstellung aufgewandt werden muss.

Die Beherrschung der thermodynamischen Begriffswelt, aber auch die Gewöhnung an immer wiederkehrende gleichartige Modellvorstellungen (im Sinne eines Kochrezeptes) für die verschiedenartigsten Aufgaben als methodisches Instrumentarium bildet eine entscheidende Voraussetzung zu deren Lösung.

2 Grundbegriffe

2.1 System, Systemgrenze, Umgebung, Bezugssystem

Für jede thermodynamische Untersuchung muss festgelegt werden, welcher Gegenstand (Körper, konstante oder veränderliche Stoffmenge, Bezugsraum, Feld) von welchem Standpunkt (*Bezugssystem BZS*) aus untersucht werden soll.

Der zu untersuchende Gegenstand (konstante oder veränderliche Stoffmenge, abgegrenzter Kontrollraum, Bezugsraum, Bilanzraum) heißt thermodynamisches System oder kurz *System*. Er wird durch eine gedachte oder vorhandene materielle Grenze, der so genannten *Systemgrenze (Bilanzhülle)*, von der *Umgebung* abgegrenzt, Abb. 2.1.

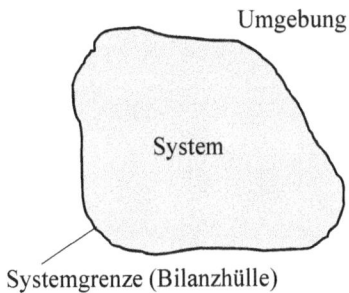

Umgebung

System

Systemgrenze (Bilanzhülle)

Abb. 2.1:   Thermodynamisches System

In einer Wärmekraftmaschine können z.B. folgende Systemgrenzen gelegt werden, Abb. 2.2, Abb. 2.3 und Abb. 2.4

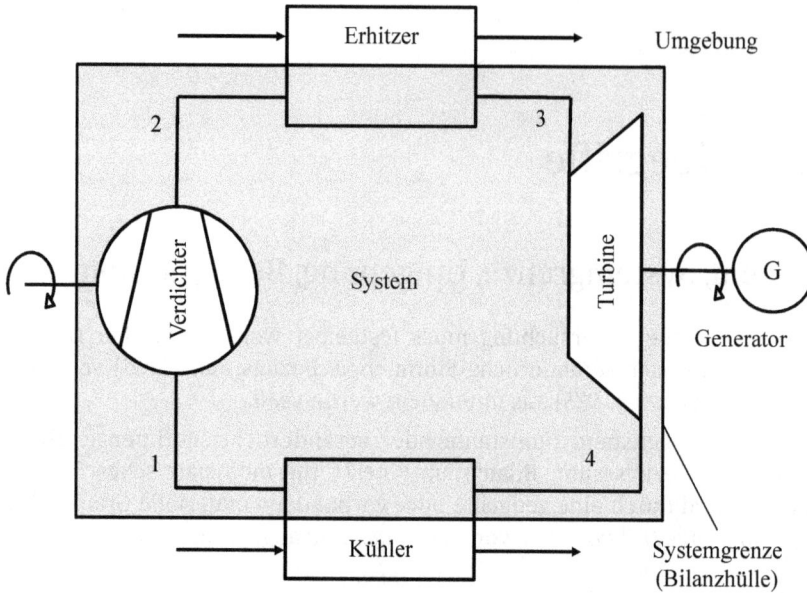

Abb. 2.2:   Thermodynamisches System Wärmekraftmaschine

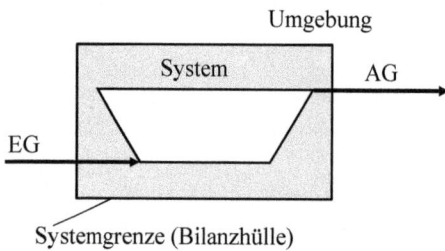

Abb. 2.3:   Thermodynamisches System Turbine, EG – Eingangsgröße, AG – Ausgangsgröße

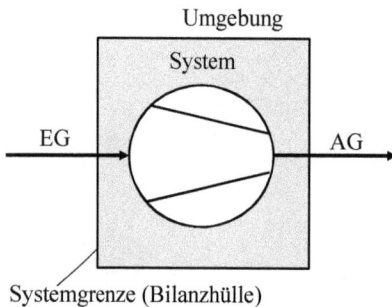

Abb. 2.4:   Thermodynamisches System Verdichter, EG – Eingangsgröße, AG – Ausgangsgröße

Andere thermodynamische Systeme müssen nicht nur körperlich oder geometrisch begrenzte Objekte sein wie Pumpen, Abb. 2.5, sondern auch gedachte Bereiche wie ein Strömungsbereich zwischen zwei Schaufelgittern einer Turbine, Abb. 2.6.

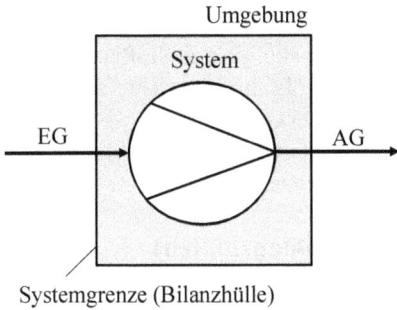

Abb. 2.5:   Thermodynamisches System Pumpe, EG – Eingangsgröße, AG – Ausgangsgröße

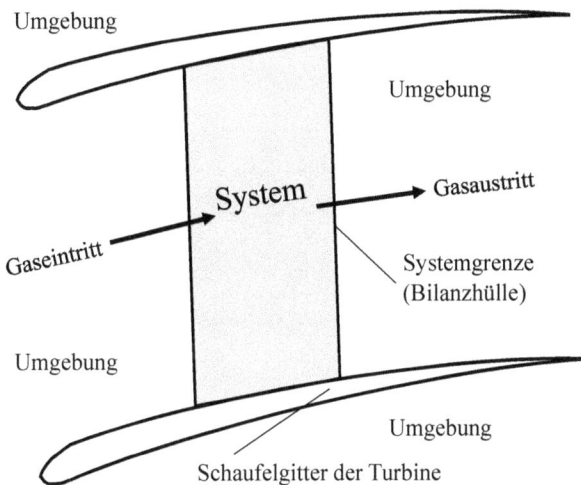

Abb. 2.6:   Thermodynamisches System Strömung zwischen Schaufelgittern der Turbine

Durch die Schaffung dieser Bilanzräume ist es möglich, Maschinen und Apparate thermodynamisch zu berechnen, ohne sich im Einzelnen um die Vorgänge innerhalb dieser Räume zu kümmern (Prinzip: black box).

Die Systemgrenzen werden stets so gelegt, dass die untersuchten Größen unmittelbar berechnet werden können.

Die thermodynamischen Systeme werden unterschieden

- nach den Eigenschaften bzw. der Beschaffenheit ihrer Systemgrenzen (Bilanzhüllen)
    - *Offene Systeme*, die einen Stoff- und Energietransport über die Systemgrenze hinweg aufweisen
    - *Geschlossene Systeme*, bei denen stets dieselben Teilchen betrachtet werden bzw. kein Stofftransport über die Systemgrenze auftritt
    - *Abgeschlossene Systeme*, über deren Systemgrenze weder ein Stoff- noch ein Energietransport stattfindet

- nach dem Zustand im Innern des Systems
  - *Homogene Systeme*, die an allen Punkten des Systems die gleiche Stoffzusammensetzung und die gleichen Eigenschaften, z.B. Druck, Temperatur usw. aufweisen (Definitionen von Druck und Temperatur erfolgen später).
  - *Inhomogene Systeme*, die an verschiedenen Punkten unterschiedliche Stoffzusammensetzungen oder unterschiedliche Eigenschaften besitzen

Eigenschaften bzw. Beschaffenheit der Systemgrenzen (Bilanzhüllen)

Sind die Grenzen eines Systems stoffdicht, so wird es als geschlossen bezeichnet, Abb. 2.6. Die geschlossenen Systeme lassen also keinen Stoffstrom über die Systemgrenze zu, Energieströme in Form von Arbeit und/oder Wärme über diese sind aber möglich (Definitionen von Wärme und Arbeit erfolgen später).

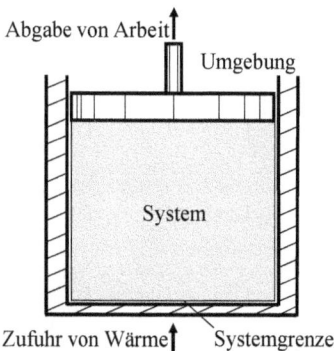

Abb. 2.7:   Thermodynamisches geschlossenes System

Wie aus Abb. 2.7 leicht erkennbar ist, kann ein System mit veränderlichen Systemgrenzen durchaus geschlossen sein.

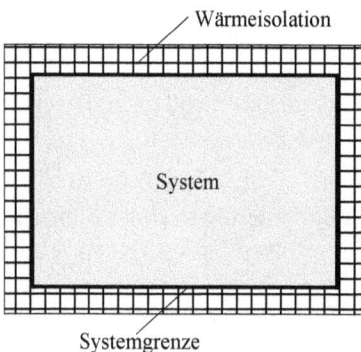

Abb. 2.8:   Thermodynamisches abgeschlossenes System

In der Abb. 2.8 wird ein abgeschlossenes System gezeigt, über deren Systemgrenze weder Stoff- noch Energietransporte stattfinden.

Beispiele für geschlossene thermodynamische Systeme sind:

- Wärmekraftmaschine, Abb. 2.2
- Zylinder mit beweglichen Kolben, Abb. 2.7
- Thermosgefäß, Abb. 2.8

Beispiele für offene thermodynamische Systeme sind:

- Turbine zur Energiegewinnung, Abb. 2.3
- Verdichter (Kompressor) zum Verdichten eines Gases, Abb. 2.4
- Pumpe zum Fördern von Flüssigkeiten, Abb. 2.5
- Volumenelement eines strömenden Fluids (Flüssigkeit oder Gas), Abb. 2.6

Bei den offenen Systemen sind Stoffströme über die Systemgrenzen vorhanden. Die Grenzen der Systeme sind stoffdurchlässig. Bei offenen Systemen sind folgende Energieströme über die Systemgrenze möglich:

1. an den Stoffstrom gebundener Energiestrom
2. Energieströme in Form von Arbeit und Wärme (wie beim geschlossenen System)

Eigenschaften im Innern des Systems

Ein *homogenes System* ist vorhanden, wenn die makroskopischen Eigenschaften der im System befindlichen Stoffe an allen Stellen des Systems gleich sind, d.h. wenn überall gleiche chemische Zusammensetzung und gleiche physikalische Eigenschaften (z.B. Druck, Temperatur) vorhanden sind (Definitionen von Druck und Temperatur erfolgen später).

Ändern sich die Eigenschaften der Stoffe jedoch sprunghaft an gewissen Grenzflächen und existieren an verschiedenen Punkten unterschiedliche Stoffzusammensetzungen oder unterschiedliche Eigenschaften, wird das *System inhomogen (heterogen)* bezeichnet.

Bezugssystem

Der Standpunkt wird durch das *Bezugssystem BZS* (Koordinatensystem) festgelegt. Die thermodynamischen Systeme sind *ruhende Systeme*, wenn sie sich in Ruhe zum Bezugssystem befinden. Die thermodynamischen Systeme sind *bewegte Systeme*, wenn sie sich im Bezugssystem bewegen. Die Bewegungen zwischen System und Bezugssystem sind relativ. Ein bewegtes Bezugssystem im oder außerhalb zum System wird demzufolge auch als bewegtes System (aus der Sicht des Bezugssystems) angesehen. Die geschickte Wahl des Bezugssystems erleichtert die Lösung eines thermodynamischen Problems.

2.2   Thermodynamischer Zustand

Der *thermodynamische Zustand* eines Systems ist die Gesamtheit seiner momentanen (zu einem Zeitpunkt vorliegenden) makroskopischen Eigenschaften. Alle folgenden Betrachtungen beschränken sich hier auf makroskopisch *messbare* Eigenschaften des zu untersuchenden Systems im *Gleichgewichtszustand*, siehe dazu nächsten Abschn. Beispielsweise wird bei der Fiebermessung der Gleichgewichtszustand zwischen Körper und Thermometer abgewartet. Jedes thermodynamische System hat eine Vielzahl makroskopischer Eigenschaften wie Volumen, Druck, Dichte, Temperatur, Stoffmenge u.a. Der Gleichgewichtszustand eines Systems lässt sich dagegen mit wenigen Eigenschaften beschreiben. Mit der Beschränkung auf die Betrachtung von Gleichgewichtszuständen werden hier auch bei Änderungen des Zustandes eines Systems stets zunächst nur der eingeschwungene Anfangs- und dann der eingeschwungene Endzustand untersucht. Der thermodynamische Zustand im jeweils eingeschwungenen Anfangs- bzw. Endzustand kennzeichnet eindeutig ein System und lässt Änderungen im System erkennbar und berechenbar machen.

Systeme im Nichtgleichgewichtszustand fallen in das Gebiet der irreversiblen Thermodynamik und werden hier nicht behandelt.

2.3   Erstes Gleichgewichtspostulat der Thermodynamik

Die Thermodynamik beschäftigt sich mit thermodynamisch wichtigen, makroskopischen Eigenschaften. Sie betrachtet nur Systeme, die dem *ersten Gleichgewichtspostulat der Thermodynamik* folgen:

> Jedes System strebt einen Gleichgewichtszustand zu, wenn es abgeschlossen wird. Im Gleichgewichtszustand erfolgen keine Änderungen des makroskopischen Zustandes.

Systeme, die dem ersten Gleichgewichtspostulat nicht genügen, d.h. auf Grund der Bewegung der Atome und Moleküle keinen Gleichgewichtszustand erreichen oder ihn spontan wieder verlassen, gehören in den Arbeitsbereich der statistischen Thermodynamik.

2.4   Innere Zustandsgrößen

Die Eigenschaften, die den Zustand des Systems beschreiben, werden durch *Zustandsgrößen* ausgedrückt. Eine Größe besteht stets aus einem Zahlenwert und einer Einheit.

Zustandsgrößen können nach verschiedenen Gesichtspunkten eingeteilt werden. Für die Thermodynamik ist die Unterteilung in *extensive* und *intensive* sowie in *äußere* und *innere* Zustandsgrößen besonders wichtig.

Innere Zustandsgrößen lassen sich in *extensive* (mengenabhängige) und *intensive* (mengenunabhängige) Zustandsgrößen einteilen.

Extensive Zustandsgrößen Z eines Systems setzen sich additiv aus den entsprechenden Zustandsgrößen der Teilsysteme k zusammen

$$Z = \sum_k Z_k \tag{2.1}$$

Für ein homogenes System folgt daraus, dass extensive Zustandsgrößen proportional der Masse des Systems sind.

Intensive Zustandsgrößen z eines Systems erhält man, wenn eine extensive Zustandsgröße auf eine Substanz- oder Stoffmenge des Systems bezogen wird.

Wird als Stoffmengenbezug die Systemmasse m verwendet, so ergeben sich *spezifische Zustandsgrößen*

$$z = \frac{Z}{m} \tag{2.2}$$

Bezieht man die extensive Zustandsgröße nicht auf die Masse, d.h. einer Gewichtseinheit, sondern auf die Stoffmenge n, auch Molzahl, Molmenge oder Teilchenmenge (Moleküle, Atome oder Ionen) genannt, so erhält man *molare Zustandsgrößen*

$$\bar{z} = \frac{Z}{n} \tag{2.3}$$

Die Einheiten für die Masse m und für die Molmenge n sind g bzw. mol.

Es gilt das

AVOGADRO-Gesetz:
Beliebige Stoffmengen enthalten bei gleichem Druck, gleichem Volumen und gleicher Temperatur die gleiche Molmenge, d.h. die gleiche Anzahl von Teilchen (Moleküle, Atome oder Ionen).

(Definitionen von Druck, Volumen und Temperatur erfolgen später).

Die Anzahl der Teilchen (Moleküle, Atome oder Ionen) eines beliebigen Stoffes in $1\ mol$ beträgt $6{,}022 \cdot 10^{23}\ Teilchen$.

Die Größe $N_A = 6{,}022 \cdot 10^{23}\ \frac{Teilchen}{mol}$ (Größe besteht stets aus Zahlenwert und Einheit) wird nach seinem Entdecker AVOGADRO-Konstante genannt.

Gleiche Molmengen (Stoffmengen in mol) haben selbstverständlich unterschiedliche Massen (Stoffmengen in g).

Das Mol (mol) ist nach der 14. Generalkonferenz für Maß und Gewicht CGPM 1971 die siebte und letzte Basiseinheit des Internationalen Einheitensystems SI.

Die Masse eines Stoffes m ist der Menge seiner Teilchen n proportional, somit folgt $m \sim n$.

Führt man den Proportionalitätsfaktor M ein, ergibt sich eine Definitionsgleichung für die molare Masse M

$$m = M \cdot n \tag{2.4}$$

Im Periodensystem der Elemente steht das Kohlenstoffelement mit der Bezeichnung $^{12{,}01}C$.

$6{,}022 \cdot 10^{23}\ {}^{12}C$-Atome haben eine Masse von $m = 12{,}01\ g$ oder nach Gl. (2.4) die molare Masse (Molmasse) $M_C = \frac{m_C}{n_C} = 12{,}01\ g/mol = 12{,}01\ kg/kmol \approx 12\ kg/kmol$.

Die Summenformel für Aspirin $C_9 H_8 O_4$ beispielsweise hat mit den Elementen $^{12,01}C$, $^{1,01}H$ und $^{15,99}O$ mit $9\ C - Atomen$, $8\ H - Atomen$ und $4\ O - Atomen$ nach Tab. 2.1 die Molmasse von 180 $kg/kmol$.

Tab. 2.1:   Molmasse von Aspirin $C_9 H_8 O_4$

Atom	Molmasse M	Anzahl Atome	gesamt
C	12,01 $kg/kmol$	9	108,09 $kg/kmol$
H	1,01 $kg/kmol$	8	8,06 $kg/kmol$
O	15,99 $kg/kmol$	4	63,96 $kg/kmol$
		Summe	180,11 $kg/kmol$

Die Molmassen einiger technisch wichtiger Gase und Dämpfe sind in Tab. 2.2 aufgelistet.

Tab. 2.2   Molmassen von Gasen (nach verschiedene Quellen)

Gasart	Molmasse M	Gasart	Molmasse M
H_2	2,016 $kg/kmol$	CO	28,01 $kg/kmol$
O_2	32,00 $kg/kmol$	CO_2	44,01 $kg/kmol$
$Luft$	28,96 $kg/kmol$	CH_4	16,04 $kg/kmol$

Spezifische und molare Größen werden mit dem Symbol der extensiven Zustandsgrößen, aber in Kleinschrift z bezeichnet. Die molaren Größen bekommen dazu einen Überstrich $\bar{z}$.

Intensive Zustandsgrößen sind Angaben für einen Punkt des Systems. In einem endlichen System wird eine intensive Zustandsgröße durch ein Feld beschrieben, Für ein homogenes System legt bereits ein Wert das gesamte Feld fest. Eine intensive Zustandsgröße ist unabhängig von der Masse des Systems. Spezifische und molare Zustandsgrößen können als intensive Zustandsgrößen aufgefasst werden.

Innere Zustandsgrößen (also spezifische und molare Zustandsgrößen) hängen nur von den momentanen Größen des Systems ab. Da viele System-Eigenschaften untereinander verknüpft sind, bedarf es nur einer geringen Zahl dieser Eigenschaften, um den thermodynamischen Zustand eines Systems eindeutig zu beschreiben. Gut messbare Eigenschaften wie *Volumen, Druck, Temperatur* und *Systemmasse*, aber auch aus ihnen abgeleitete physikalische Größen können dazu verwendet werden.

Die einen (inneren) Zustand des Systems beschreibenden physikalischen Größen werden innere Zustandsgrößen genannt. Zu ihnen gehören *spezifisches und molares Volumen, Druck, Temperatur* und *Systemmasse*. Die inneren Zustandsgrößen sind von der Art und Weise, auf welche das System (über irgendeinen *Zeitbereich*) in den betreffenden Zustand gelangt ist, unabhängig und charakterisieren den momentanen thermodynamischen Zustand (eines *Zeitpunktes*) eindeutig. Beispielsweise ist es völlig gleich, ob die momentane (augenblickliche) Temperatur eines Körpers durch ein über irgendeinen Zeitbereich erfolgtes Abkühlen des vorher gefühlt „heißen" Körpers oder durch ein Aufwärmen des vorher gefühlt „kalten" Körpers erreicht wurde. Die physikalische Größe Temperatur wird nicht durch das vorhergehende Geschehen beeinflusst. Sie ist eine Zustandsgröße, die nur den momentanen (augenblicklichen) Zustand, d.h. den Zustand zu einem Zeitpunkt charakterisiert.

2.4.1 Spezifisches und molares Volumen

Der Quotient aus *Systemvolumen V* und der *Systemmasse m* wird als spezifische Volumen *v* bezeichnet und ist zugleich der Kehrwert der Dichte ρ des Systemstoffs

$$v = \frac{1}{\rho} = \frac{V}{m} \tag{2.5}$$

Das *molare Volumen oder Molvolumen* ist der Quotient aus Systemvolumen *V* und Menge seiner Teilchen *n* und beträgt

$$\bar{v} = \frac{V}{n} \tag{2.6}$$

Beispiel 2.1

In einem Behälter von $10\,m^3$ Rauminhalt befinden sich $20\,kg\,Luft$. Es soll die Dichte, das spezifische Volumen und das molare Volumen des Behältergases berechnet werden.

Gegeben:

$V = 10\,m^3$

$m = 20\,kg$

Gesucht:

ρ

v

$\bar{v}$

Lösungsweg:

1. System: geschlossen

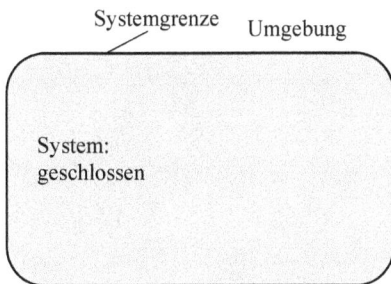

Abb. 2.9: System zum Beispiel 2.1

2. Bezugssystem BZS ruht in Bezug zur Systemgrenze

3. Modellbildung
- Die Dichte des eingeschlossenen Gases ρ beträgt nach Gl. (2.5)

$$\rho = \frac{m}{V} = \frac{20\,kg}{10\,m^3} = 2kg/m^3$$

- Das spezifische Volumen des eingeschlossenen Gases v wird nach der selben Beziehung nach Gl. (2.5) entweder über

$$v = \frac{1}{\rho} = \frac{1}{2kg/m^3} = 0,5\,\frac{m^3}{kg}$$

oder mit der Beziehung

$$v = \frac{V}{m} = \frac{10\,m^3}{20\,kg} = 0,5\,\frac{m^3}{kg}$$

berechnet.
- Für das molare Volumen $\bar{v}$ nach Gl. (2.6) $\bar{v} = V/n$ muss noch die Molzahl nach Gl. (2.4) $n = m/M$ mit der molaren Masse M aus Tab. 2.2 zuvor berechnet werden:

$$n = \frac{20\,kg}{28,96\,kg/kmol} = 0,6906\,kmol$$

Somit ergibt sich das molare Volumen

$$\bar{v} = \frac{V}{n} = \frac{10\,m^3}{0,6906\,kmol} = 14,48\,m^3/kmol$$

Beispiel 2.2

In einem Behälter von $8\,m^3$ Rauminhalt befinden sich $7\,kg$ Gas mit der molaren Masse $M = 14\,kg/kmol$. Es soll das spezifische Volumen und das molare Volumen des Behältergases berechnet werden.

Gegeben:

$V = 8\,m^3$

$m = 7\,kg$

$M = 14\,kg/kmol$

Gesucht:

v

$\bar{v}$

Lösungsweg:

1.   System: geschlossen

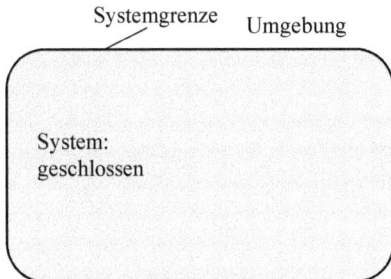

Systemgrenze   Umgebung

System:
geschlossen

Abb. 2.10:   System zum Beispiel 2.2

2.   Bezugssystem BZS ruht in Bezug zur Systemgrenze

3.   Modellbildung
*   Das spezifische Volumen des eingeschlossenen Gases v wird nach Gl. (2.5) über

$$v = \frac{V}{m} = \frac{8\ m^3}{7\ kg} = 1{,}14\frac{m^3}{kg}$$

berechnet.

*   Für das molare Volumen $\bar{v}$ nach Gl. (2.6) $\bar{v} = V/n$ muss noch die Molzahl nach Gl. (2.4) $n = m/M$ mit der molaren Masse M aus Tab. 2.2 zuvor berechnet werden:

$$n = \frac{7\ kg}{14\ kg/kmol} = 0{,}5\ kmol$$

Somit ergibt sich das molare Volumen

$$\bar{v} = \frac{V}{n} = \frac{8\ m^3}{0{,}5\ kmol} = 16\ m^3/kmol$$

2.4.2   Druck und Temperatur

Der Quotient aus Normalkraft F und der Fläche A wird als Druck bezeichnet

$$p = \frac{F}{A} \quad mit\ p \perp A \tag{2.7}$$

Es sind zu unterscheiden:

$p_{\ddot{U}}$ bzw. p_U	Über- bzw. Unterdruck (mit Manometer gemessen)
p_B	Luftdruck = barometrischer Druck = atmosphärischer Druck (mit Barometer gemessen)
p	absoluter Druck

Hierfür gilt

$$p = p_B + p_{\ddot{U}} \tag{2.8}$$

$$p = p_B - p_U \tag{2.9}$$

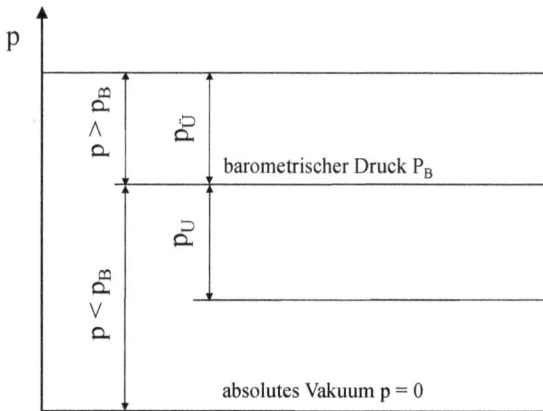

Abb. 2.11:   Lage der Druckarten

Die SI-Druckeinheit ist das Pascal (Pa) oder $Newton/m^2$, kurz (N/m^2).

$$1\,Pa = 1\,\frac{N}{m^2} = 1\,\frac{kgm}{s^2m^2} = 1\,\frac{kg}{ms^2}$$

Da die Einheit Pa sehr klein ist, verwendet man in der Praxis häufig die Einheit bar, wobei

$$1\,bar = 10^5\,\frac{N}{m^2} = 10^5\,Pa$$

gilt.

Weitere alte, selten noch gebrauchte Druckeinheiten und deren Umrechnung sind

• die physikalische Atmosphäre

$$1\,atm = 1{,}013 \cdot 10^5\,\frac{N}{m^2} = 1{,}013 \cdot 10^5\,Pa = 1.013{,}25\,mbar = 1{,}013\,bar$$

• die technische Atmosphäre

$$1\,at = \frac{1kp}{cm^2} = 9{,}81 \cdot 10^4\,\frac{N}{m^2} = 9{,}81 \cdot 10^4\,Pa = 10\,mWS$$

Am 01.01.1978 wurden at und atm durch bar abgelöst.

Im Alltagsgebrauch wird der Druck oft relativ zum atmosphärischen Druck angegeben. Wenn ein Reifendruckmessgerät an einer Tankstelle einen Druck von 2,3 bar anzeigt, dann ist der Druck im Autoreifen tatsächlich 2,3 bar über den dann gerade vorhandenen atmosphärischen Druck von z.B. 1,03 bar, d.h. die Errechnung des absoluten Drucks lautet wie folgt:

Manometer: $p_{\ddot{U}}\ = 2{,}30 \cdot 10^{\,5}\, Pa\ \ddot{U}berdruck$

Barometer: $p_B\ = 1{,}03 \cdot 10^{\,5}\, Pa\ atmosph\ddot{a}rischer\ Druck$

$\qquad\qquad P\ \ = 2{,}33 \cdot 10^{\,5}\, Pa\ absoluter\ Druck$

Beispiel 2.3

In einem mit $m = 300\ kg$ komprimierter Luft gefüllten Behälter von $V = 200\ m^3$ Raum-inhalt, siehe Abb. 2.12, wird in einer Höhe von $z = 6\ m$ ein Überdruck von $p_{\ddot{U}} = 0{,}3\ \cdot$ $10^{\,5}\ Pa$ gemessen. Der Luftdruck (barometrischer Druck oder atmosphärischer Druck) beträgt $p_B = 10^{\,5}\ Pa$.

Der absolute Druck der Luft am Boden des Behälters ($z = 0\ m$) und an der Decke ($z = 6\ m$) ist zu berechnen. Die Erdbeschleunigung ist mit $g = 9{,}81\ m/s^2$ vorgegeben.

Gegeben:

$V = 200\ m^3$

$m = 300\ kg$

$p_{\ddot{U}} = 0{,}3\ \cdot 10^{\,5}\ Pa$

$p_B\ = 10^{\,5}\ Pa$

$z = 6\ m$

$g = 9{,}81\ m/s^2$

Gesucht:

p_{Decke}

p_{Boden}

Lösungsweg:

1. System geschlossen

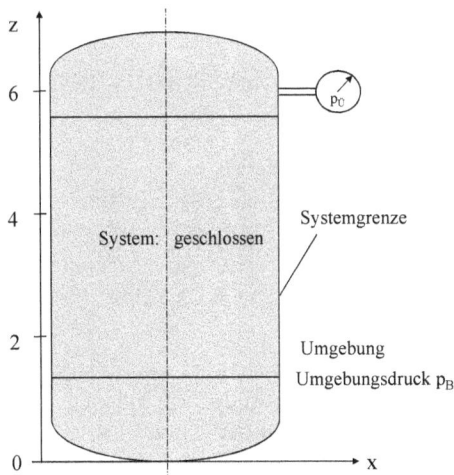

Abb. 2.12:   System zum Beispiel 2.3

2. Bezugssystem BZS ruht in Bezug zur Systemgrenze

3. Modellbildung
- Der absolute Druck an der Decke beträgt nach Gl. (2.8)

$$p_{Decke} \; = \; p_B + p_{\ddot{U}} \; = 10^{\,5}\,Pa + 0{,}3 \; \cdot 10^{\,5}\,Pa$$

$$p_{Decke} \; = 1{,}3 \; \cdot 10^{\,5}\,Pa$$

Am Boden ist der absolute Druck um die Last der Luftsäule größer als an der Decke.

$$p_{Boden} \; = \; p_{Decke} + g \cdot z \cdot \rho_l$$

Die Dichte der Luft beträgt

$$\rho_l \;\; = \frac{m}{V} = \frac{300\,kg}{200\,m^3} = 1{,}5\,kg/m^3$$

- Der Absolute Druck am Boden des Behälters beträgt damit

$$p_{Boden} \; = 1{,}3 \; \cdot 10^{\,5}\,Pa + 9{,}81\frac{m}{s^2} \cdot 6m \cdot 1{,}5\,kg/m^3$$

$$p_{Boden} \; = 1{,}3 \; \cdot 10^{\,5}\,Pa + 88\,Pa = 130088\,Pa$$

$$p_{Boden} \; \approx 1{,}301 \; \cdot 10^{\,5}\,Pa$$

Der Einfluss der Luftsäule auf den Bodendruck ist hier offensichtlich vernachlässigbar klein. Bei Flüssigkeiten ist der Schweredruck bedingt durch die sehr viel größere Dichte gegenüber Gasen selbstverständlich nicht mehr zu vernachlässigen.

Eine weitere für die Thermodynamik charakteristische innere Zustandsgröße ist die *Temperatur T*. Sie beschreibt die Eigenschaft eines Systems, gefühlsmäßig „warm" oder „kalt" zu sein und wird im folgenden Kapitel erläutert.

2.5   Zweites Gleichgewichtspostulat der Thermodynamik

2.5.1   Thermisches Gleichgewicht

Zunächst ist festzulegen, wann zwei Systeme umgangssprachlich gleich „warm" sind. Dafür wird ein „warmes" System *A* mit einem „kalten" System *B* in Berührung gebracht. Das Gesamtsystem *AB* soll abgeschlossen sein. *A* und *B* für sich sind geschlossene Systeme. Die Systemgrenze zwischen *A* und *B* ist unverschiebbar, so dass keine Übertragung von Arbeit stattfinden kann.

Zunächst wird infolge Wärmeübertragung das „warme" System „kälter" und das „kalte" System „wärmer". Die Systemgrenze zwischen *A* und *B* soll die Änderung dieser Eigenschaft zulassen. Schließlich stellt sich entsprechend dem *ersten Gleichgewichtspostulat der Thermodynamik* ein Gleichgewichtszustand ein, der *thermisches Gleichgewicht* genannt wird.

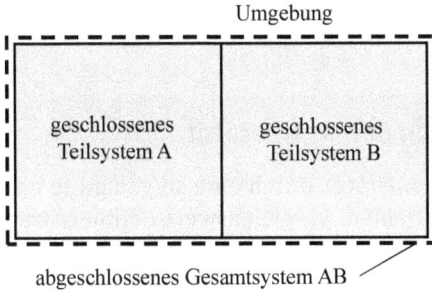

Abb. 2.13: Gesamtsystem AB abgeschlossen, bestehend aus den geschlossenen Systemen A und B

Die Temperaturgleichheit verschiedener Systeme wird durch die Definition

Zwei Systeme im thermischen Gleichgewicht besitzen die gleiche Temperatur.

festgelegt.

Durch diese Definition kann ein Temperaturunterschied als Antriebsgröße für die Einstellung des thermischen Gleichgewichtes und damit der Wärmeübertragung aufgefasst werden. Im thermischen Gleichgewicht verschwindet der Temperaturunterschied; es findet keine Wärmeübertragung und damit keine Änderung des Zustands mehr statt.

2.5.2   Nullter Hauptsatz der Thermodynamik

Bisher wurde stillschweigend vorausgesetzt, dass es für ein System eine Zustandsgröße „Temperatur" existiert.

Das ist gar nicht so selbstverständlich, sondern wird erst durch das erfahrungsgemäß erfüllte *zweite Gleichgewichtspostulat der Thermodynamik*, auch *Nullter Hauptsatz der Thermodynamik* genannt, ermöglicht.

Zwei Systeme im thermischen Gleichgewicht mit einem dritten sind auch untereinander im thermischen Gleichgewicht.

Der Nullte Hauptsatz verdankt seinen sonderbaren Namen der Tatsache, dass erst nach der Formulierung des ersten und zweiten Hauptsatzes der Thermodynamik feststand, dass dieses offenbar triviale Postulat als Erstes hätte formuliert werden müssen.

Da die Eigenschaft „warm" für beliebige Punkte eines Systems angebbar ist, muss die Temperatur eine intensive Zustandsgröße sein. Für *homogene Systeme* besteht zwischen den intensiven Zustandsgrößen p, v und T ein allgemeiner funktioneller Zusammenhang, eine so genannte *thermische Zustandsgleichung*

$$T = T(p, v) \tag{2.10}$$

bzw.

$$F(p, v, T) = 0 \tag{2.11}$$

Mehr dazu wird in Abschn. 2.2. erläutert.

Nachdem bisher nur die Temperaturgleichheit zweier Systeme festgelegt wurde, ist noch die Temperatur selbst zu bestimmen.

2.5.3   Temperaturskale – SI-Definition der Temperatur

Für ein homogenes Ausgangssystem kann die Temperatur durch eine so genannte empirische Temperaturskale willkürlich in Bezug zu einem Vergleichswert definiert werden. Dann ist für alle anderen Systeme die Temperatur ebenfalls festgelegt, wenn sie im thermischen Gleichgewicht mit dem Ausgangssystem stehen. Das ist die eigentliche Grundlage einer jeden Temperaturmessung.

Im Wesentlichen wurden zwei Methoden bekannt, eine Skale zu definieren:

Nach der ersten Methode wird die Änderung des spezifischen Volumens von Quecksilber, Alkohol oder einem Gas zwischen zwei Fixpunkten, d.h. zwischen zwei in der Natur vorkommenden und durch Experimente reproduzierbaren Werte, in gleiche Teile geteilt. Als Fixpunkte für die Änderung des spezifischen Volumens von Quecksilber dienen die Temperaturen des Quecksilbers im Gleichgewicht mit Wasser beim Eis- und Siedepunkt bei dem so genannten Normdruck von $p_n = 1,01325 \cdot 10^5 \, Pa$. Zur Festlegung der Temperaturskale wird bei Quecksilber die Temperatur zwischen den Fixpunkten *linear* zum spezifischen Volumen angesetzt. Andere Stoffe jedoch, wie Alkohol (z.B. C_2H_5OH) oder einige Gase (z.B. H_2) weisen dem gegenüber *nichtlineare* Temperaturskalen auf, siehe Abb. 2.14. Diese Temperaturskalen können die Größe einer Temperatur nicht eindeutig festlegen, da sie an stoffabhängige Eigenschaften gebunden sind. Derartige Temperaturmessgeräte eignen sich nicht für grundlegende Messungen der Temperatur.

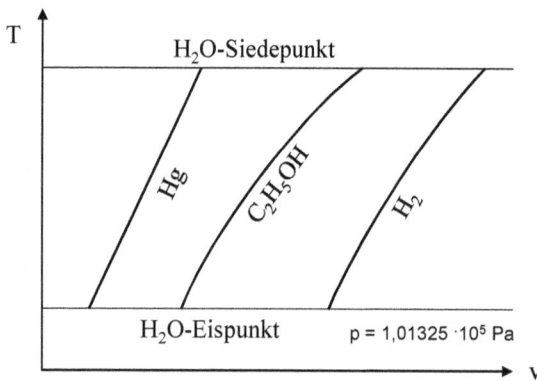

Abb. 2.14:   Lineare und nichtlineare Temperaturskalen

Bei der zweiten Methode wird die Erkenntnis genutzt, dass alle Gase bei sehr kleinen, konstanten Drücken fast die gleiche Temperaturabhängigkeit des Volumens aufweisen. Völlige Übereinstimmung dieser Abhängigkeit ergibt sich im Grenzfall bei $p = 0$ in allen Temperaturbereichen. Das Volumen des Gases steigt dann bei konstantem Druck linear mit der Temperatur an, Abb. 2.15. Eine völlige Unabhängigkeit der Temperatur von den verwendeten Temperaturmessgeräten und Füllstoffen wird mit der *absoluten* oder *thermodynamischen Temperaturskale* erreicht. Für diese zweite Methode wird nur ein Fixpunkt verwendet, Abb. 2.16. Zur Festlegung der Temperaturskale wird ein Gas unter sehr niedrigem, konstantem Druck benutzt, indem der Nullpunkt der thermodynamischen Temperaturskale, der so genannte Temperaturnullpunkt $T_0 = 0\,K$ für $v = 0\,m^3/kg$ und die Temperatur $T_{Tr} = 273{,}16\,K$ für das Gas im thermischen Gleichgewicht mit Wasser im Tripelpunkt definiert wird. Im Tripelpunkt befinden sich die gasförmige, flüssige und feste Phase des Stoffes miteinander im Gleichgewicht.

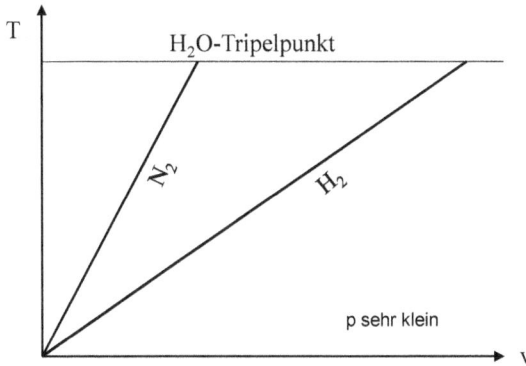

Abb. 2.15: Lineare Temperaturskalen von Gasen bei sehr kleinen Drücken

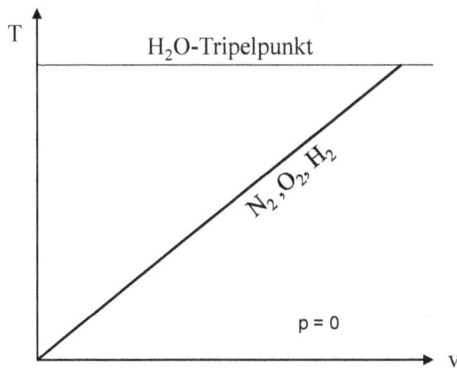

Abb. 2.16: Absolute oder thermodynamische Temperaturskale

Die thermodynamische Temperatur ist eine Grundgröße. Die SI-Einheit der thermodynamischen Temperatur T ist das Kelvin mit dem Einheitszeichen K. Die 13. Generalkonferenz für Maß und Gewicht (CGPM) hat 1968 festgelegt, dass 1 $Kelvin$ der $273{,}16$ te Teil der thermodynamischen Temperatur des Tripelpunktes eines Wassers von genau definierter isotopischer Zusammensetzung (Vienna Standard Ocean Water) ist. Die thermodynamische Temperatur wird vom absoluten Nullpunkt mit $T = 0\,K$, der praktisch nicht erreichbar ist, an gezählt.

Neben der Kelvinskale ist noch eine andere Skale gebräuchlich, die Celsiusskale. Die Celsiustemperatur, auch häufig für Temperaturangaben verwendet, wird durch

$$t = T - 273{,}15\,K \qquad (2.12)$$

definiert. Die Einheit der Celsiustemperatur ist $°C$.

Der Zahlenwert der Temperatur des Tripelpunktes des definierten Wassers auf exakt
$T_{Tr} = 273,16\,K = 0,01\,°C$ bei einem Normdruck von $p_n = 1,01325 \cdot 10^5\,Pa$ wurde so
gewählt, dass der früher festgelegte Abstand zwischen den Temperaturen des schmelzen-
den Eises bei $1,01325 \cdot 10^5\,Pa$ und des siedenden Wassers bei $1,01325 \cdot 10^5\,Pa$ erhalten bleibt, siehe Tab. 2.3.

Tab. 2.3   Fixpunkte der Temperaturskale des idealen Gases

Temperatur-Fixpunkte	Kelvintemperatur K	Celsiustemperatur $°C$
Siedepunkt von Wasser	$373,15\,K$	$100\,°C$
Tripelpunkt von Wasser	$273,16\,K$	$0,01\,°C$

Bezüglich weiterer Größen der technischen Thermodynamik und deren Umrechnung
wird auf die folgende Tab. 2.4 verwiesen.

Tab. 2.4   Internationales Einheitensystem SI

Größe	Symbol	SI-Einheit	Umrechnung
Kraft	F	*Newton*	$100\,°C$
		$1\,N = 1\,kgm\,s^{-2}$	$1\,kp = 9,81\,N$
Druck	p	*Pascal*	
		$1\,Pa = 1\,Nm^{-2}$	$1\,bar = 10^5\,Pa$
			$1\,at = 1\,kpcm^{-2}$
			$1\,atm = 1,01325 \cdot 10^5\,Pa$
Arbeit	W	*Joule*	
Energie	W	$1\,J = 1\,Nm = 1\,Ws$	$1\,kpm = 9,81\,J$
Wärme	Q		$1\,kcal = 4,19\,kJ$
Enthalpie	H		
Innere Energie	U		
Leistung	P	*Watt*	
		$1\,W = 1\,Js^{-1}$	$1\,kcalh^{-1} = 1,163\,W$
			$1\,PS = 736\,W$
Entropie	S	*Joule je Kelvin* JK^{-1}	
		$JK^{-1} = 1WsK^{-1}$	$1\,kcalK^{-1} = 4,19JK^{-1}$
spezifische Wärmekapazität	c	$Jkg^{-1}K^{-1}$	
Wärmeleitfähigkeit	λ	$Wm^{-1}K^{-1}$	
Wärmeübergangskoeffizient	α	$Wm^{-2}K^{-1}$	

2.6   Äußere Zustandsgrößen

Äußere Zustandsgrößen drücken Systemeigenschaften aus, die auch von momentanen
Größen außerhalb des Systems abhängig sind. Sie beschreiben Lage und Bewegung des
Systems. Z.B. sind der Ortsvektor $\vec{r}$ und die Geschwindigkeit $\vec{c}$ des Systems äußere Zu-
standsgrößen.

2.7 Prozess und quasistatische Zustandsänderung

Bei der Betrachtung der inneren Zustandsgrößen wurde festgestellt, dass diese von der Art und Weise, auf welche das System (über irgendeinen *Zeitbereich*) in den betreffenden Zustand gelangt ist, unabhängig sind und dass sie den momentanen thermodynamischen Zustand (eines *Zeitpunktes*) eindeutig charakterisieren.

Eine *Zustandsänderung*, d.h. die Änderung von einem Zustand 1 (eines *Zeitpunktes*) in einen anderen Zustand 2 (eines anderen *Zeitpunktes*) ist der Übergang von einem Gleichgewichtszustand eines Systems in einen anderen Gleichgewichtszustand.

Ein Gleichgewichtszustand 1 eines thermodynamischen Systems kann nur durch äußere Einwirkung auf das System in einen anderen Gleichgewichtszustand 2 verändert werden.

Bei jedem Prozess ändert sich der Zustand des Systems. Das Resultat des Prozesses ist die Zustandsänderung. Folgendes Beispiel in Abb. 2.17 soll diesen Sachverhalt verdeutlichen:

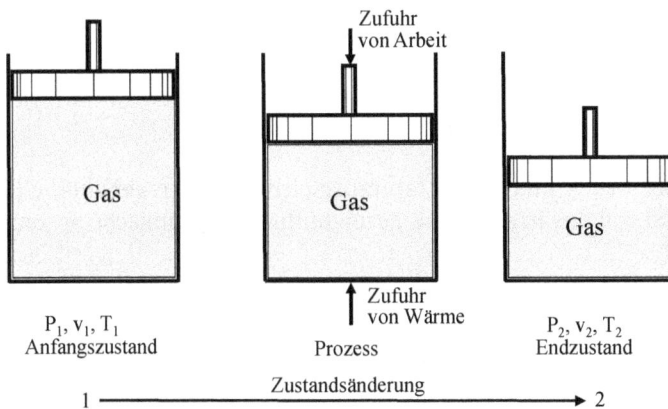

Abb. 2.17: Prozess und quasistationäre Zustandsänderung

In den folgenden Betrachtungen werden so genannte *einfache Systeme* vorausgesetzt, in denen elektrische und magnetische Erscheinungen vernachlässigt werden können und die *nicht zu schnellen Zustandsänderungen* unterliegen. Nicht zu schnelle, man sagt auch *quasistatische Zustandsänderungen*, sind solche, bei denen es noch möglich ist, makroskopische Zustandsgrößen anzugeben.

So ist z.B. die Kompression oder Expansion eines Gases in einem Zylinder als quasistationäre Zustandsänderung anzusehen, so lange die Kolbengeschwindigkeit klein gegenüber der Schallgeschwindigkeit des Gases ist.

Die so genannten Ausgleichsvorgänge, die vom thermodynamischen Nichtgleichgewicht zum thermodynamischen Gleichgewicht führen, werden hier nicht untersucht. Hier können nur der Anfangs- und Endzustand eines Systems eindeutig beschrieben werden, falls diese dem Gleichgewicht entsprechen. Die Zustände können z.B. in einem p, v-Schaubild durch Anfangs- und Endpunkt veranschaulicht werden, die Zwischenzustände jedoch nicht.

Für ein *homogenes System* gegebener Stoffart lässt sich somit die Zustandsgleichung Gl. (2.10) wie folgt als *allgemeine Zustandsgleichung* formulieren

$$Z = Z(p, v, m) \tag{2.13}$$

bzw.

$$Z = m \cdot z(p, v) \tag{2.14}$$

bzw. mit intensiven Zustandsgrößen

$$z = z(p, v) \tag{2.15}$$

Für viele technische Prozesse ist die Annahme der quasistatischen Zustandsänderung berechtigt, da sich zumindest alle Zwischenzustände in der unmittelbaren Nähe des Gleichgewichtszustandes befinden. In diesem Fall kann jeder Zwischenzustand mit Hilfe der Zustandsgleichung berechnet werden.

Mit der Zustandsgleichung sind durch die drei inneren Zustandsgrößen p, v und m erfahrungsgemäß weitere innere Zustandsgrößen eines homogenen Systems gegebener Stoffart bereits festgelegt, wie in den folgenden Abschnitten gezeigt wird.

2.8   Reversible und irreversible Prozesse

Alle Ausgleichsprozesse (z.B. Druck und Temperaturausgleich) sind irreversibel, d.h. nicht umkehrbar. Als Beispiel soll das in Abb. 2.18 gezeigte thermodynamische System betrachtet werden.

Am Anfang des Prozesses befindet sich ein Gas mit dem Druck $p > 0$ im Raum 1. Im Raum 2 herrscht ein Druck $p = 0$ (Vakuum). Wird die Steckscheibe entfernt, strömt Gas vom Raum 1 in den Raum 2 über. Die Druckverhältnisse im Raum 1 und 2 des Gesamtsystems ändern sich. Der Prozess kann von selbst nicht rückgängig ablaufen. Vielmehr kann der Prozess nur durch Energiezufuhr von außen (Hineindrücken des Kolbens bis Raumgrenze 1, Steckscheibe wieder zurückplatzieren und mit Kolben Vakuum in Raum 1 herstellen) rückgängig gemacht werden. Der Überströmprozess ist ein irreversibler Prozess.

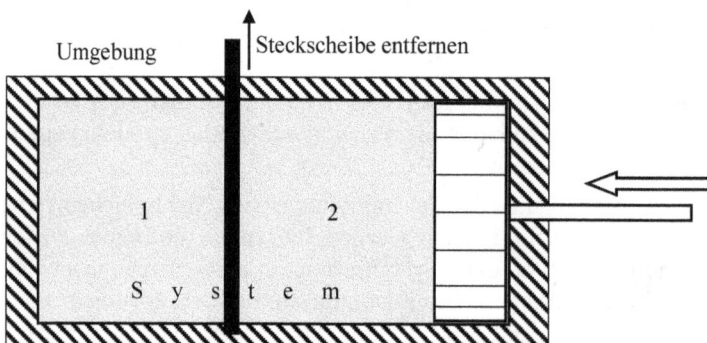

Abb. 2.18:   Irreversibler Überströmprozess

Ein reversibler Prozess ist dagegen ein Idealprozess, der eine Folge von Gleichgewichtszuständen durchläuft. Ein reversibler Prozess ist reibungsfrei und dient als Modellvor-
stellung zur Bestimmung der Güte von Energieumwandlungen.

Ein Prozess verläuft von einem Anfangs- zu einem Endzustand reversibel (umkehrbar), wenn das zu betrachtende System ohne Änderungen der Umgebung in seinen
Anfangszustand zurück gebracht werden kann.

2.9   Thermische Zustandsgleichung

Die inneren Zustandsgrößen *Druck p, spezifisches Volumen v* und *Temperatur T*
werden auch thermische Zustandsgrößen genannt. Sie sind *momentane Größen*, d.h. sie
sind für einen *Zeitpunkt* angebbar. Zwischen diesen Zustandsgrößen besteht für homogene Systeme ein funktioneller Zusammenhang. Dieser funktionelle Zusammenhang
wird durch die *allgemeine Zustandsgleichung* Gl. (2.14) beschrieben.

Gl. (2.14) besagt, dass in einem homogenen System eine innere Zustandsgröße
p, T oder v jeweils von zwei anderen momentanen Zustandsgrößen innerhalb des Systems (nicht von momentanen Zustandsgrößen außerhalb des Systems) abhängen.
Durch zwei intensive Zustandsgrößen sind nach Gl. (2.15) erfahrungsgemäß weitere
intensive Zustandsgrößen eines homogenen Systems gegebener Stoffart festgelegt.

2.9.1   Thermische Zustandsgleichung des idealen Gases

Die thermische Zustandsgleichung muss im Allgemeinen für jeden Stoff experimentell
ermittelt werden. In den meisten Fällen ist eine analytische Formulierung schwierig so
dass man grafische Darstellungen (Zustandsdiagramme) benutzen wird.

Es gibt jedoch zwei wichtige Grenzfälle, die häufig als Näherungsbeziehungen angewendet werden können:

a)   die thermische Zustandsgleichung eines *inkompressiblen*, d.h. nicht zusammen-
     drückbaren Körpers, die sich aus der Bedingung

$$\frac{dv(p,T)}{dp} = 0 \quad zu \quad F(v,T) = 0 \tag{2.16}$$

     ergibt

b)   die thermische Zustandsgleichung des *idealen Gases*

$$p \cdot v = R \cdot T \quad mit \quad R = konst \tag{2.17}$$

Gln. (2.16) und (2.17) gelten unter der Voraussetzung, dass *Druck p, spezifisches Volumen v und Temperatur T* an jeder Stelle des Systems jeweils den gleichen Wert haben
(homogenes System) und damit das System eindeutig kennzeichnen.

Die Gl. (2.17) besagt Folgendes: Bildet man aus gemessenen und zusammengehörenden
Werten von *Druck p, spezifisches Volumen v und Temperatur T* eines idealen Gases den

Ausdruck $p \cdot v/T$, so entsteht eine gastypische Konstante, die so genannte *spezielle Gaskonstante R*. Die spezielle Gaskonstante R hängt also nicht vom Gaszustand, sondern nur von der Gasart ab. Sie ist damit eine stoffabhängige Größe. In Tab. 2.5 sind für einige Gase die Werte von R aufgelistet.

Tab. 2.5   Spezielle Gaskonstante R (Auszug aus [22])

Gasart	R in $\dfrac{kJ}{kg\,K}$	Gasart	R in $\dfrac{kJ}{kg\,K}$
H_2	4,1243	CO	0,2968
O_2	0,2598	CO_2	0,1889
$Luft$	0,2871	CH_4	0,5184

Das ideale Gas ist ein Modellstoff, bei dem das Eigenvolumen der Moleküle und die Wechselwirkungskräfte zwischen ihnen vernachlässigbar sind. Diese Voraussetzungen werden um so besser erfüllt, je näher sich das System in der Nähe des Wertes $p = 0$ befindet, d.h. je niedriger der absolute Druck p ist, unter dem das Gas im System steht. In der Praxis hat man es oft mit höheren Drücken zu tun. In diesem Fall werden die Voraussetzungen des idealen Gases nicht ausreichend erfüllt; es liegt dann ein *reales Gas* vor und die Zustandsgleichung Gl. (2.17) muss durch einen so genannten Realgasfaktor Z korrigiert werden.

Statt

$$\frac{p \cdot v}{R \cdot T} = 1 \quad \text{für ideale Gase} \tag{2.18}$$

heißt die korrigierte Zustandsgleichung

$$\frac{p \cdot v}{R \cdot T} = Z \quad \text{für reale Gase} \tag{2.19}$$

Dabei bedeutet

$$Z = 1 \text{ ideales Verhalten}$$

$$Z \lessgtr 1 \text{ reales Verhalten}$$

Der Realgasfaktor Z kann

- als Funktion zweier Variablen $Z = Z(p, t)$ vorliegen oder
- aus Tabellen oder
- aus Diagrammen

entnommen werden.

Der Realgasfaktor Z ist von der Gasart, dem Gasdruck und der Gastemperatur abhängig. Mit folgender Funktion

$$Z(p,t) = ((\ 0,50417 \cdot 10^{-5} \cdot p^2 - 0,258625 \cdot 10^{-2} \cdot p + 0,17083 \cdot 10^{-2}) \cdot 10^{-5}) \cdot t^2$$
$$+ ((-0,22125 \cdot 10^{-4} \cdot p^2 + 0,974875 \cdot 10^{-2} \cdot p - 0,41250 \cdot 10^{-2}) \cdot 10^{-3}) \cdot t$$
$$+ (\ 0,29500 \cdot 10^{-5} \cdot p^2 - 0,596500 \cdot 10^{-3} \cdot p + 1,00005) \tag{2.20}$$

lässt sich der Realgasfaktor beispielsweise für trockene Luft für Drücke $p = 0$ *bis* $100\ bar$ und Temperaturen $t = 0$ *bis* $200\,°C$ berechnen und 2- und 3-dimensional darstellen, siehe Abb. 2.19 und 2.20.

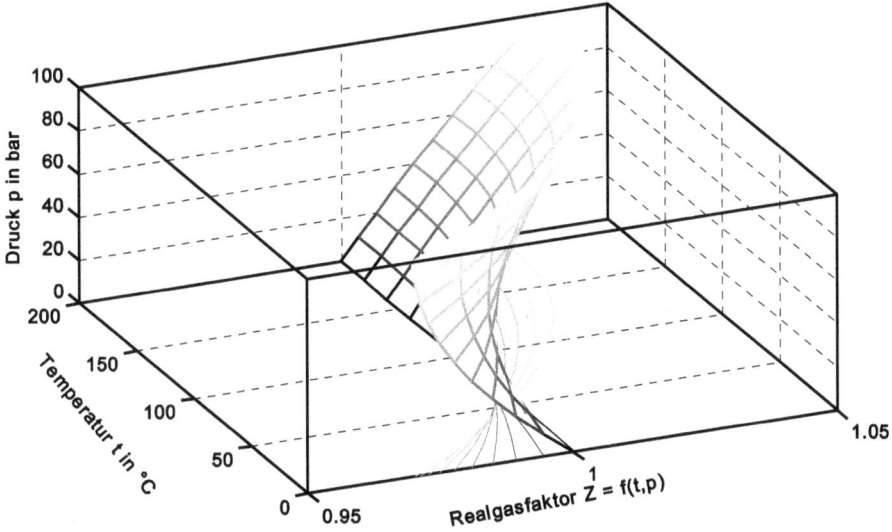

Abb. 2.19: Realgasfaktor $Z = Z(p, t)$ für trockene Luft

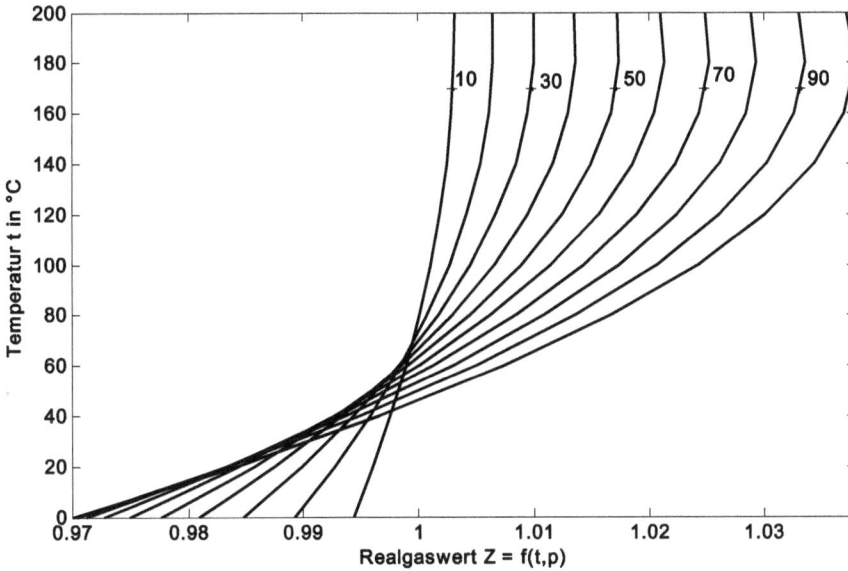

Abb. 2.20: Realgasfaktor $Z = Z(p, t)$ für Luft als Projektion auf die $Z, t - Ebene$ (*Parameter p in bar*)

Die folgende Tab. 2.6 enthält einige mit Gl. (2.20) berechnete Z-Werte für trockene Luft.

Tab. 2.6   Realgasfaktoren Z von Luft nach Gl. (2.20) mit Werten aus [23]

p in bar		Z − Werte		
↓ t in °C	0	100	200
0	1,0000	1,0000	1,0000
20	0,9893	1,0027	1,0065
50	0,9776	1,0089	1,0172
100	0,9699	1,0242	1,0372

Es ist aus Abb. 2.20 erkennbar, dass für trockene Luft bei kleinen und mittleren Drücken p der Realgasfaktor $Z \approx 1$ beträgt. In diesem Fall ist die Zustandsgleichung des idealen Gases mit für die Praxis ausreichender Näherung bis $p \approx 20\ bar$ anwendbar.

Das trifft für alle Gase zu, die erst bei sehr tiefen Temperaturen verflüssigt werden können, also N_2, O_2, H_2 etc.

Gleichzeitig muss die Gastemperatur sehr viel höher sein als die zugehörige Verflüssigungstemperatur.

Die Zustandsgleichung des idealen Gases mit den genannten Voraussetzungen kann also mit zulässiger Näherung auch zur Behandlung realer Gase Verwendung finden.

Zu beachten ist, dass in die Zustandsgleichung Gl. (2.18) stets absolute Drücke gemäß Gl. (2.8) bzw (2.9) und absolute Temperaturen einzusetzen sind.

Mit $v = V/m$ nach Gl. (2.5) entsteht aus Gl. (2.18)

$$p \cdot V = m \cdot R \cdot T \tag{2.21}$$

Wird die Masse des idealen Gases m nach Gl. (2.4) in Gl. (2.21) durch

$$m = n \cdot M \tag{2.22}$$

ersetzt, folgt hieraus

$$p \cdot V = n \cdot M \cdot R \cdot T \tag{2.23}$$

Wird Gl. (2.23) auf der linken und rechten Seite durch die Molzahl n geteilt, ergibt sich

$$p \cdot \bar{v} = M \cdot R \cdot T \tag{2.24}$$

Wird das Produkt $M \cdot R$ zu einer neuen Größe $\bar{R}$ zusammengefasst

$$\bar{R} = M \cdot R \tag{2.25}$$

gilt

$$p \cdot \bar{v} = \bar{R} \cdot T \tag{2.26}$$

Damit wird eine zur Gl. (2.17) analoge, von speziellen Stoffeigenschaften jedoch unabhängige Form der thermischen Zustandsgleichung der idealen Gase erhalten.

Die Größe $\bar{R}$ wird *universelle Gaskonstante* oder *molare oder allgemeine Gaskonstante* genannt.

So folgt z.B. aus den Tabellen 2.2 und 2.5 mit Gl. (2.25) für

$$O_2: \quad \bar{R} = 0{,}2598\frac{kJ}{kg\,K} \cdot 32{,}00\frac{kg}{kmol} = 8{,}3143\frac{kJ}{kmol\,K}$$

$$Luft: \quad \bar{R} = 0{,}2871\frac{kJ}{kg\,K} \cdot 28{,}96\frac{kg}{kmol} = 8{,}3143\frac{kJ}{kmol\,K}$$

für die universelle Gaskonstante $\bar{R}$ von *Luft* wie für O_2 jeweils der gleiche Zahlenwert von $8{,}315\frac{kJ}{kmol\,K}$.

Die universelle Gaskonstante $\bar{R}$ hat für alle idealen Gase den gleichen Wert, siehe Tab. 2.7.

Tab. 2.7   Molmassen, spezielle und universelle Gaskonstante (nach verschiedenen Quellen)

Gas-art	R in $\frac{kJ}{kg\,K}$	Molmasse M	$\bar{R}$ in $\frac{kJ}{kmol\,K}$	Gas-art	R in $\frac{kJ}{kg\,K}$	Molmasse M	$\bar{R}$ in $\frac{kJ}{kmol\,K}$
H_2	4,1243	2,016 $kg/kmol$	8,3143	CO	0,2968	28,01 $kg/kmol$	8,3143
O_2	0,2598	32,00 $kg/kmol$	8,3143	CO_2	0,1889	44,01 $kg/kmol$	8,3143
$Luft$	0,2871	28,96 $kg/kmol$	8,3143	CH_4	0,5184	16,04 $kg/kmol$	8,3143

Mit Gl. (2.17) kann die spezielle Gaskonstante R aus zwei verschiedenen Zuständen 1 und 2 auch wie folgt berechnet werden

$$R = p_1 \cdot \frac{v_1}{T_1} = p_2 \cdot \frac{v_2}{T_2} \qquad (2.27)$$

Neben dieser weiteren grundlegenden Form der Zustandsgleichung der idealen Gase kann durch Multiplikation mit den Systemmassen m_1 und m_2 die Zustandsgleichung ebenfalls lauten

$$p_1 \cdot \frac{V_1}{T_1} = p_2 \cdot \frac{V_2}{T_2} \qquad (2.28)$$

2.9.2   Gesetz von Boyle-Mariotte

Die Gl. (2.28) enthält als Sonderfall das Gesetz von *Boyle-Mariotte* . Bei konstanter Temperatur $T_1 = T_2$ folgt das Gesetz von *Boyle-Mariotte*

$$p_1 \cdot V_1 = p_2 \cdot V_2 \quad \text{d.h.} \quad p \cdot V = konst \qquad (2.29)$$

2.9.3   Gesetze von Gay-Lussac

Bei konstantem Druck $p_1 = p_2$ folgt das *1. Gesetz von Gay-Lussac*

$$\frac{V_1}{T_1} = \frac{V_2}{T_2} \qquad (2.30)$$

Für die Bedingung $V_1 = V_2$ schließlich gilt das *2. Gesetz von Gay-Lussac*

$$\frac{p_1}{T_1} = \frac{p_2}{T_2} \tag{2.31}$$

Beispiel 2.4

In einer für medizinische Zwecke gebräuchlichen 10-Liter-Sauerstoffflasche, siehe Abb. 2.21, ist Sauerstoff mit der Temperatur von $t = 20°\,C$ enthalten. Der Überdruck in der Flasche beträgt $p_{\ddot U} = 17\ bar$. Der Luftdruck (barometrischer Druck oder atmosphärischer Druck) ist mit $p_B = 1\ bar$ gemessen worden.

- Es sind Masse m und das spezifische Volumen v des Flaschengases zu berechnen.
- Es ist der Druck p in der Flasche zu berechnen, wenn die Temperatur des Flaschengases durch Sonneneinstrahlung auf $t = 50°\,C$ ansteigt.

Die Ausdehnung der Flasche ist so klein, dass sie bei den Rechnungen hier vernachlässigt werden kann.

Gegeben:
$V = 0,01\ m^3$
$T_1 = 283,15\ \text{K}$
$T_2 = 323,15\ \text{K}$
$p_{\ddot U} = 17 \cdot 10^5\ Pa$
$p_B = 10^5\ Pa$
$p_1 = 11 \cdot 10^5\ Pa$

Gesucht:
m
v
p_2

Lösungsweg:

1. System: geschlossen

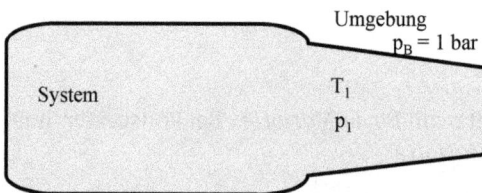

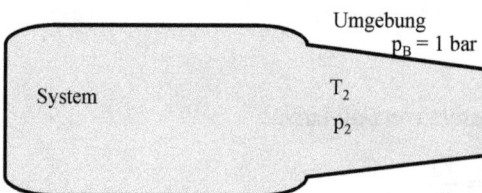

Abb. 2.21:   System in den Zuständen 1 und 2 für Beispiel 2.4

2. Bezugssystem BZS ruht in Bezug zur Systemgrenze

3. Modellbildung
- Berechnung der Systemmasse

    Mit Gl. (2.8) ergibt sich für den absoluten Druck im Zustand 1

    $$p_1 = p_B + p_\ddot{u} = 1 \cdot 10^5\,Pa + 17 \cdot 10^5\,Pa = 18 \cdot 10^5\,Pa = 18 \cdot 10^5 N/m^2$$

    Mit Gl. (2.28) und $R = 0{,}2598\,\frac{kJ}{kg\,K} = 259{,}8\,\frac{Nm}{kg\,K}$ aus Tab. 2.5 folgt für die System-masse im Zustand 1

    $$m_1 = \frac{p_1 \cdot V_1}{R \cdot T_1} = \frac{18 \cdot 10^5\,\frac{N}{m^2} \cdot 0{,}01\,m^3}{259{,}8\,\frac{Nm}{kg\,K} \cdot 293{,}15\,K} = \frac{18 \cdot 10^5\,N \cdot 0{,}01\,m^3 \cdot kg\,K}{m^2 \cdot 259{,}8\,Nm \cdot 293{,}15\,K}$$

    $$m_1 = 0{,}236\,kg = m_2 = m \;(\text{geschlossenes System verändert seine Masse nicht})$$

    Beim Einsetzen der gegeben Werte in die obige Formel sollte konsequent wie bei diesem Beispiel folgendes beachtet werden:

    – Drücke und Temperaturen müssen in der Regel Absolutwerte sein.
    – Alle Größen zunächst vor dem Einsetzen zu gemeinsamen Einheiten überführen, z.B. alle Drücke in N/m^2, Temperaturen in K, Volumenangaben in m^3 und die spezielle Gaskonstante R in $Nm/(kgK)$ umwandeln.
    – Beim Einsetzen der Größen neben den Zahlenwerten unbedingt die Einheiten daneben schreiben (eine thermodynamische Größe besteht immer aus Zahlenwert und Einheit).
    – Einheiten nach Zähler und Nenner sortieren und wenn möglich kürzen.

- Das spezifische Volumen ergibt sich aus Gl. (2.5) wie folgt (Systemgrenze ändert sich nicht)

    $$v_1 = \frac{V_1}{m_1} = \frac{0{,}01\,m^3}{0{,}236\,kg} = 0{,}042\,\frac{m^3}{kg} = v_2 = v$$

- Mit $V_1 = V_2$ beträgt der absolute Druck p_2 nach Gl. (2.28) bzw. Gl. (2.31)

    $$p_2 = T_2 \cdot \frac{p_1}{T_1} = \frac{323{,}15\,K \cdot 18 \cdot 10^5\,Pa}{293{,}15\,K} = 19{,}84 \cdot 10^5\,Pa = 19{,}84\,bar$$

Die Werte der beiden absoluten Drücke p_1 und p_2 liegen jeweils unter $20\,bar$, somit konnte die Zustandsänderung richtigerweise mit der Zustandsgleichung für ideale Gase berechnet werden. Üblicherweise werden die Sauerstoffflaschen für medizinische Zwecke mit einem Druck von $200\,bar$ gefüllt. Zur Berechnung der Zustandsänderungen in diesen Druckbereichen muss dann mit dem entsprechenden Realgasfaktor Z gerechnet werden.

2.9.4   Normzustand

Für Vergleichszecke wurde der so genannte physikalische Normzustand der idealen Gase durch folgende Zustandsgrößen definiert:

$$p_n = 1,01325 \cdot 10^5 \, Pa \tag{2.32}$$

$$T_n = 273,15 \, K \tag{2.33}$$

Zur zahlenmäßigen Bestimmung des molaren Volumens (Molvolumen) aller idealen Gase $\overline{v_n}$ für einen durch Normdruck p_n und Normtemperatur T_n festgelegten thermischen Zustand kann die Zustandsgleichung der idealen Gase in der Form Gl. (2.26) verwendet werden:

$$\overline{v_n} = \bar{R} \cdot \frac{T_n}{p_n} = \frac{8314,3 \, Nm/(kmol \, K) \cdot 273,15 \, K}{1,01325 \cdot 10^5 N/m^2} = 22,4136 \, \frac{m^3}{kmol} \tag{2.34}$$

Nach Avogadro, siehe Abschn. 2.1, ist die Zahl der Teilchen in einem Mol (1 mol) einer beliebigen Substanz gleich groß, nämlich genau $6,022 \cdot 10^{23} \, Teilchen$. Jede Stoffmenge $n = 1 \, mol$ enthält genau diese Anzahl Teilchen.

Gl. (2.34) lässt sich somit wie folgt interpretieren. Nach Avogadro nimmt ein Mol jedes beliebigen Gases bei gleichem Druck und gleicher Temperatur den gleichen Raum, das Molvolumen, ein. Dieses Molvolumen $\overline{v_n}$ beträgt für ideale Gase im Normzustand $22,4136 \, m^3/kmol = 0,02241 \, m^3/mol$. Anders gesagt, im Normzustand beträgt der Rauminhalt von 1 mol eines beliebigen Gases dem zufolge $0,02241 \, m^3$.

Ein Normkubikmeter ist zudem die Gasmenge, die im Normzustand (p_n, T_n) das Volumen von 1 m^3 einnimmt.

Desweiteren gilt gemäß Gl. (2.5) mit $\rho = m/V$ folglich auch die Berechnungsformel für die Normdichte

$$\rho_n = \frac{m}{V_n} \tag{2.35}$$

Gl. (2.5) und Gl. (2.35) umgestellt nach m ergibt eine Beziehung zur Berechnung der Systemmasse, insbesondere, wenn die Normgrößen ρ_n und V_n bekannt sind.

$$m = \rho \cdot V = \rho_n \cdot V_n \tag{2.36}$$

Bezogen auf einen Zeitabschnitt ergibt sich aus Gl. (2.36) eine Beziehung in Stromgrößen

$$\dot{m} = \rho \cdot \dot{V} = \rho_n \cdot \dot{V_n} \tag{2.37}$$

In der folgenden Tab. 2.8 sind für einige wichtige Gase die Werte für die Normdichte ρ_n aufgelistet.

Tab. 2.8   Normdichte von Gasen $\rho_n = M / \overline{v_n}$ bei $T_n = 273{,}15\ K$ und $p_n = 1{,}01325 \cdot 10^5\ Pa$

Gasart	ρ_n in kg/m^3	Gasart	ρ_n in kg/m^3
H_2	0,0899	CO	1,250
O_2	1,429	CO_2	1,977
$Luft$	1,293	CH_4	0717

So haben z.B. $100\ m^3\ Luft$ im Normzustand eine Masse von

$$m = V_n \cdot \frac{p_n}{R \cdot T_n} = 100\ m^3 \frac{1{,}01325 \cdot 10^5 N/m^2}{287{,}1\ Nm/(kg\ K) \cdot 273{,}15\ K} = 129{,}2\ kg$$

Die Dichte im Normzustand ρ_n oder das spezifische Volumen v_n lassen sich mit Gl. (2.35) wie folgt berechnen, siehe Tab. 2.8,

$$\rho_n = M / \overline{v_n}$$

$$v_n = \overline{v_n} / M$$

Für Sauerstoff ergibt sich z.B. mit der Molmasse $M = 32{,}00\ kg/kmol$ (Tab. 2.7) die Dichte im Normzustand

$$\rho_n = \frac{32{,}00\ kg/kmol}{22{,}4136\ kmol/m^3} = 1{,}429\ kg/m^3$$

bzw. das spezifische Volumen im Normzustand

$$v_n = 0{,}700\ m^3 / kg$$

Beispiel 2.5

Ein Behälter von $1\ m^3$ Volumen enthält Luft mit einer Temperatur von $10°C$. Die Luft würde unter Normbedingungen $20\ m^3$ Rauminhalt einnehmen. Die Temperatur der Luft wird auf $20°C$ erhöht.

- Der absolute Druck vor der Temperaturerhöhung ist zu bestimmen.
- Der absolute Druck nach der Temperaturerhöhung ist zu bestimmen.
- Die Luftmasse im Behälter ist zu berechnen.

Gegeben:
$V_1 = V_2 = 1\ m^3$
$V_n = 20\ m^3\ Luft$
$t_1 = 10\ °C \quad T_1 = 283{,}15\ K$
$t_2 = 20\ °C \quad T_2 = 293{,}15\ K$

Gesucht:
p_1
p_2
m

Lösungsweg:

1. System: geschlossen

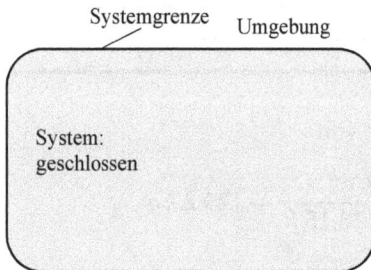

Abb. 2.22:   Behälter zum Beispiel 2.5

2. Bezugssystem: ruht zur Systemgrenze

3. Modellbildung
*   Nach Gl. (2.28) gilt mit

$$\frac{p_1 \cdot V_1}{T_1} = \frac{p_n \cdot V_n}{T_n}$$

$$p_1 = \frac{p_n \cdot V_n \cdot T_1}{T_n \cdot V_1} = \frac{1,01325 \cdot 10^{\,5} N/m^2 \cdot 20 \ m^3 \cdot 283,15 \ K}{273,15 \ K \cdot 1 \ m^3} = 16,8 \cdot 10^{\,5} N/m^2$$

*   Nach Gl. (2.28) gilt mit

$$\frac{p_1 \cdot V_1}{T_1} = \frac{p_2 \cdot V_2}{T_2}$$

$$p_2 = \frac{p_1 \cdot V_1 \cdot T_2}{T_1 \cdot V_2} = \frac{16,8 \cdot 10^{\,5} N/m^2 \cdot 1 \ m^3 \cdot 293,15 \ K}{283,15 \ K \cdot 1 \ m^3} = 17,4 \cdot 10^{\,5} N/m^2$$

*   Nach Gl. (2.5) gilt mit

$$m = V_n \cdot \rho_n \quad \text{und mit Gln. (2.4) und (2.6) gilt}$$

$$m = V_n \cdot M / \bar{v}_n$$

Nach Gl.(2.34) gilt $\bar{v}_n = 22{,}414 \ m^3/kmol$.

Aus Tab. 2.7 ist $M_{Luft} = 28{,}96 \ kg/kmol$ zu entnehmen.

$$m = \frac{V_n \cdot M}{\bar{v}_n} = \frac{20 \ m^3 \cdot 28,96 \ kg/kmol}{22,414 \ m^3/kmol} = 25,9 \ kg$$

Beispiel 2.6

Für die Herstellung von Kunststoffen und anderen chemischen Produkten hat ein Chemiekonzern zwischen seinen Standorten Krefeld-Uerdingen und Dormagen eine CO-Pipeline verlegt. Die Stahlrohre der Versorgungsleitung für den Transport von 10000 m^3/h gasförmigem Kohlenmonoxid (bezogen auf Normalzustand) haben einen Innendurchmesser von 250 mm. Die Leitung wird bei einem konstanten Druck von 13,5 bar (der Druckabfall auf die Rohrleitungslänge wird vernachlässigt) und einer konstanten Temperatur von 20 °C betrieben.

- Es ist der CO-Massenstrom $\dot{m}$ zu berechnen.
- Der Wert für die spezielle Gaskonstante R von CO ist zu ermitteln.
- Die Strömungsgeschwindigkeit c des Gases CO ist zu bestimmen. Dabei gilt folgende Beziehung

$$\text{Gasgeschwindigkeit } c = \frac{\dot{V}_n}{A} \frac{\text{Volumenstrom}}{\text{Querschnittsfläche}}$$

Gegeben:
$\emptyset d = 0,02\ m$
$\dot{V}_n = 10000\ m^3/h$
$p = 13,5 \cdot 10^5 N/m^2$
$t = 20\ °C = 293,15\ K$

Gesucht:
$\dot{m}$

R

c

Lösungsweg:
1. System: offen

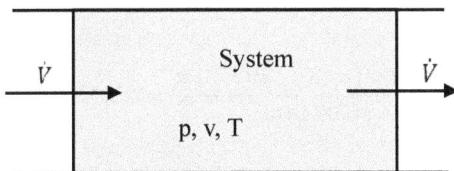

Abb. 2.23:   System für Beispiel 2.6

2. Bezugssystem BZS ruht in Bezug zur Systemgrenze

3. Modellbildung

•   Berechnung des Massenstroms des Gases $\dot{m}$

    Mit Gl. (2.37) gilt mit $\rho_n = 1{,}250 \; kg/m^3$ aus Tab. 2.8

$$\dot{m} = \dot{V}_n \cdot \rho_n = 10000 \frac{m^3}{h} \cdot 1{,}250 \; kg/m^3 = 12500 \; \frac{kg}{h}$$

Eine andere Möglichkeit der Berechnung des Gasmassenstroms $\dot{m}$ ist folgende

$$\dot{m} = \dot{V}_n \cdot \rho_n = \dot{V}_n \cdot \frac{1}{v_n}$$

Mit

$$v_n = \overline{v_n} / M$$

und der Molmasse M für CO aus Tab. 2.7 folgt ebenfalls eine Berechnungsmöglichkeit des Gasmassenstroms $\dot{m}$. Das molare Volumen aller idealen Gase $\overline{v_n}$ ist Gl. (2.34) zu entnehmen.

$$\dot{m} = \dot{V}_n \cdot \frac{1}{v_n} = \frac{\dot{V}_n \cdot M}{\overline{v_n}} = \frac{10000 \frac{m^3}{h} \cdot 28{,}01 \frac{kg}{kmol}}{22{,}4136 \frac{m^3}{kmol}} = 12500 \; \frac{kg}{h}$$

•   Berechnung der speziellen Gaskonstante R

    Über Gl. (2.25) lässt sich die spezielle Gaskonstante R berechnen

$$R = \frac{\overline{R}}{M} = \frac{8{,}3143 \; kJ/(kmol \; K)}{28{,}01 kg/kmol} = 0{,}2968 \frac{kJ}{kgK}$$

oder Tab. 2.7 direkt entnehmen.

•   Berechnung der Strömungsgeschwindigkeit des Gases c

    Mit $c = \dot{V}/A$ und $A = \pi \cdot d^2/4$ und folgt hieraus mit $\dot{V} = \dot{m} \cdot R \cdot T/p$ nach Gln. (2.21) und (2.37)

$$c = \frac{\dot{V}}{A} = \frac{\dot{m} \cdot R \cdot T/p}{A} = \frac{12500 \; kg/h \cdot 296{,}8 \; Nm/(kgK) \cdot 293{,}15 \; K}{13{,}5 \cdot 10^5 N/m^2 \cdot 0{,}0314 m^2} = 25{,}7 \; m/s$$

3   Methoden der Thermodynamik

Das Lehrgebiet der Thermodynamik hat über das spezielle fachliche Anliegen hinaus die Aufgabe, Methoden von Bilanzen und Bewertungen zum energiewirtschaftlichen Denken und Handeln zu liefern. Die Beherrschung dieses methodischen Instrumentariums bildet eine volks- und betriebswirtschaftliche Voraussetzung für eine rationelle Energieumwandlung und -anwendung.

3.1   Bilanzgleichungen und Transportgleichungen

Bei thermodynamischen Aufgabenstellungen sind Vorgänge zu berechnen, die mit Energieübertragungen an ein System und Änderungen des Systemzustandes verbunden sind. Die dabei auftretenden Variablen machen es erforderlich, entsprechende, mathematisch formulierte Beziehungen zu finden.

Die zur Verfügung stehenden grundlegenden Beziehungen werden folgende Bilanzgleichungen sein:
- Erster Hauptsatz der Thermodynamik
- Massenerhaltungsgesetz
- Zweiter Hauptsatz der Thermodynamik

Dazu kommen Transportgleichungen und Aussagen über spezielle Systemeigenschaften, über Anfangs- und Randbedingungen sowie besondere Nebenbedingungen.

3.2   Anfangs-, Rand- und Nebenbedingungen

Anfangsbedingungen AB legen den Anfangszustand fest.

Randbedingungen RB beschreiben die Bedingungen an der Systemgrenze.

Nebenbedingung NB ist z.B. die Forderung nach Reibungsfreiheit.

Beispiel 3.1

Für ein System sind verschiedene Aussagen bekannt. Es ist zu entscheiden, ob folgende Aussagen

$p \cdot v = R \cdot T$
$p = konst$
$homogenes\ System$

zu den Gesetzen, den Systemeigenschaften oder den Anfangs-, Rand- bzw. Nebenbedingungen gehören.

Aussagen und Lösungen sind in Tab. 3.1 aufgelistet.

Tab. 3.1   Entscheidungstabelle für Beispiel 3.1

Aussage	$p \cdot v = R \cdot T$	$p = konst$	homogenes System
Gesetz	X		
Systemeigenschaft			X
AB, RB, NB		X	

3.3   Schreibweise der mathematischen Beziehungen in der Thermodynamik

3.3.1   Die differenziellen Größen dz und ∂z in der Thermodynamik – Zustandsgrößen

Es werden im Weiteren Vorgänge zu berechnen sein, die mit Energieübertragungen an ein System und Änderungen des Systemzustandes verbunden sind. Die dabei auftretenden Variablen machen es erforderlich, entsprechende mathematisch formulierte Beziehungen zu finden.

Die Größe dz stellt die differenzielle Änderung einer (momentanen) Variablen z dar, die für einen *Zeitpunkt* angebbar ist. In der Thermodynamik handelt es sich meist um Differenziale von *Zustandsgrößen*. Nach Gl. (2.18) ist die Zustandsgleichung für ideale Gase $p = p(T,v)$ oder $v = v(p,T)$ oder $T = T(p,v)$ verallgemeinert eine mathematische Funktion von zwei Variablen $z = z(x,y)$.

Für das totale oder vollständige Differenzial gilt dann bekanntlich:

$$dz(x,y) = \left(\frac{\partial z}{\partial x}\right)_y dx + \left(\frac{\partial z}{\partial y}\right)_x dy \tag{3.1}$$

Bei den partiellen Ableitungen ist es (nicht nur in der Thermodynamik) zweckmäßig, die bei der partiellen Differentiation konstant zu haltende Größe x bzw. y mit anzugeben:

$$\left(\frac{\partial z}{\partial y}\right)_x = \left(\frac{\partial z}{\partial y}\right)_{x = konst.} = z_y \tag{3.2}$$

$$\left(\frac{\partial z}{\partial x}\right)_y = \left(\frac{\partial z}{\partial x}\right)_{y = konst.} = z_x \tag{3.3}$$

Die Abhängigkeit einer Zustandsgröße von anderen Zustandsgrößen über die Funktion $f(p,v,T) = 0$ gemäß Gl. (2.11) kann z.B. in den Formen

$$v(p,T) \tag{3.4}$$

$$T(p,v) \tag{3.5}$$

$$p(T,v) \tag{3.6}$$

auftreten. Somit gilt entsprechend Gl. (3.1)

$$dv(T,p) = \left(\frac{\partial v}{\partial T}\right)_p dT + \left(\frac{\partial v}{\partial p}\right)_T dp \tag{3.7}$$

$$dT(p,v) = \left(\frac{\partial T}{\partial p}\right)_v dp + \left(\frac{\partial T}{\partial v}\right)_p dv \tag{3.8}$$

$$dp(T,v) = \left(\frac{\partial p}{\partial T}\right)_p dT + \left(\frac{\partial p}{\partial v}\right)_T dv \tag{3.9}$$

Nach Gleichung (3.8) lässt sich die Zustandsgleichung für ideale Gase wie folgt schreiben:

$$v(p,T) = \frac{R \cdot T}{p} \tag{3.10}$$

Damit gilt für die partiellen Ableitungen

$$v_T = \left(\frac{\partial v}{\partial T}\right)_p = \frac{R}{p} \tag{3.11}$$

und

$$v_p = \left(\frac{\partial v}{\partial p}\right)_T = -\frac{R \cdot T}{p^2} \tag{3.12}$$

Für die partiellen Ableitungen 2.Ordnung gilt

$$\frac{\partial^2 v}{\partial p \, \partial T} = \frac{\partial}{\partial p}\left(\frac{R}{p}\right) = -\left(\frac{R}{p^2}\right) \tag{3.13}$$

bzw.

$$\frac{\partial^2 v}{\partial T \, \partial p} = \frac{\partial}{\partial T}\left(-\frac{R \cdot T}{p^2}\right) = -\left(\frac{R}{p^2}\right) \tag{3.14}$$

d.h.

$$\frac{\partial^2 v}{\partial p \, \partial T} = \frac{\partial^2 v}{\partial T \, \partial p} \tag{3.15}$$

Diese Integrabilitätsbedingung (Satz von SCHWARZ) ist notwendig und hinreichend für die Existenz eines vollständigen (totalen) Differenzials.

Bestimmte Integrale einer Funktion von mehreren Variablen sind wegunabhängig, d.h. das Integral über einen geschlossenen Pfad ist gleich Null, wenn die Funktion ein vollständiges (totales) Differenzial besitzt.

Zustandsgrößen sind Funktionen mehrerer Variablen, die diesem Gesetz folgen:

$$\int_1^2 dz + \int_2^1 dz = \oint dz = z_2-z_1 + z_1-z_2 = 0 \qquad (3.16)$$

Die Integration der differenziellen Änderung der Zustandsgröße dz von einem Zeitpunkt 1 zu einem Zeitpunkt 2 und wieder zurück, d.h. das über die Zustandsgröße gebildete Kreisintegral ist Null.

Änderungen von Zustandsgrößen sind von der Art der Zustandsänderung unabhängig, d.h. sie sind wegunabhängig und lassen sich allein aus der Differenz ihres jeweiligen Zustandes zum Anfangs- und Endzeitpunkt z_1 bzw. z_2 berechnen.

Die hier aufgestellten Differenzialgleichungen sind allgemeine Gesetzmäßigkeiten, die mit jeder Form der thermischen Zustandsgleichung $f(p,v,T) = 0$ als Zustandsfläche im p,v,T-Raum darstellbar sind. Beispielsweise lässt sich aus Abb. 3.1 die differenzielle Änderung der Temperatur dT als Summe der beiden Terme $(\partial T/\partial p_v)dp$ und $(\partial T/\partial v_p)dv$ entsprechend Gl. (3.8) entnehmen.

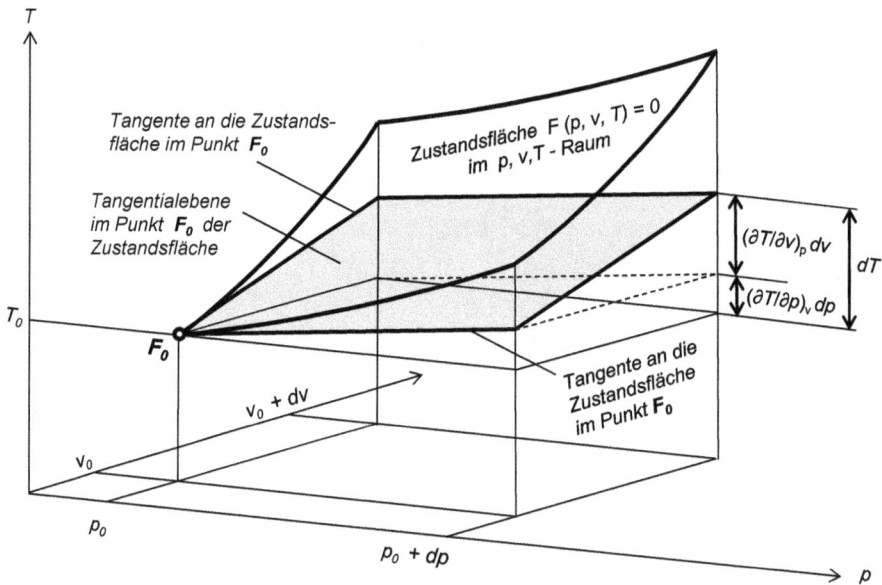

Abb. 3.1:   Differenzieller Ausschnitt aus einer Zustandsfläche im dreidimensionalen thermodynamischen p,v,T-Raum

Die thermische Zustandsgleichung eines idealen Gases lässt sich geometrisch durch ein hyperbolisches Paraboloid im dreidimensionalen p,v,T-Raum darstellen.

Abb. 3.2 zeigt zudem auch die perspektivische Gestalt dieser räumlich gekrümmten Fläche. Durch senkrechte Projektionen werden das p,v-Diagramm und das das p,T-Diagramm erhalten. Die perspektivische Gestalt wird von allen Ebenen $p = konst$ und $v = konst$ in Geraden und von den Ebenen $T = konst$ in gleichseitigen Hyperbeln geschnitten.

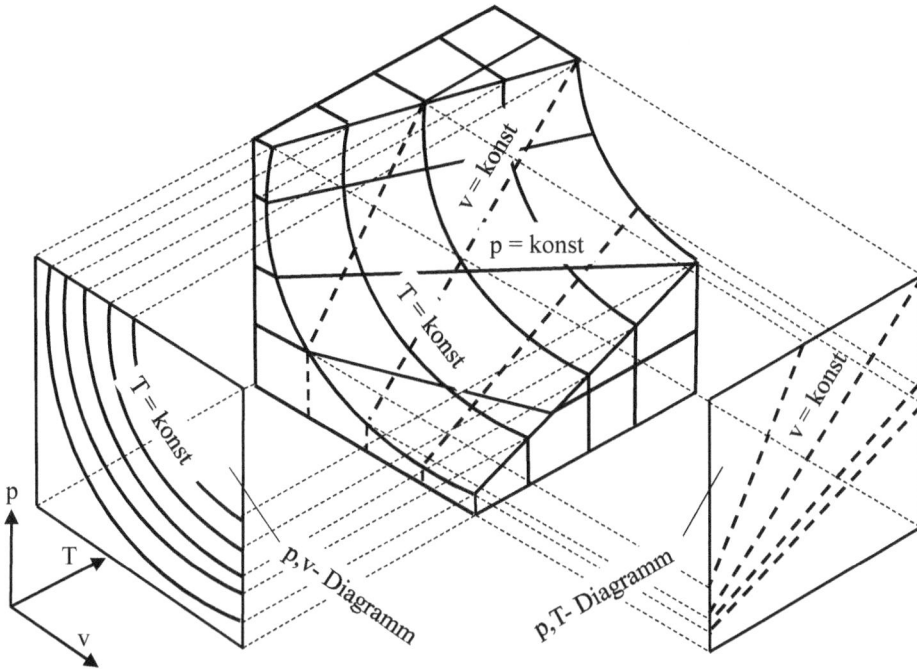

Abb. 3.2:   Projektionen der Zustandsfläche eines idealen Gases auf die p,v- und p,T-Ebene

An Stelle von räumlichen Darstellungen werden häufig die Projektionen dieser Fläche auf die drei Koordinatenebenen als so genannte Arbeitsdiagramme (p,v-Diagramm, p,T-Diagramm und v,T-Diagramm) verwendet. In Abb. 3.2. ist ersichtlich, wie durch Festhalten z.B. der Variablen T eine Funktion von nur einer Veränderlichen $v = v(p)$ entsteht. Für verschiedene Werte $T = konst$ entstehen Scharen (Hyperbeln) dieser Funktionen einer Veränderlichen.

Spezielle Aussagen über ein untersuchtes thermodynamisches System erhält man, wenn die das allgemeine Systemverhalten beschreibenden obigen Beziehungen stoffbezogen angewendet werden.

Das Abb. 3.3 zeigt die perspektivische Gestalt der räumlich gekrümmten Zustandsfläche für das ideale Gas *Luft* mit der Projektion von mehreren Linien $T = konst$ auf die p,v-Ebene (Hyperbeln).

In Abb. 3.4 wird die gekrümmte Zustandsfläche für das ideale Gas Luft nur durch Linien $T = konst$ dargestellt.

In den Abbildungen 3.5 und 3.6 sind die Projektionen der Zustandsfläche auf die p,T- bzw. v,T-Ebene angegeben.

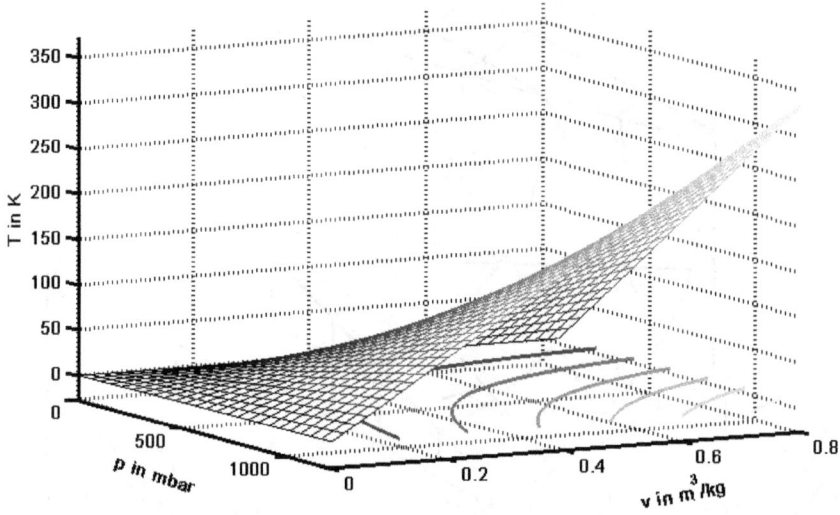

Abb. 3.3:   Darstellung der Zustandsgleichung des idealen Gases Luft als Zustandsfläche im p,v,T-Raum und
            in Projektionsdarstellung als Linien T = konst auf der p,v-Ebene

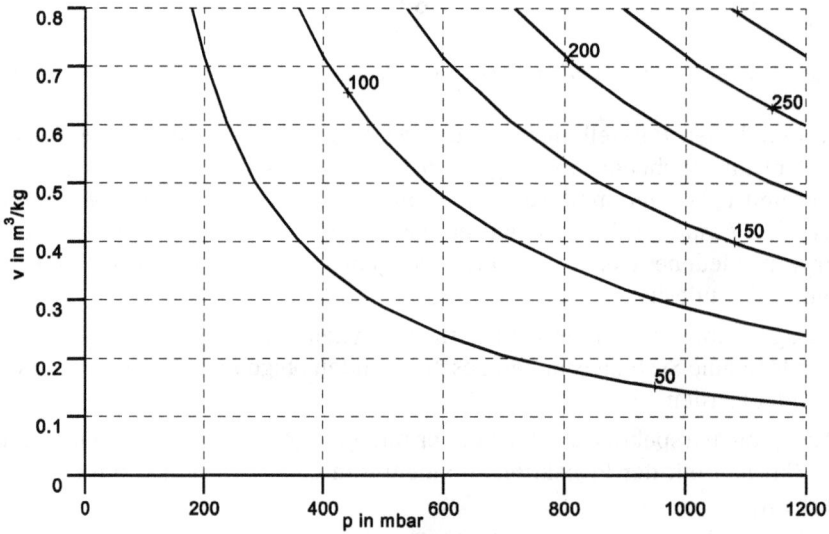

Abb. 3.4:   Projektion der Zustandsfläche auf die p,v-Ebene, Darstellung der Linien T = konst

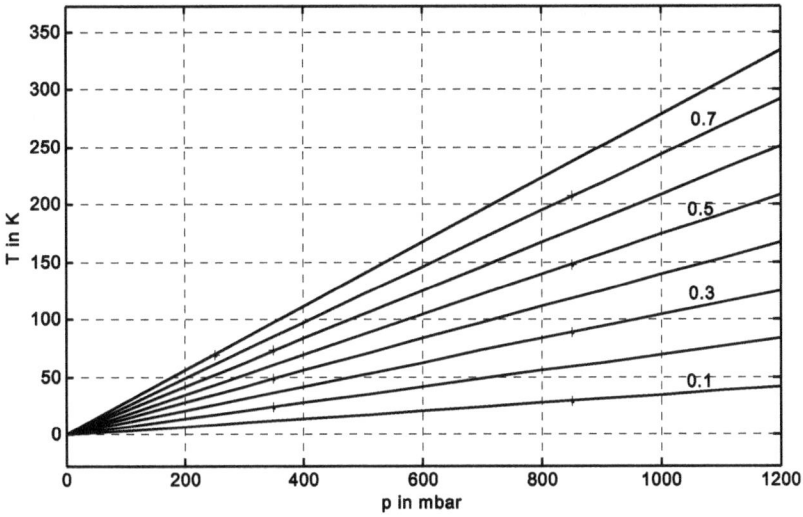

Abb. 3.5:   Projektion der Zustandsfläche auf die p,T-Ebene, Darstellung der Linien v = konst

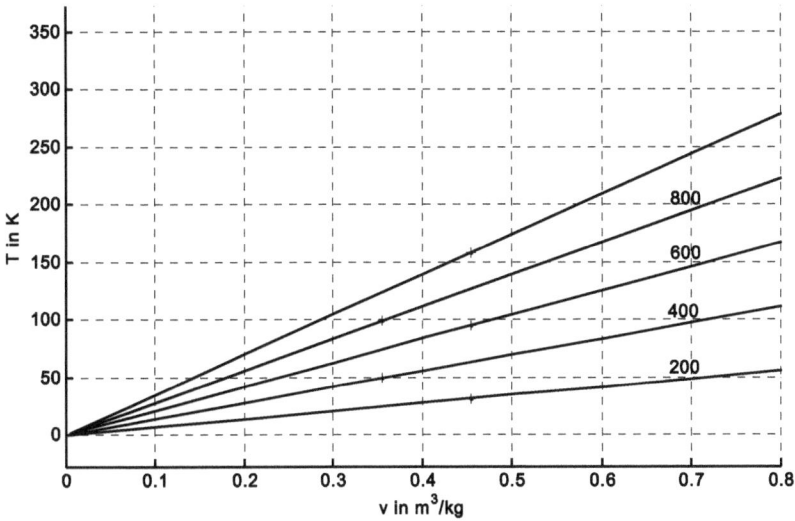

Abb. 3.6:   Projektion der Zustandsfläche auf die v,T-Ebene, Darstellung der Linien p = konst

3.3.2   Die differenzielle Größe δz in der Thermodynamik – Prozessgrößen

Ist die Größe z nicht für einen Zeitpunkt angebbar, kann die differenzielle Änderung der Größe z in einem differenziellen Zeitbereich mit δz bezeichnet werden.

In der Thermodynamik handelt es sich meist um *Prozessgrößen*, d.h. differenzielle Energie-Zu-oder Abfuhren während eines differenziellen Zeitbereiches.

Setzt sich eine Prozessgröße z für einen endlichen Zeitbereich aus der Summe der differenziellen Prozessgrößen δz für die differenziellen Zeitbereiche zusammen, gilt

$$\int_1^2 \delta z = z_{12} \quad (nicht \ z_2 - z_1!) \tag{3.17}$$

Prozessgrößen z, die nur für einen Zeitbereich angebbar sind, sind wegabhängig und lassen sich nicht aus ihren Anfangs- und Endzuständen berechnen.

4 Erster Hauptsatz der Thermodynamik

Die Energiebilanz am thermodynamischen System geht von dem Erfahrungssatz über die Erhaltung und Umwandlung der Energie aus. Aus diesem Erfahrungssatz folgt, dass die einem thermodynamischen System in einem *Zeitbereich* zugeführte Energie gleich der Änderung der Energie des Systems *von einem Zeitpunkt zu einem anderen Zeitpunkt* ist. Die Formulierung dieses Zusammenhangs wird als Erster Hauptsatz der Thermodynamik bezeichnet. An der Energieübertragung können verschiedene Energieformen beteiligt sein.

Diese Energien können einem System zu- bzw. abgeführt werden. Dabei ist es sinnvoll, eine Vorzeichenregelung zu vereinbaren. Es wird durchgängig festgelegt, dass die einem System *zugeführte Energien* oder Masse als *positiv* und die von einem System *abgeführte Energie* oder Masse als *negativ* bezeichnet wird.

4.1 Grundgesetze

Die folgenden grundlegenden Aussagen über das Verhalten eines Systems bei Zu- und Abfuhr einer Menge (Energie bzw. Masse) sollen von speziellen Stoffeigenschaften unabhängig verstanden werden und sind als Grundgesetze der Physik bekannt.

Die Grundgesetze werden zunächst für geschlossene, endliche Systeme aufgestellt.

Da geschlossene Systeme stets dieselben Teilchen enthalten, ergeben sich so besonders einfache Zusammenhänge. Ausgehend von geschlossenen Systemen können auch Aussagen für offene Systeme getroffen werden.

Die Grundgesetze können als Bilanzgleichungen aufgestellt werden. Die Bilanz einer Größe G enthält den Inhalt $G_{in,1}$ bzw. $G_{in,2}$, d.h. die Menge der Größe G, die sich zu dem jeweiligen Zeitpunkt 1 bzw. Zeitpunkt 2 im System befindet, die aus mehreren Zu- und Abfuhren resultierende Zufuhr G_{12}, d.h. die resultierende Menge der Größe G, die in einem Zeitbereich dem System infolge der äußeren Einwirkungen zu bzw. abgeführt wird.

Die Mengenbilanz für einen endlichen Zeitbereich zwischen den Zeitpunkten 1 und 2 mit Zeitpunkt 2 > Zeitpunkt 1 lautet dann

$$G_{12} = G_{in,2} - G_{in,1} = \Delta G_{in} \tag{4.1}$$

In der Aufstellung der Mengenbilanzgleichung (4.1) ist G_{12} als die Summe aller zugeführten und abgeführten Mengen anzusehen, wobei vereinbarungsgemäß die Zufuhren mit positivem und die Abfuhren mit negativem Vorzeichen eingesetzt werden. Es wird demnach vereinbart, dass stets $G_{12} > 0$ gilt, wenn die Menge G_{12} dem thermodynamischen System zugeführt wird.

Für einen differenziellen Zeitbereich ergibt sich

$$\delta G = dG_{in} \tag{4.2}$$

Mit $\int_1^2 dG_{in} = G_{in,2} - G_{in,1}$, siehe Gl. (3.16), ist sofort erkennbar, dass die Größe dG_{in} der rechten Seite der Gl (4.2) die differenzielle Änderung einer (momentanen) Variablen G_{in}, die für einen *Zeitpunkt* angebbar ist, darstellt. Diese Größen, die offenbar momentane Zustände (hier zum Zeitpunkt 1 und 2) beschreiben, werden bereits bekanntermaßen als *Zustandsgrößen* bezeichnet.

Die linke Seite der Gl. (4.2) mit $\int_1^2 \delta G = G_{12}$ muss nach Gl. (3.17) offensichtlich aus *Prozessgrößen* G bestehen, die nur für einen *Zeitbereich* angebbar sind, *wegabhängig* sind und sich nicht aus ihren Anfangs- und Endzuständen berechnen lassen. Im Abschn. 4.2 werden Prozessgrößen hinsichtlich ihrer mathematischen Behandlung näher erläutert.

Bezieht man alle Größen der Gl. (4.2) auf einen Zeitbereich dt, so erhält man mit

$$\dot{G}_{12} = \frac{\delta G}{dt} \quad \dot{G}_{in} = \frac{dG_{in}}{dt} \tag{4.3}$$

die Strombilanz

$$\dot{G}_{12} = \dot{G}_{in} \tag{4.4}$$

Setzt man an Stelle der allgemeinen Menge G nunmehr die Variablen E für die Energie und m für die Masse ein, so folgen hieraus die Erhaltungssätze für Energie und Masse bzw. mit zeitabhängigen Prozessgrößen Energiestrom und Massenstrom

$$\dot{E}_{12} = \frac{dE_{in}}{dt} \tag{4.5}$$

$$\dot{m}_{12} = \frac{dm_{in}}{dt} \tag{4.6}$$

Für eine Strommenge $\dot{G}_{12}$, d.h. auch für $\dot{E}_{12}$ und $\dot{m}_{12}$ gelten dabei die gleichen Vorzeichenvereinbarungen wie für G_{12}, d.h. auch für E_{12} und m_{12}.

Werden dem System im Zeitbereich dt Summen von Massenströmen $\sum_i \dot{m}_i$ zugeführt (positives Vorzeichen) und Summen von Massenströmen $\sum_j \dot{m}_j$ abgeführt (negatives Vorzeichen), dann gilt als Resultierende für $\dot{m}_{12} = \sum_i \dot{m}_i - \sum_j \dot{m}_j$. Analog dazu gilt ebenfalls für $\dot{E}_{12} = \sum_i \dot{E}_i - \sum_j \dot{E}_j$.

4.2   Erster Hauptsatz – Energieerhaltungssatz

Der Erste Hauptsatz der Thermodynamik ist ein Erfahrungssatz und stellt das allgemeine Energieerhaltungsprinzip dar:

Energie kann weder erzeugt noch vernichtet werden. Erfahrungsgemäß kann jedoch die Energie in verschiedenen Formen auftreten, die ineinander umgewandelt werden können.

Bezeichnet man unter Beachtung der o.g. Vorzeichenregeln die Summe aller einem homogenen System zu- und abgeführten Energien resultierend mit E_{12} und den Energieinhalt des homogenen Systems anstelle $\Delta E_{in} = E_{in,2} - E_{in,1}$ mit der etablierten Bezeichnung, der so genannten Gesamtenergie $\Delta U_g = U_{g,2} - G_{g,1}$, dann nimmt die Energiebilanz als Mengenbilanz die Form an

$$E_{12} = U_{g,2} - G_{g,1} = \Delta U_{g,12} \qquad (4.7)$$

bzw.

$$\delta E = dU_g \qquad (4.8)$$

Die linke Seite der Gl. (4.8) ist als Summe aller zugeführten und abgeführten differenziellen Energien anzusehen, wobei vereinbarungsgemäß die Zufuhren mit positivem und die Abfuhren mit negativem Vorzeichen eingesetzt werden. Es wird demnach vereinbart, dass stets $\delta E > 0$ gilt, wenn die differenzielle Energie δE dem thermodynamischen System zugeführt wird.

Die rechte Seite der Gl. (4.8) beinhaltet nicht nur die differenzielle Änderung des inneren Energiezustandes des thermodynamischen Systems, sondern darüber hinaus noch äußere Systemzustände, d.h. den Bewegungszustand des thermodynamischen Systems mit seiner Geschwindigkeit (beschrieben durch seine kinetische Energie) und seiner Höhenkoordinate (beschrieben durch seine potentielle Energie), also die differenzielle Änderung des so genannten Gesamtenergiezustandes.

Zunächst ist es erforderlich, die einem System zugeführten Energien genauer zu definieren.

4.2.1   Wärme und Arbeit

Die Energieformen, die die thermodynamische Systemgrenze überschreiten können, sind die Arbeit und die Wärme.

Die einem thermodynamischen System durch Arbeit zugeführte Energie ist die *Arbeit der äußeren makroskopischen Kräfte*.

Bezeichnet man die einem System differenziell zugeführte Arbeit mit δW, so gilt

$$\delta W = \sum_i \vec{F}_i \cdot d\vec{r}_i + \sum_j \vec{M}_j \cdot d\vec{\alpha}_j \qquad (4.9)$$

wobei $\vec{F}_i \, d\vec{r}_i$ die Arbeit der i äußeren makroskopischen Einzelkräfte $\vec{F}_i$ auf den zurückgelegten i differenziellen Wegen $d\vec{r}_i$ bei geradliniger Bewegung und $|\vec{M}_i| \, d\vec{\alpha}_i$ die Arbeit der j Drehmomente $\vec{M}_i$ mit den zugehörigen j differenziellen Drehwinkeln $d\vec{\alpha}_i$ bei Drehbewegungen gilt.

Aus dem mathematischen Sachverhalt der Gl. (4.9) ist bereits ersichtlich, dass es sich bei der Arbeit um eine wegabhängige Größe handeln muss, denn die Summanden der rechten Seite von Gl. (4.9) sind jeweils Skalarprodukte zweier Vektoren $|\vec{F}_i| \cdot |d\vec{r}_i| \cdot \cos\alpha$ bzw. $|\vec{M}_j| \cdot |d\vec{\alpha}_j| \cdot \cos\beta$.

Die zwischen den Vektoren eingeschlossenen Winkel α und β bestimmen jeweils die Größe der Arbeit. Greift der Kraftvektor $\vec{F}_i$ z.B. senkrecht zum Wegvektor $d\vec{r}_i$ an ($\cos\alpha = 0$), ist die dabei verrichtete Arbeit gleich Null, liegen die beiden Vektoren in einer gemeinsamen, gleichen Richtung ($\cos\alpha = 1$), so wird offensichtlich die größtmögliche Arbeit verrichtet. Dazwischen liegen je nach Winkelgröße wegabhängige Werte für die Arbeit.

Die Arbeiten können je nach Art der sie verursachenden Kräfte verschieden unterteilt werden. In der Thermodynamik spielen Einzelkräfte kaum eine Rolle, da vorwiegend Gase und Flüssigkeiten betrachtet werden. Somit entstehen Normalkräfte an der Systemgrenze durch Druckkräfte und Tangentialkräfte entstehen im System durch Schubspannungen.

Die von den Schubspannungen verrichtete Arbeit ist die Reibungsarbeit δW_R, die von den Normalkräften verrichtete Arbeit ist die Druckarbeit δW_D.

Damit ergibt sich die Beziehung für eine dem System zugeführte differenzielle Arbeit

$$\delta W = \delta W_D + \delta W_R \tag{4.10}$$

Ändert sich der Zustand des Systems in gleicher Weise, ohne dass eine Arbeitszufuhr aufgetreten ist, muss eine Energiezufuhr stattgefunden haben, die der ursprünglichen Arbeitszufuhr äquivalent ist.

Zugeführte Energie ist jede Größe, die die gleiche Wirkung, d.h. die gleiche Zustandsänderung im System hervorruft wie zugeführte Arbeit.

Wird z.B. einer Flüssigkeit Reibungsarbeit zugeführt, siehe Abb. 4.1 (Fall 1), bedingt die entsprechende Erhöhung der Gesamtenergie eine Erhöhung der Temperatur. Die gleiche Temperaturerhöhung kann erreicht werden, in dem die Flüssigkeit beheizt wird, Abb. 4.1 (Fall 2).

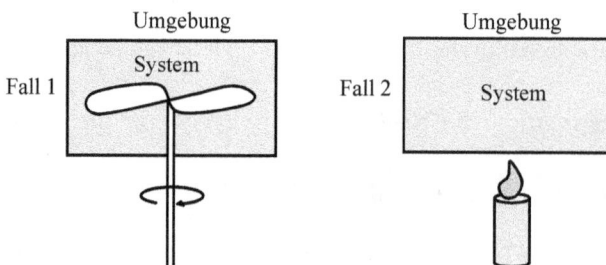

Abb. 4.1:   System mit Zufuhr von Reibungsarbeit (Fall 1) und System mit Zufuhr von Wärme (Fall 2)

Da in den Fällen 1 und 2 die zugeführten Arbeiten der Druckkräfte und der Feldkräfte gleich groß sind, muss im Fall 2 anstelle der Reibungsarbeit eine andere Form der Energie zugeführt worden sein, die *Wärme* genannt wird.

Eine Zustandsänderung infolge Wärmezufuhr findet immer statt, wenn ein System sich nicht im thermischen Gleichgewicht mit seiner Umgebung befindet (vgl. Abschn. 2.5.1), d.h. wenn Temperaturunterschiede zwischen System und Umgebung auftreten.

Wärme ist eine Form der einem System zugeführten Energie. Sie ist eine Prozessgröße. Eine Prozessgröße heißt dann Wärme, wenn eine Temperaturdifferenz die Ursache des thermischen Energietransports ist.

Wärme wird also an ein System übertragen, wenn es sich nicht im thermischen Gleichgewicht mit der Umgebung befindet, d.h. wenn ein *Temperaturunterschied gegenüber der Umgebung* besteht.

Der in der Thermodynamik definierte Inhalt des Begriffs Wärme muss entgegen der umgangssprachlichen Deutung präzisiert werden. Es gibt z.B. keine „Speicherwärme", keine „Reibungswärme", keinen „Wärmespeicher" und auch keinen „Wärmeinhalt". Wärmeenergie kann nicht Systeminhalt sein, sondern kann nur eine zwischen zwei Systemen oder einem System und der Umgebung in einem *Zeitbereich* übertragbare Wärmeenergie als Prozessgröße sein. An Stelle des falschen Begriffs „Wärmeinhalt" wird der Begriff Energieinhalt verwendet, der aber eine Eigenschaft des Systems, d.h. seinen Zustand zu einem *Zeitpunkt* beschreibt, wo hingegen die zwischen Systemen übertragene Wärme eine Form der energetischen Wechselwirkung über einem *Zeitbereich* darstellt, also eine Prozessgröße ist, die nicht gleichzeitig das System selbst charakterisieren kann.

In der Fallunterscheidung, Abb. 4.1 wird die Wärme über die Zustandsänderung auf die Änderung der Gesamtenergie eines Systems und diese auf die Arbeit zurückgeführt.

Daraus folgt:

Energie ist jede der Arbeit äquivalente Größe.

In der technischen Thermodynamik kommen als Formen der zugeführten Energie nur die Arbeit und die Wärme in Betracht. Sie sind nach Abschn. 2.7 und Abschn. 3.3.2 Prozessgrößen.

Bezeichnet man die differenzielle Energiezufuhr durch Wärme mit δQ, lautet der erste Hauptsatz der Thermodynamik für ein homogenes, geschlossenes System für einen differenziellen Zeitbereich

$$\delta W + \delta Q = dU_g \tag{4.11}$$

und mit Gl. (4.10)

$$\delta W_D + \delta W_R + \delta Q = dU_g \tag{4.12}$$

bzw. nach Integration für einen endlichen Zeitbereich

$$W_{D,12}+W_{R,12} + Q_{12} = U_{g,2} - U_{g,1} \tag{4.13}$$

Hier wird entsprechend o.g. Vorzeichenregel festgelegt:

dem System zugeführte Wärme oder Arbeit: Q bzw. W > 0

aus dem System abgeführte Wärme oder Arbeit: Q bzw. W < 0

Trotz Vorhandensein einer Temperaturdifferenz kann eine mögliche Wärmeübertragung durch eine adiabate (wärmedichte) Systemgrenze, bei der $Q = 0$ gilt, verhindert werden.

Es kann festgestellt werden, dass an der Energieübertragung folgende verschiedene Energieformen beteiligt sein können: Reibungsarbeit, Druckarbeit und Wärme.

Im Ersten Hauptsatz ist vorerst die Arbeit die einzige Prozessgröße, die direkt ermittelt werden kann. Sie wird über die Kraft und den von der Kraft zurückgelegen Weg bei geradliniger Bewegung (bzw. über das Drehmoment mit dem durchlaufenen Drehwinkel bei einer Drehbewegungen bestimmt), siehe Gl. (4.9). Die unterschiedlichen Formen der Arbeit werden im Folgenden erläutert.

4.2.2 Druckarbeit (Volumenänderungsarbeit)

Die normal zur Systemgrenze liegenden Kräfte verrichten Arbeit am System, die *Druckarbeit* (Volumenänderungsarbeit) genannt wird. Die Druckarbeit an einem quasistatischen (siehe Abschn. 2.7), druckhomogenen geschlossenen System ist eine Arbeit, die die Systemgrenze des geschlossenen Systems verschiebt und damit eine einmalige Volumenänderung bewirkt. Sie heißt deshalb auch *Volumenänderungsarbeit*.

Zur Berechnung der Volumenänderungsarbeit wird o.g. System entsprechend Abb. 4.2 zugrunde gelegt. Der Umgebungsdruck betrage $p_U = 0\ bar$ Umgebung soll hier nicht die Atmosphäre mit p_B sein, sondern eine Modellumgebung.

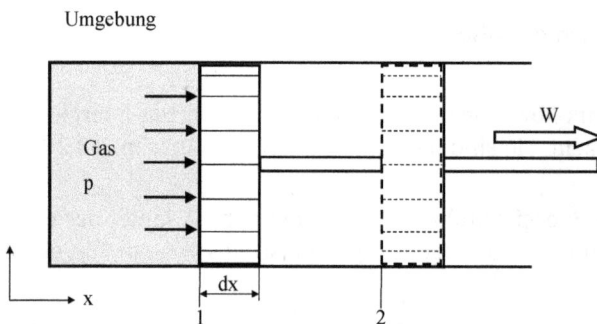

Abb. 4.2:   System zur Berechnung der Volumenänderungsarbeit

Die Druckkraft des Gases, die auf den Kolben mit der Kolbenfläche A wirkt, beträgt

$$F_D = p \cdot A \tag{4.14}$$

Mit der differenziellen Volumenänderung

$$dV = A \cdot dx \tag{4.15}$$

folgt hieraus die Volumenänderungsarbeit (Volumen wird kleiner mit zunehmendem Druck p bzw. für $dV > 0$ muss $\delta W_D < 0$ sein).

$$\delta W_D = -p \cdot dV \tag{4.16}$$

Für die Volumenänderungsarbeit, die das System vom Anfangszustand 1 in den Endzustand 2 bringt, entsteht durch Integration

$$W_{D,12} = -\int_1^2 p \cdot dV \tag{4.17}$$

bzw. spezifisch, d.h. auf die Masse m bezogen

$$w_{D,12} = -\int_1^2 p \cdot dv \tag{4.18}$$

Nichttechnische Arbeit der Druckkräfte

In der obigen Anordnung muss für eine einmalige Zustandsänderung im geschlossenen System keineswegs die gesamte Kraft $p \cdot A$ aufgebracht werden, sondern durch den Umgebungsdruck p_U wird die Kraft $p_U \cdot A$ von selbst aufgeprägt. Damit ergibt sich die so genannte nichttechnische Arbeit der Druckkräfte.

$$\delta W_{D,nt} = -p_U \cdot dV \tag{4.19}$$

bzw.

$$W_{D,nt} = -p_U \cdot (V_2 - V_1) \tag{4.20}$$

Technische Arbeit (Nutzarbeit) der Druckkräfte

Die so genannte technische Arbeit (oft auch als Nutzarbeit bezeichnet), d.h. die durch eine technische Einrichtung (Maschine) dem System zugeführte Arbeit (hier die Nutzarbeit an der Kolbenstange) beträgt dann

$$\delta W_{D,t} = -(p - p_U) \cdot dV \tag{4.21}$$

bzw.

$$W_{D,t} = -\int_1^2 p \cdot dV + p_U \cdot (V_2 - V_1) \tag{4.22}$$

bzw. spezifisch

$$w_{D,t} = -\int_1^2 p \cdot dv + p_U \cdot (v_2 - v_1) \tag{4.23}$$

Es gilt also für die Druckarbeit (Volumenänderungsarbeit) mi Gl. (4.20)und Gl. (4.22)

$$W_{D,12} = W_{D,t} + W_{D,nt} \tag{4.24}$$

Die Druckarbeit (Volumenänderungsarbeit) W_{D12} kann im p, v -Diagramm als Fläche zwischen der Zustandslinie und der v -Achse dargestellt werden, Abb. 4.3. Ein derartiges Diagramm heißt Zustandsdiagramm.

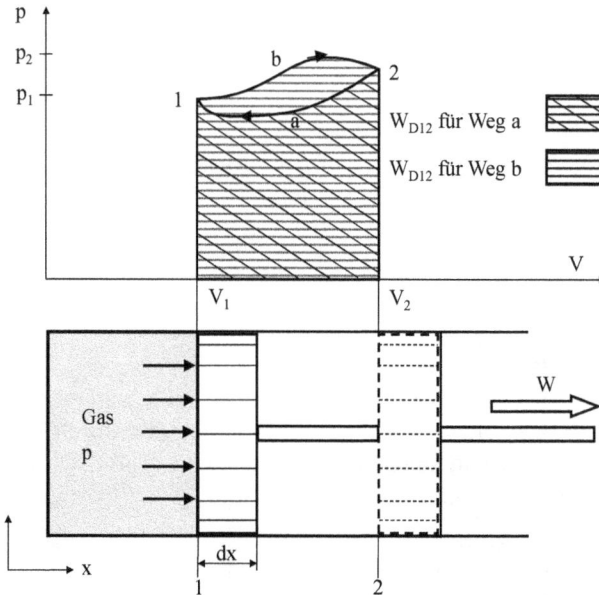

Abb. 4.3:   Zur Erläuterung der Volumenänderungsarbeit als Prozessgröße

Die Druckarbeit (Volumenänderungsarbeit), wie jede andere Arbeit auch, ist eine Prozessgröße, d.h. eine wegabhängige Größe wie aus der Abb. 4.3. zu erkennen ist. In Abhängigkeit vom Verlauf der Zustandskurve (z.B. Kurve a oder b) zwischen den beiden Punkten 1 und 2 ergeben sich andere Flächeninhalte für die Größe der Druckarbeit (Volumenänderungsarbeit) W_{D12}.

Für die Auswertung des Integrals $w_{D,12} = -\int_1^2 p \cdot dv$ für die endliche quasistatische Volumenänderung muss der Druckverlauf $p = p(T)$ vorgegeben sein. Hierfür kann jeder beliebige, die Zustandsänderung hinreichend genau beschreibende analytische Ansatz gewählt werden. Lediglich das vorausgesetzte Gleichgewicht an der Systemgrenze muss erfüllt sein.

Die Druckarbeit (Volumenänderungsarbeit) $W_{D,12}$ ist also keine Zustandsgröße eines Zeitpunktes und damit auch keine Systemeigenschaft, sondern eine Prozessgröße eines Zeitbereiches.

Die Druckarbeit (Volumenänderungsarbeit) $W_{D,12}$ bezeichnet die Energie, die einem geschlossenen System bei einmaliger Verdichtung zugeführt oder aus dem System bei einmaliger Entspannung abgeführt wird.

Für die Integrale $\int_1^2 \delta W_D$ und spezifisch geschrieben $\int_1^2 \delta w_D$ gilt demzufolge entsprechend Gl. (3.17) die Schreibweise $W_{D,12}$ (nicht $W_2 - W_1$!) bzw. $w_{D,12}$ (nicht $w_2 - w_1$!).

Beispiel 4.1

In einem Zylinder mit zunächst einem Rauminhalt von $0{,}1\ m^3$ vergrößert sich durch Verschiebung des Kolbens bei gleichbleibendem absoluten Druck von $10\ bar$ das Zylindervolumen auf $0{,}2\ m^3$.

Die Volumenänderungsarbeit (Druckarbeit) soll berechnet werden.

Gegeben:

$V_1 = 0{,}1\ m^3$

$V_2 = 0{,}2\ m^3$

$p_1 = p_2 = 10 \cdot 10^5\ Pa = 10 \cdot 10^5\ N/m^2$

$v_1 = v_2 = v = 10^{-3}\ m^3/kg$

Gesucht:

$W_{D,12}$

Lösungsweg:

1. System: geschlossen

Umgebung

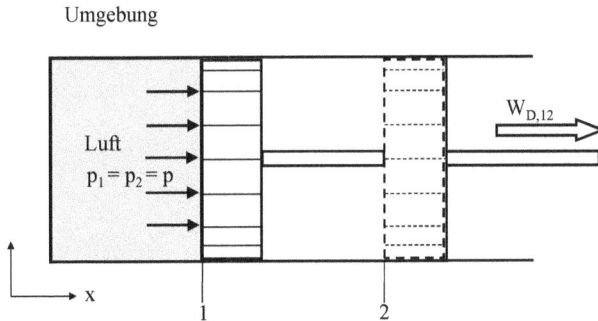

Abb. 4.4:   System für Beispiel 4.1

2. Bezugssystem BZS ruht in Bezug zur Systemgrenze

3. Modellbildung
*   Berechnung der (Druckarbeit) Volumenänderungsarbeit

    Mit Gl. (4.17) ergibt sich für die (Druckarbeit) Volumenänderungsarbeit

$$W_{D,12} = -\int_1^2 p \cdot dV = -p \cdot (V_2 - V_1) = 10 \cdot 10^5\ N/m^2 \cdot (0{,}2 - 0{,}1)\ m^3$$

$$W_{D,12} = 10^5\ N/m^2$$

4.2.3   Reibungsarbeit

Die *Reibungsarbeit* ist eine weitere den inneren Systemzustand beeinflussende Energieform. Neben den die Volumenänderungsarbeit beeinflussenden Normalkräften verrichten auch tangential zur Systemgrenze anliegende Kräfte Arbeit am System. Diese Arbeit wird Reibungsarbeit genannt.

Der Charakter der Reibungsarbeit lässt sich mit Abb. 4.1 (Fall 1) recht gut erläutern. Wie in Abb. 4.1 dargestellt, soll eine Welle mit Schraube in das System hineinragen, aber nicht zum eigentlichen System dazugehören. Beim Drehen der Welle setzen die durch die Zähigkeit der Flüssigkeit bedingten Tangentialkräfte der aufgewendeten Kraft einen entsprechenden Widerstand entgegen. Es muss zum Drehen der Welle somit eine bestimmte Arbeit aufgewendet werden, die je nach Zähigkeit der Flüssigkeit im System eine bestimmte Größe annimmt. Dem System wird die so genannte Reibungsarbeit zugeführt.

Der beschriebene Prozess ist irreversibel, denn es ist nicht möglich den Prozess umzukehren.

Reibungsarbeit kann einem System immer nur zugeführt werden. Reibungsarbeit ist somit nach o.g. Vorzeichenregel stets positiv und tritt bei irreversiblen Prozessen (siehe 2.8) auf.

$$\int_1^2 \delta W_R = W_{R,12} \geq 0 \qquad (4.25)$$

Das Gleichheitszeichen gilt für den Grenzfall des reibungsfrei ablaufenden Prozesses.

Dieser Grenzfall $W_{R,12} = 0$ wird sehr häufig bei der vereinfachten Betrachtung von technischen Prozessen angenommen. Man setzt dann modellvereinfachend einen reversiblen Prozessverlauf an.

4.2.4   Gesamtenergie, innere Energie und Bezugssystem

Nachdem die linke Seite der Energiebilanz, d.h. die über einen Zeitbereich zugeführten Energien im Einzelnen beschrieben worden sind, soll die rechte Seite der Gl. (4.11) hier näher erläutert werden.

Gesamtenergie

Die rechte Seite der Energiebilanz Gl. (4.11) beschreibt mit den Größen $U_{g,1}$ und $U_{g,2}$ jeweils einen Zustand des Systems zum Zeitpunkt 1 und zum Zeitpunkt 2, die so genannte Gesamtenergie des Systems zum Zeitpunkt 1 und zum Zeitpunkt 2.

Bezugssystem BZS

Ruhendes Bezugssystem in Bezug zur Systemgrenze (ruhendes System)

Falls bei den Zu- und Abfuhren von Energien bei einem geschlossenen System das *Bezugssystem BZS* im Bezug zur Systemgrenze ruht, ist für einen Beobachter im Bezugssystem das System ortsunveränderlich (ruhendes System). Der relativ zum System ruhende Beobachter registriert die Veränderungen des inneren Zustandes des Systems infolge Energiezufuhren oder -abfuhren.

Der Beobachter registriert nur den inneren Systemzustand, die so genannte *innere Energie U* zu irgendeinem Zeitpunkt 1 oder 2.

Bewegtes Bezugsystem in Bezug zur Systemgrenze (bewegtes System)

Zur Erklärung der Gesamtenergie wird wieder von einem geschlossenen System ausgegangen. Das *Bezugssystem* ruht jedoch nicht an der Systemgrenze wie bisher, sondern befindet sich außerhalb oder innerhalb des Systems an einem beliebigen festen Ort im Raum. Im Unterschied zu dem bisherigen Bezugssystem, kann nun vom Beobachter vom neuen Bezugssystem auch die örtliche Lage und der Bewegungszustand des Systems registriert werden. Andererseits kann ein Beobachter vom System aus ein bewegtes Bezugssystem erkennen.

Der Beobachter registriert nicht mehr nur den inneren Systemzustand, die innere Energie U, sondern, die Höhe z des Systems über einem Bezugsniveau bestimmt die potentielle Energie des Systems E_{pot} bzw. bei Veränderung der Höhenkoordinate $E_{pot,2}-E_{pot,1}$ und der Bewegungszustand des Systems mit seiner Geschwindigkeit c wird durch seine kinetische Energie E_{kin} bzw. deren Veränderung durch die Differenz $E_{kin,2}-E_{kin,1}$ beschrieben.

Innere Energie

Für die Differenz der Gesamtenergie

$$\Delta U_{g,12} = U_{g,2} - U_{g,1} = U_2 - U_1 + E_{pot,2}-E_{pot,1} + E_{kin,2}-E_{kin,1} \qquad (4.26)$$

mit

$$\Delta E_{pot,12} = E_{pot,2}-E_{pot,1} = mg(z_2 - z_1) \qquad (4.27)$$

und

$$\Delta E_{kin,12} = E_{kin,2}-E_{kin,1} = \frac{m}{2}(c_2^2 - c_1^2) \qquad (4.28)$$

folgt

$$\Delta U_{g,12} = U_{g,2} - U_{g,1} = U_2 - U_1 + \frac{m}{2}(c_2^2 - c_1^2) + mg(z_2 - z_1) \qquad (4.29)$$

Dabei bezeichnet die Differenz $U_2 - U_1$ die Änderung der inneren Energie des Systems von einem Zeitpunkt 1 zu einem Zeitpunkt 2 und ist demnach die Differenz zweier Zustandsgrößen des Systems, die nur von ihren inneren Zustandsgrößen abhängen.

Bei einem aus mehreren Teilsystemen bestehenden System, werden die Differenzen $U_2 - U_1$, $U_{g,2} - U_{g,1}$, $E_{kin,2} - E_{kin,1}$ und $E_{pot,2} - E_{pot,1}$ ersetzt durch die Summen $\sum_i U_i$ bzw. $\sum_j U_{gj}$, $\sum_k E_{kin,k}$ und $\sum_m E_{pot,m}$, d.h. durch die Summen der Energiezustände der einzelnen Teilsysteme vorher (negatives Vorzeichen) und nachher (positives Vorzeichen).

Für ein einfaches System (ohne weitere Aufteilung in Teilsysteme) setzt sich die Gesamtenergieänderung $U_{g,2} - U_{g,1}$ zusammen aus der Zustandsänderung im Innern des Systems und seiner kinetischen und potentiellen Energieänderung. Auf die Systemmasse m bezogen, folgt hieraus

$$u_{g,2} - u_{g,1} = u_2 - u_1 + \frac{c_2 - c_1}{2} + g(z_2 - z_1) \qquad (4.30)$$

4.2.5   Thermische und kalorische Zustandsgrößen

Die Größe U in Gl. (4.29) oder u in Gl. (4.30) sind absolute bzw. spezifische Zustandsgrößen, da selbige den inneren Systemzustand zu einem Zeitpunkt beschreiben. Im Gegensatz zu den *thermischen Zustandsgrößen* p, T, v bzw. V werden u bzw. U als *kalorische* oder energetische *Zustandsgrößen* bezeichnet.

Aus praktischen Gründen wird mit der so genannten spezifischen *Enthalpie h* eine neue kalorische oder energetische Zustandsgröße eingeführt

$$h = u + p \cdot v \qquad (4.31)$$

Aus Gl. (4.31) ergibt sich für die differenzielle Änderung der spezifischen Enthalpie dh

$$dh = du + d(p \cdot v) = du + p \cdot dv + v \cdot dp \qquad (4.32)$$

Die absolute oder extensive Größe für die Enthalpie H ergibt sich durch Multiplikation mit der Systemmasse.

Neben den hier genannten kalorischen Zustandsgrößen innere Energie u bzw. U und Enthalpie h bzw. H gibt es noch eine weitere kalorische Zustandsgröße, die so genannte *Entropie s* bzw. *S*. Diese ebenfalls den Systemzustand beschreibende Zustandsgröße Entropie wird in einem späteren Kapitel behandelt.

Während die thermischen Zustandsgrößen gemessen werden können, müssen die stoffbezogenen kalorischen Zustandsgrößen berechnet werden

4.2.6   Erster Hauptsatz für ruhende, geschlossene, homogene Systeme

Bei ruhenden Systemen tritt keine Änderung von kinetischer und potentieller Energie auf.

Mit Gl. (4.12) lässt sich die Energiebilanz für spezifische Größen wie folgt formulieren.

Gleichung des ersten Hauptsatzes für ruhende, geschlossene, homogene Systeme

$$\delta w_D + \delta w_R + \delta q = du \qquad (4.33)$$

oder integriert

$$w_{D,12} + w_{R,12} + q_{12} = u_2 - u_1 \qquad (4.34)$$

bzw. mit Gl. (4.18)

$$-\int_1^2 p \cdot dv + w_{R,12} + q_{12} = u_2 - u_1 \qquad (4.35)$$

oder in absoluten Größen

$$W_{D,12} + W_{R,12} + Q_{12} = U_2 - U_1 \qquad (4.36)$$

bzw.

$$-\int_1^2 p \cdot dV + W_{R,12} + Q_{12} = U_2 - U_1 \qquad (4.37)$$

Wird einem ruhenden, geschlossenen, homogenen System bei $V = konst$ ($dV = 0$) lediglich Wärme zugeführt (der Prozess verläuft reibungsfrei), dann folgt aus Gl. (4.37)

$$Q_{12} = U_2 - U_1 \qquad (4.38)$$

bzw.

$$q_{12} = u_2 - u_1 \qquad (4.39)$$

bzw.

$$\delta q = du \qquad (4.40)$$

Einem ruhenden, geschlossenen, homogenen System zugeführte Wärme erhöht die innere Energie des Systems. Eine abgeführte Wärme verringert die innere Energie des Systems.

Beispiel 4.2

In einem Behälter befindet sich Luft mit dem absoluten Druck $p_1 = 1\ bar$ und der Temperatur $T_1 = 300\ K$. Dieser Luft wird durch eine isochore Zustandsänderung ($v = konst$) die Wärme $q_{12} = 72\ kJ/kg$ zugeführt. Der Vorgang soll reibungsfrei ($\delta w_{R,12} = 0$) verlaufen. Die Temperatur steigt dabei auf $T_2 = 400\ K$.

Es ist die Änderung der inneren Energie und der absolute Druck nach dem Prozess zu berechnen.

Gegeben:

$p_1 = 1 \cdot 10^5\ Pa$

$T_1 = 300\ K$

$v_1 = v_2 = v = konst$

Gesucht:

$u_2 - u_1$

p_2

Lösungsweg:

1.   System: geschlossen

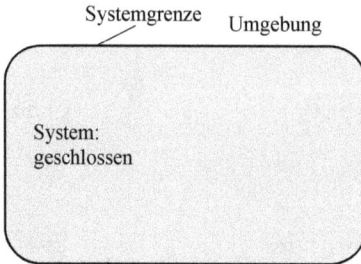

Systemgrenze   Umgebung

System:
geschlossen

Abb. 4.5:   System für Beispiel 4.2

2.   Bezugssystem BZS ruht in Bezug zur Systemgrenze

3.   Modellbildung
•   Nach Gl. (4.39) ergibt sich für die Änderung der inneren Energie

$$u_2 \ - \ u_1 = q_{12} = 72 \ kJ/kg$$

•   Nach Gl. (2.31) ergibt sich

$$p_2 = \frac{T_2 \cdot p_1}{T_1} = \frac{400 \ K \cdot 1 \cdot 10^{\,5} \ Pa}{300 \ K} = 1{,}33 \ \cdot 10^{\,5} \ Pa$$

4.2.7   Erster Hauptsatz für ruhende, offene, inhomogene Systeme

Bei vielen offenen Systemen (z.B. Pumpen, Verdichter, Turbinen, Benzinmotoren usw.) tritt im Gegensatz zu geschlossenen Systemen bei entsprechender kontinuierlicher Strömung auch kontinuierlich Arbeit auf, die als technische Arbeit bezeichnet wird.

In der Turbine bewirkt eine kontinuierliche Strömung eines Gases oder einer Flüssigkeit das Drehen der Turbinenschaufeln. Über die Turbinenwelle kann technische Arbeit abgeführt ($\delta w_t < 0$) werden. Beim Kolbenverdichter kann durch Bewegen des Kolbens eine technische Arbeit einem Gas zugeführt werden ($\delta w_t > 0$).

In einer kontinuierlichen Strömung ändert sich im Allgemeinen der Zustand von Ort zu Ort und von Zeitpunkt zu Zeitpunkt, d.h. das betrachtete geschlossene System ist inhomogen und im System herrschen instationäre Zustände.

An Stelle der Änderung des Systemzustandes wird man hier deshalb die Zustandsänderung für *charakteristische Querschnitte* untersuchen, in denen *homogene und stationäre Bedingungen* herrschen.

Grenzt man über den gesamten Strömungsquerschnitt beliebige sich durch den Bilanzraum bewegende homogene Stoffmengen ab, so stellen diese dann zusammen mit dem unveränderten Innenraum des Systems (Maschine mit momentaner Masse und innerer Energie) ein *offenes System* dar.

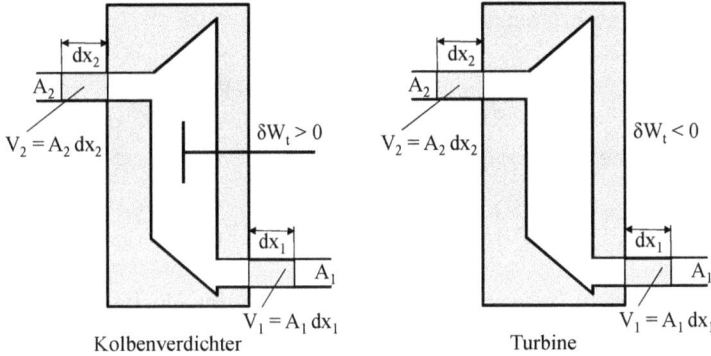

Abb. 4.6:   Bewegte homogene Stoffmenge (geschlossenes System) zur Berechnung eines offenen Systems

Das bedeutet, dass für die Berechnung eines offenen Systems lediglich alle über die Systemgrenze passierenden Energie- und Massenströme stationär (von der Zeit unabhängig) und homogen sein müssen, jedoch nicht zwingend auch das Systeminnere diese Restriktionen besitzen muss.

Das System nimmt zu Beginn des betrachteten Zeitintervalls den Bereich zwischen den charakteristischen Querschnitten 1 und 2 ein. Innerhalb des thermodynamischen Systems können also durchaus inhomogene und instationäre Zustände, wie z.B. in Kolbenmaschinen, vorliegen.

Während des betrachteten Zeitintervalls verschieben sich die Systemgrenzen infolge der Strömung um dx_1 und dx_2.

Im Folgenden werden die Verhältnisse für einen Kolbenverdichter und für eine Turbine beschrieben.

In beiden Fällen gilt für die technische Arbeit

$$\delta W_t = \delta W_D + p_2 \cdot A_2 \cdot dx_2 - p_1 \cdot A_1 \cdot dx_1 \qquad (4.41)$$

Mit

$$V_1 = A_1 \cdot dx_1 \qquad (4.42)$$

und

$$V_2 = A_2 \cdot dx_2 \qquad (4.43)$$

folgt daraus

$$\delta W_t = \delta W_D + p_2 \cdot dV_2 - p_1 \cdot dV_1 \qquad (4.44)$$

und mit Gl. (4.17)

$$\delta W_t = -p \cdot dV + p_2 \cdot dV_2 - p_1 \cdot dV_1 \qquad (4.45)$$

Mit der bekannten Regel für die Ableitung des Produktes zweier Funktionen p, V

$$d(p \cdot V) = p \cdot dV + V \cdot dp \qquad (4.46)$$

kann für die technische Arbeit geschrieben werden

$$W_{t,12} = \int_1^2 V \cdot dp = -\int_1^2 p \cdot dV + p_2 \cdot V_2 - p_1 \cdot V_1 \qquad (4.47)$$

und für die spezifische technische Arbeit folgt

$$w_{t,12} = \int_1^2 v \cdot dp = -\int_1^2 p \cdot dv + p_2 \cdot v_2 - p_1 \cdot v_1 \qquad (4.48)$$

Das Integral $\int_1^2 v(p) \cdot dp$ entspricht im p, v-Diagramm (Abb. 4.7) der Fläche zwischen der Zustandslinie, d.h. zwischen dem Zustandsverlauf p =f(v) und der p-Achse.

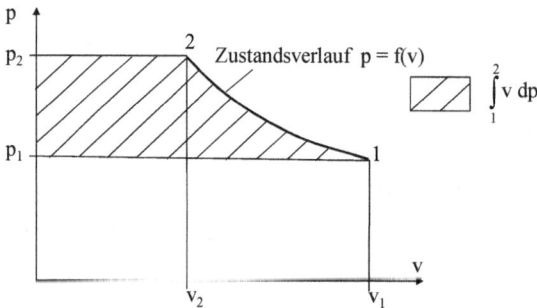

Abb. 4.7:   Technische Arbeit im p,v-Diagramm bei einer Kompression

Abb. 4.8 veranschaulicht dazu den Zusammenhang zwischen $\int_1^2 v(p) \cdot dp$ und der Volumenänderungsarbeit $-\int_1^2 p(v) \cdot dv$.

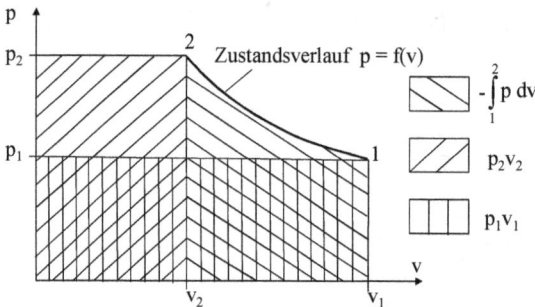

Abb. 4.8:   Zur Erläuterung der Flächeninhalte beim Zustandsverlauf p = f v)

Die Differenz $p_2 \cdot v_2 - p_1 \cdot v_1$ heißt spezifische Verschiebearbeit.

Mit der Beziehung für die differenzielle Enthalpie $dh = du + p \cdot dv + v \cdot dp$, siehe Gl. (4.32), folgt mit Gl. (4.33) daraus eine

Gleichung des ersten Hauptsatzes für ruhende, offene, inhomogene Systeme

$$\delta q + \delta w_t + \delta w_R = dh \qquad (4.49)$$

In integrierter Form folgt daraus

$$q_{12} + \int_{1}^{2} v(p) \cdot dp + w_{R,12} = h_2 - h_1 \qquad (4.50)$$

bzw. mit absoluten Größen

$$Q_{12} + \int_{1}^{2} V(p) \cdot dp + W_{R,12} = H_2 - H_1 \qquad (4.51)$$

Die als Wärme und/oder technischer Arbeit reibungsfrei ($W_{R,12} = 0$) zugeführten Energien erhöhen die Enthalpie des thermodynamischen Systems.

Mit dieser Form des ersten Hauptsatzes werden vor allem offene thermodynamische Systeme untersucht. Wie festgestellt wurde, kann das thermodynamische System durchaus inhomogen sein, da für das Herleitungsmodell der Bilanzgleichung für das offene System (4.51) lediglich eine durch den Bilanzraum sich bewegende homogene Stoffmenge (als bewegtes geschlossenes System) betrachtet wurde. Voraussetzung war demzufolge, dass das System nur in den Strömungsquerschnitten an den Zu- und Abströmungen stationäre und homogene Bedingungen besitzen muss. Innerhalb des offenen thermodynamischen Systems können also durchaus instationäre und inhomogene Zustände, wie z.B. in Kolbenmaschinen, vorliegen.

Wird Gl. (4.50) auf reibungsfreie Zustandsänderungen ($w_{R,12} = 0$) angewendet, bei der dazu noch $p = konst$ ist, dann gilt $dp = 0$ und es wird dann

$$q_{12} = h_2 - h_1 \qquad (4.52)$$

Wird einem ruhenden, offenen, inhomogenen System bei konstantem Druck lediglich Wärme zugeführt (reibungsfreie Zustandsänderung), dann führt diese Wärmezufuhr zu einer Änderung der Enthalpie des Systems. Abgeführte Wärme verringert die Enthalpie des Systems.

Beispiel 4.3

In einer Pumpe wird Wasser mit dem absoluten Druck $p = 1\ bar$ reversibel auf 51 bar gebracht. Es ist die spezifische technische Arbeit der Pumpe zu bestimmen. Das spezifische Volumen des praktisch inkompressiblen (nicht zusammendrückbaren) Wassers beträgt $v = 10^{-3}\ m^3/kg$.

Gegeben:
$p_1 = 1 \cdot 10^5\ Pa$
$p_2 = 51 \cdot 10^5\ Pa$
$v_1 = v_2 = v = 10^{-3}\ m^3/kg$

Gesucht:
$w_{t,12}$

Lösungsweg:

1. System: offen

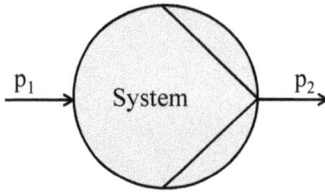

Abb. 4.9:   System Pumpe für Beispiel 4.3

2. Bezugssystem BZS ruht in Bezug zur Systemgrenze

3. Modellbildung
- Berechnung der spezifischen technischen Arbeit der Pumpe

   Mit Gl. (3.66) ergibt sich für die spezifische technische Arbeit

$$w_{t,12} = \int_1^2 v \cdot dp - v(p_2 - p_1)$$

$$w_{t,12} = 10^{-3} \frac{m^3}{kg} \cdot (51 - 1) \cdot 10^5 \, Pa = 5000 \frac{Nm}{kg} = 5 \, kJ/kg$$

4.2.8   Erster Hauptsatz für bewegte, geschlossene Systeme

Vom Standpunkt eines auf der Systemgrenze postierten Beobachters ruht das System und es gilt für den ersten Hauptsatz für ruhende, geschlossene Systeme die im Abschn. 4.2.6 abgeleitete Energiebilanz Gl. (4.33).

Im Unterschied zum ruhenden Bezugssystem, kann vom Beobachter mit einem bewegten Bezugssystem, siehe Abschn. 4.2.4, auch die örtliche Lage und der Bewegungszustand des Systems registriert werden.

Der Beobachter registriert nicht mehr nur den inneren Systemzustand, die innere Energie U, sondern, die Höhe z des Systems über einem Bezugsniveau bestimmt die potentielle Energie des Systems E_{pot} bzw. bei Veränderung der Höhenkoordinate die Änderung der potentiellen Energie $E_{pot,2} - E_{pot,1}$.

Der Bewegungszustand des Systems mit seiner Geschwindigkeit c wird durch seine kinetische Energie E_{kin} bzw. deren Veränderung durch die Differenz der kinetischen Energie $E_{kin,2} - E_{kin,1}$ mit Hilfe des Bewegungsgesetzes beschrieben, so dass der erste Hauptsatz für bewegte, geschlossene, homogene, thermodynamische Systeme folgende Form annimmt:

$$W_{D,12} + W_{R,12} + Q_{12} = U_{g2} - U_{g1}$$

$$= U_2 - U_1 + E_{pot,2} - E_{pot,1} + E_{kin2} - E_{kin1} \quad (4.53)$$

Für ein System, das aus mehreren Teilsystemen besteht, werden $U_2 - U_1$, $U_{g,2} - U_{g,1}$, $E_{kin,2} - E_{kin,1}$ und $E_{pot,2} - E_{pot,1}$ ersetzt durch $\sum_i U_i$ bzw. $\sum_j U_{gj}$, $\sum_k E_{kin,k}$ und $\sum_m E_{pot,m}$, d.h. durch die Summen der Energiezustände vorher (negatives Vorzeichen) und nachher (positives Vorzeichen).

Somit lässt sich diese Bilanz auch in differenzieller Schreibweise notieren

Gleichung des ersten Hauptsatzes für bewegte, geschlossene, homogene Systeme

$$\delta W_D + \delta W_R + \delta Q = dU_g = dU + dE_{pot} + dE_{kin} \tag{4.54}$$

bzw. in spezifischen Größen

$$\delta w_D + \delta w_R + \delta q = du + c \cdot dc + g \cdot dz \tag{4.55}$$

oder nach Integration für ein einfaches System (ohne weitere Aufteilung in Teilsysteme)

$$-\int_1^2 p \cdot dv + w_{R,12} + q_{12} = u_2 - u_1 + \frac{c_2{}^2 - c_1{}^2}{2} + g \cdot (z_2 - z_1) \tag{4.56}$$

und in absoluten Größen

$$-\int_1^2 p \cdot dV + W_{R,12} + Q_{12} = \Delta U_{g12} \tag{4.57}$$

mit

$$\Delta U_{g12} = \Delta U_{12} + \Delta E_{kin,12} + \Delta E_{pot,12} \tag{4.58}$$

$$\Delta U_{12} = U_2 - U_1 \tag{4.59}$$

$$\Delta E_{kin,12} = \frac{m}{2}(c_2^2 - c_1^2) \tag{4.60}$$

$$\Delta E_{pot,12} = m \cdot g(z_2 - z_1) \tag{4.61}$$

Beispiel 4.4

Ein bewegtes System mit konstanter innerer Energie wird abgebremst. Die Geschwindigkeit verringert sich um $40\ m/s$.
Die Änderung der spezifischen Gesamtenergie ist zu berechnen.

Gegeben:
$\Delta c = 40\ m/s$

Gesucht:
$\Delta u_{g,12}$

Lösungsweg:

1. System: geschlossen

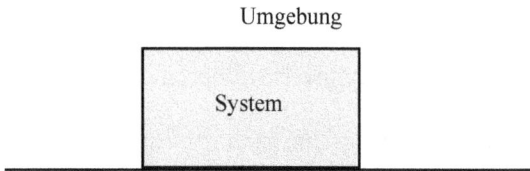

Umgebung

System

2. Bewegtes Bezugssystem BZS in Bezug zur Systemgrenze (um die Geschwindigkeits-
   änderung beobachten zu können)

3. Modellbildung
- Berechnung der Änderung der spezifischen Gesamtenergie

   Mit Gl. (4.54) ergibt sich für die Änderung der differenziellen Gesamtenergie

   $$dU_g = dU + dE_{pot} + dE_{kin}$$

   Die Innere Energie des Systems soll voraussetzungsgemäß konstant bleiben, somit
   ist die Änderung der inneren Energie $dU = 0$. Die Änderung der potentiellen Energie ist hier $dE_{pot} = 0$, da keine Höhenänderung des Systems vorhanden ist. Somit
   folgt

   $$dU_g = dE_{kin}$$

   oder spezifisch

   $$du_g = de_{kin}$$

   und nach Integration

   $$\Delta u_{g,12} = \frac{1}{2}(c_2^2 - c_1^2) = -\frac{1}{2}40^2\frac{m^2}{s^2}$$

   $$\Delta u_{g,12} = -800\frac{m^2}{s^2} = -0{,}8\ kJ/kg$$

Beispiel 4.5

Ein als geschlossenes thermodynamisches System betrachteter Körper mit der
Masse $m = 10\ kg$ wird so beschleunigt, dass sich seine Geschwindigkeit um $50\ m/s$
erhöht.

Die Änderung der spezifischen Gesamtenergie ist zu berechnen, wenn die innere Energie des Systems konstant bleibt.

Gegeben:

$\Delta c = 50 \ m/s$

$m = 10 \ kg$

Gesucht:

$\Delta U_{g,12}$

Lösungsweg:

1. System: geschlossen

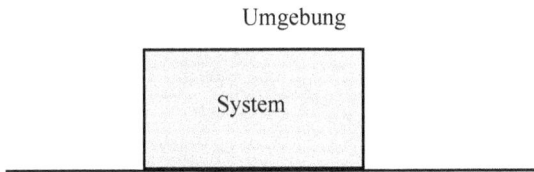

Abb. 4.11:   System für Beispiel 4.5

2. Bewegtes Bezugssystem BZS in Bezug zur Systemgrenze (um die Geschwindigkeits-änderung beobachten zu können)

3. Modellbildung
*   Berechnung der Änderung der spezifischen Gesamtenergie

    Mit Gl. (4.54) ergibt sich für die differenzielle Änderung der Gesamtenergie

$$dU_g = dU + dE_{pot} + dE_{kin}$$

Die Innere Energie des Systems soll voraussetzungsgemäß konstant bleiben, somit ist die Änderung der inneren Energie $dU = 0$. Die Änderung der potentiellen Energie ist hier $dE_{pot} = 0$, da keine Höhenänderung des Systems vorhanden ist. Somit gilt

$$dU_g = dE_{kin}$$

und nach Integration

$$\Delta U_{g,12} = \frac{m}{2}(c_2^2 - c_1^2) = \frac{10 \ kg}{2} \cdot 50^2 \frac{m^2}{s^2}$$

$$\Delta U_{g,12} = 12500 \ \frac{kg \ m^2}{s^2} = 12,5 \ kJ$$

Beispiel 4.6

Ein kreisrunder Behälter mit einer Auslauföffnung Höhe Null sei bis zur Höhe z mit Wasser, siehe Abb. 4.12, gefüllt.

- Es ist die Austrittsgeschwindigkeit c_2 zu bestimmen, wenn die Strömung reibungs-frei sein soll und wenn angenommen wird, dass die Höhe der Wassersäule konstant $z = 2\,m$ bleibt (Behälterdurchmesser theoretisch unendlich groß). Die Erdbe-schleunigung wird mit $g = 9{,}81\,\frac{m}{s^2} = $ konst vorgegeben.

- Der Prozess in a) soll nicht mehr reibungsfrei ablaufen. Die reale Austrittsge-schwindigkeit wird mit $c_2 = 5\,m/s$ gemessen. Es ist die Reibungsarbeit $w_{R,12}$ zu bestimmen.

Gegeben:

$z = 2\,m$

Gesucht:

c_2

$w_{R,12}$

Lösungsweg:

1. System: geschlossen

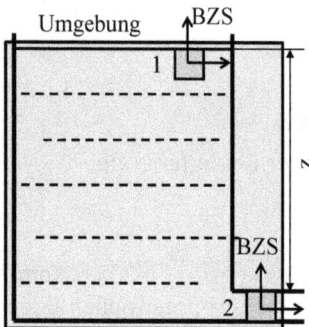

Abb. 4.12:   System für Beispiel 4.6

2. Bewegtes Bezugssystem BZS in Bezug zur Systemgrenze (geschlossenes System ist ein Wasserteilchen, eine Punktmasse)

3. Modellbildung
- Berechnung Austrittsgeschwindigkeit c_2

   Aus Gl. (4.56) ergibt sich ohne Volumenänderungsarbeit, ohne Wärmezufuhr, ohne Änderung der inneren Energie des Systems und ohne Reibungsarbeit

$$0 = \frac{c_2^2 - c_1^2}{2} + g(z_2 - z_1)$$

   Mit $c_1 = 0\,m/s$ und $\Delta z = 2\,m$ folgt

$$c_2 = \sqrt{2 \cdot g \cdot \Delta z} = \sqrt{2 \cdot 9{,}81 m/s^2 \cdot 2\,m} = 6{,}26\,m/s$$

- Berechnung der Reibungsarbeit $w_{R,12}$ bei gemessener Geschwindigkeit $c_2 = 5\ m/s$

$$w_{R,12} = \frac{c_2^2 - c_1^2}{2} + g(z_2 - z_1)$$

Mit $c_1 = 0\ m/s$, $c_2 = 5\ m/s$ und $\Delta z = z_2 - z_1 = 2\ m$ folgt

$$w_{R,12} = 19{,}62\ \frac{m^2}{s^2} - 12{,}5\ \frac{m^2}{s^2} = 7{,}12\ \frac{m^2}{s^2} = 7{,}12\ \frac{J}{kg}$$

Beispiel 4.7

Ein Körper mit der Masse $m = 1\ kg$, der im Anfangszustand keine Geschwindigkeit besitzt durchfällt mit der Beschleunigung $g = 9{,}81\ \frac{m}{s^2} =$ konst frei eine Höhe von $z = 50\ m$.

Es sind die Änderungen der Gesamtenergie, der kinetischen Energie und der inneren Energie zu berechnen. Der Vorgang soll reibungsfrei ablaufen.

Gegeben:

$m = 1\ kg$

$z = 50\ m$

Gesucht:

$\Delta U_{g,12}$

$\Delta E_{kin,12}$

ΔU_{12}

Lösungsweg:

1. System: geschlossen

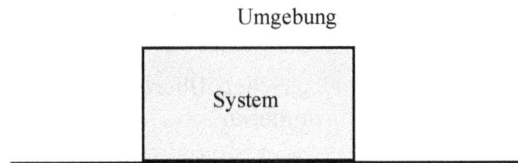

Abb. 4.13:   System für Beispiel 4.7

2. Bewegtes Bezugssystem BZS in Bezug zur Systemgrenze (um die Geschwindigkeitsänderung beobachten zu können)

3. Modellbildung
- Berechnung der Änderung der spezifischen Gesamtenergie $\Delta U_{g,12}$

    Mit Gl. (4.54) ergibt sich für die Änderung der spezifischen Gesamtenergie

$$dU_g = dU + dE_{pot} + dE_{kin}$$

und nach Integration

$$\Delta U_{g,12} = \Delta U_{12} + \Delta E_{pot,12} + \Delta E_{kin,12}$$

Die Änderung der Gesamtenergie beträgt

$$\Delta U_{g,12} = m \cdot g \cdot \Delta z = -1 \, kg \cdot 9{,}81 \frac{m}{s^2} \cdot 50 \, m = -490{,}5 \, J$$

- Die Änderung der kinetischen Energie beträgt

$$\Delta E_{kin,12} = \frac{m}{2} (c_2^2 - c_1^2)$$

und entsprechend Aufgabe 4.6 bei $c_1 = 0$

$$c_2 = \sqrt{2 \cdot g \cdot \Delta z}$$

$$\Delta E_{kin,12} = \frac{m}{2} (2 \cdot g \cdot \Delta z) = \frac{1 \, kg}{2} \cdot 2 \cdot 9{,}81 \frac{m}{s^2} \cdot 50 \, m = 490{,}5 \, \frac{kg \, m}{s^2} = 490{,}5 \, J$$

$$\Delta U_{g,12} = \Delta U_{12} + \Delta E_{kin}$$

- Die Änderung der inneren Energie beträgt

$$\Delta U_{12} = \Delta U_{g,12} - \Delta E_{kin,12} = -490{,}5 \, J + 490{,}5 \, J$$

$$\Delta U_{12} = 0$$

Keine Änderung der inneren Energie des Systems bei diesem Vorgang.

4.2.9   Erster Hauptsatz für bewegte, offene, inhomogene Systeme

Vom Standpunkt eines auf der Systemgrenze postierten Beobachters ruht das System und es gilt für den ersten Hauptsatz für ruhende offene Systeme die im Abschn. 4.2.7 abgeleitete Energiebilanz Gl. (4.49)

Völlig analog zum vorhergehenden Kapitel lässt sich bei gleichen Überlegungen die Energiebilanz für bewegte, offene, inhomogene Systeme formulieren.

$$W_{t,12} + W_{R,12} + Q_{12} = H_{g2} - H_{g1}$$

$$= H_2 - H_1 + E_{pot,2} - E_{pot,1} + E_{kin,2} - E_{kin,1} \qquad (4.62)$$

Mit $H_{g2} - H_{g1}$ wird die *Gesamtenthalpie*-Differenz analog zur Gesamtenergie-Differenz beschrieben.

Für ein System, das aus mehreren Teilsystemen besteht, werden $H_2 - H_1$, $H_{g,2} - H_{g,1}$, $E_{kin,2} - E_{kin,1}$ und $E_{pot,2} - E_{pot,1}$ ersetzt durch $\sum_i H_i$ bzw. $\sum_j H_{gj}$, $\sum_k E_{kin,k}$ und $\sum_m E_{pot,m}$, d.h. durch die Summen der Energiezustände vorher (negatives Vorzeichen) und nachher (positives Vorzeichen).

In differenzieller Schreibweise folgt daraus die

Gleichung des ersten Hauptsatzes für bewegte, offene, inhomogene Systeme

$$\delta W_t + \delta W_R + \delta Q = dH_g = dH + dE_{pot} + dE_{kin} \tag{4.63}$$

bzw. in spezifischen Größen

$$\delta w_t + \delta w_R + \delta q = dh + g \cdot dz + c \cdot dc \tag{4.64}$$

oder nach Integration für ein einfaches System (ohne weitere Aufteilung in Teilsysteme)

$$w_{t,12} + w_{R,12} + q_{12} = h_2 - h_1 + \frac{c_2^2 - c_1^2}{2} + g \cdot (z_2 - z_1) \tag{4.65}$$

und in absoluten Größen

$$W_{t,12} + W_{R,12} + Q_{12} = \Delta H_{g12} \tag{4.66}$$

mit

$$\Delta H_{g12} = \Delta H_{12} + \Delta E_{kin,12} + \Delta E_{pot,12}$$

$$\Delta H_{12} = H_2 - H_1$$

und entsprechend Gl. (4.27) und (4.28)

$$\Delta E_{kin,12} = \frac{m}{2}(c_2^2 - c_1^2)$$

$$\Delta E_{pot,12} = m \cdot g \cdot (z_2 - z_1)$$

Wie bereits im Abschn. 2.1 erwähnt, gehören Turbinen, Pumpen und Verdichter zu den offenen thermodynamischen Systemen. Im Gegensatz zu geschlossenen Systemen können bei offenen Systemen neben Energieströmen auch Massenströme die Systemgrenze durchdringen.

Zur Vereinfachung werden hier generell die Massen- und Energieströme an den Eintritts- bzw. Austrittsöffnungen der Systemgrenze als jeweils zeitlich konstant (stationär) angenommen. Man spricht dann von vorausgesetzten *stationären Fließprozessen an den Ein- und Austrittsöffnungen*. Innerhalb des thermodynamischen Systems können durchaus instationäre Zustände, wie z.B. in Kolbenmaschinen vorliegen.

Beispiel 4.8

Es ist eine Turbinenanlage mit einem $50\,m$ hohen stehenden Wasserreservoir ($c_1 = 0\,m/s$) und einer Eintrittsgeschwindigkeit in die Turbine von $c_2 = 5\,m/s$ gegeben.

- Die spezifische technische Leistung der Turbine $\dot{w}_{t,12}$ ist zu berechnen, wenn angenommen wird, das sich die Enthalpie des Systems nicht verändert, keine Wärmezufuhr erfolgt und der Prozess bei $p = p_1 = p_2 = konst$ und reibungsfrei abläuft.

- Es ist die stündliche Wassermenge $\dot{m}$ zu berechnen, wenn die Leistung der Turbinenanlage $\dot{W}_{t,12} = 1\ MW$ beträgt.

Technische Leistung ist lediglich technische Arbeit pro Zeiteinheit, also eine Stromgröße $\dot{W}_t$ anstelle von W_t, spezifische Größen entsprechend.

Gegeben:

$z_2 = 50\ m$

$c_2 = 5\ m/s$

$\dot{W}_{t,12} = 1\ MW$

Gesucht:

$\dot{w}_{t,12}$

$\dot{m}$ für 2.Aufgabenteil

Lösungsweg:

1. System: offen

   Im $z_1 - 50\ m$ über Null gelegenen Eintrittsstutzen strömt Wasser mit der Geschwindigkeit $c_1 = 0\ m/s$ über die Systemgrenze. Das Wasser erreicht mit der Geschwindigkeit $c_2 = 5\ m/s$ die Turbine. Die Energie des strömenden Wassers wird bei angenommener reibungsfreier Strömung an der Turbinenwelle, die aus der Systemgrenze herausführt, als technische Arbeit abgegeben.

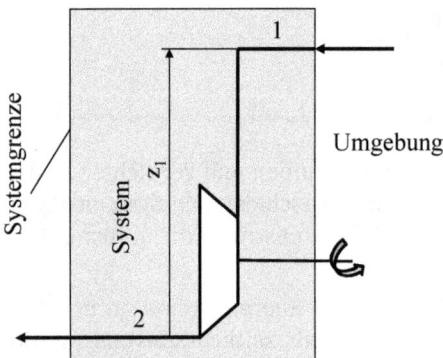

Abb. 4.14:   System für Beispiel 4.8

2. Bewegtes Bezugssystem BZS in Bezug zur Systemgrenze

3. Modellbildung

- Berechnung der spezifischen technischen Arbeit

   Mit Gl. (4.65) ergibt sich für die spezifische technische Arbeit bei einem reibungsfreien Prozess und ohne Wärmeübertragung von der Systemgrenze zur Umgebung

$$w_{t,12} = \frac{c_2^2 - c_1^2}{2} + g(z_2 - z_1) = \frac{25\ m^2}{2\ s^2} - 9{,}81\frac{m}{s^2} \cdot 50\ m = -478\frac{J}{kg}$$

- Berechnung der stündlichen Wassermenge

  Mit der Beziehung

  $\dot{W}_{t,12} = \dot{m} \cdot w_{t,12}$ folgt

$$\dot{m} = \frac{\dot{W}_{t,12}}{w_{t,12}} = \frac{-1\,MW}{-478\,\frac{J}{kg}} = \frac{-10^{-6}\,J/s}{-478\,\frac{J}{kg}} = 2{,}09 \cdot 10^3\,kg/s = 7{,}53 \cdot 10^6\,kg/h$$

Beispiel 4.9

An der Turbinenwelle einer Dampfturbine wird eine Leistung von $\dot{W}_{t,12} = 4{,}9\,MW$ bei einem Dampfmassenstrom von $\dot{m} = 10\,kg/s$ gemessen. Die spezifische Enthalpie des Dampfes am Eintrittsstutzen der Dampfturbine beträgt $h_1 = 1500\,kJ/kg$ und am Austrittsstutzen $h_2 = 1000\,kJ/kg$. Die Dampfgeschwindigkeiten am Ein- und Austrittsstutzen betragen $c_1 = 10\,m/s$ bzw. $c_2 = 100\,m/s$. Der Dampf legt einen Höhenunterschied von $z_1 - z_2 = -10\,m$ zurück.

Es sind die auf die Zeit bezogenen Größen kinetischer Energiestrom $\dot{W}_{k,12}$, potentieller Energiestrom $\dot{W}_{p,12}$, Enthalpiestromdifferenz $\dot{H}_2 - \dot{H}_1$ und der Wärmestrom $\dot{Q}_{12}$ zu ermitteln.

Gegeben:

$z_2 = 0\,m$ und $z_1 = 10\,m$

$h_1 = 1500\,kJ/kg$ und $h_2 = 1000\,kJ/kg$

$c_2 = 100\,m/s$ und $c_1 = 10\,m/s$

$\dot{W}_{t,12} = 4{,}9\,MW$

$\dot{m} = 10\,kg/s$

Gesucht:

$\dot{W}_{k,12}$

$\dot{W}_{p,12}$

$\dot{H}_2 - \dot{H}_1$

$\dot{Q}_{12}$

Lösungsweg:

1. System: offen

   Im $z_1 = 10\,m$ über Null gelegenen Eintrittsstutzen strömt Dampf mit der Geschwindigkeit $c_1 = 10\,m/s$ über die Systemgrenze. Der Dampf erreicht mit der Geschwindigkeit $c_2 = 100\,m/s$ die Turbine. Die Energie des strömenden Dampfes wird bei angenommener reibungsfreier Strömung an der Turbinenwelle, die aus der Systemgrenze herausführt, als technische Leistung (Arbeit pro Zeit) $\dot{W}_{t,12}$ abgegeben.

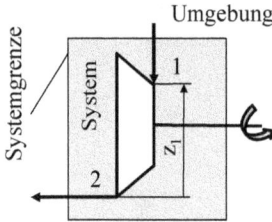

Abb. 4.15:   System für Beispiel 4.9

2.   Bewegtes Bezugssystem BZS in Bezug zur Systemgrenze

3.   Modellbildung
-   Berechnung der zeitlichen Änderung der kinetischen Energie
    Gl. (4.66) lässt sich auf zeitbezogene Größen wie folgt umstellen:

$$\dot{W}_{t,12} + \dot{W}_{R,12} + \dot{Q}_{12} = \Delta\dot{H}_{12} + \Delta\dot{E}_{kin,12} + \Delta\dot{E}_{pot,12}$$

mit

$$\Delta\dot{E}_{kin,12} = \frac{\dot{m}}{2}(c_2^2 - c_1^2) = \frac{10\frac{kg}{s}}{2}(100^2 - 10^2)\frac{m^2}{s^2}$$

$$= 49500\frac{kgm^2}{s^3} = 49500\frac{Nm}{s} = 49,5\ kW$$

-   Berechnung der zeitlichen Änderung der potentiellen Energie

$$\Delta\dot{E}_{pot,12} = \dot{m} \cdot g \cdot (z_2 - z_1) = 10\frac{kg}{s} \cdot 9,81\frac{m}{s^2} \cdot (-10\ m)$$

$$= -981\frac{kgm^2}{s^3} = -981\frac{Nm}{s} = -0,981\ kW$$

-   Berechnung der zeitlichen Änderung der Enthalpie

$$\Delta\dot{H}_{12} = \dot{m} \cdot (h_2 - h_1) = 10\frac{kg}{s}(1000\ kJ/kg - 1500\ kJ/kg)$$

$$= -5000\frac{kJ}{s} = -5000000\frac{Nm}{s} = -5000\ kW$$

-    Berechnung des abgeführten Wärmestroms
    Mit der Beziehung

$$\dot{W}_{t,12} + \dot{W}_{R,12} + \dot{Q}_{12} = \Delta\dot{H}_{12} + \Delta\dot{E}_{kin,12} + \Delta\dot{E}_{pot,12}$$

folgt für einen reibungsfreien Prozess für die Ermittlung der zugeführten Wärme

$$\dot{Q}_{12} = \dot{W}_{t,12} + \Delta\dot{H}_{12} + \Delta\dot{E}_{kin,12} + \Delta\dot{E}_{pot,12}$$

$$\dot{Q}_{12} = 4900\ kW - 5000\ kW + 49,5\ kW - 0,981\ kW$$

$$= -51,5\ kW$$

Im Vergleich der einzelnen Energieströme in diesem Beispiel spielt praktisch die Änderung der Potentiellen Energie mit < 1 kW keine Rolle. Auch die Änderung der kinetischen Energie mit < 50 kW trotz starker Geschwindigkeitsänderung von 100 m/s auf 10 m/s ist nicht relevant. Mit nur ca. 50 kW kann der Dampfturbinen-prozess des Beispiels als adiabat (praktisch ohne Wärmeeintritt in das System) an-genommen werden.

Beispiel 4.10

In einer sehr gut isolierten Rohrleitung ($Q_{12} = 0$) tritt Dampf mit der Geschwindigkeit von $c_1 = 10\ m/s$ ein und nach einem Höhenunterschied von $z_1 - z_2 = -100\ m$ mit der Geschwindigkeit von $c_2 = 100\ m/s$ wieder aus. Der Dampfstrom beträgt 10 kg/s.

Es ist die Änderung des Enthalpiestroms des Systems Rohrleitung zu ermitteln.

Gegeben:

$z_2 = 100\ m$ und $z_1 = 10\ m$

$c_2 = 100\ m/s$ und $c_1 = 10\ m/s$

$\dot{m} = 10\ kg/s$

Gesucht:

$\Delta\dot{H}_{12}$

Lösungsweg:

1. System: offen

   Im $z_1 = 100\ m$ über Null gelegenen Eintrittsstutzen strömt Dampf mit der Geschwindigkeit $c_1 = 10\ m/s$ über die Systemgrenze. Dampf verlässt mit der Geschwindigkeit $c_2 = 100\ m/s$ die Rohrleitung. Bei einer Rohrströmung tritt im Gegensatz zu Turbinen oder Verdichtern keine technische Arbeit auf.

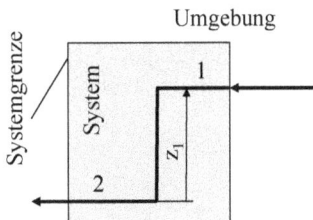

Abb. 4.16:   System für Beispiel 4.10

2. Bewegtes Bezugssystem BZS in Bezug zur Systemgrenze

3. Modellbildung

- Berechnung der spezifischen Änderung der Enthalpie

  Nach Gl. (4.66) gilt für Stromgrößen

  $$\dot{W}_{t,12} + \dot{W}_{R,12} + \dot{Q}_{12} = \Delta\dot{H}_{12} + \Delta\dot{E}_{kin,12} + \Delta\dot{E}_{pot,12}$$

  Mit $\dot{W}_{t,12} = 0, \dot{W}_{R,12} = 0, \dot{Q}_{12} = 0$ gilt

  $$0 = \Delta\dot{H}_{12} + \Delta\dot{E}_{kin,12} + \Delta\dot{E}_{pot,12} \text{ bzw. } \Delta\dot{H}_{12} = -\Delta\dot{E}_{kin,12} - \Delta\dot{E}_{pot,12}$$

- Berechnung der zeitlichen Änderung der kinetischen Energie (kinetischer Energiestrom)

  $$\Delta\dot{E}_{kin,12} = \frac{\dot{m}}{2}(c_2^2 - c_1^2) = \frac{10\frac{kg}{s}}{2}(100^2 - 10^2)\frac{m^2}{s^2}$$

  $$= 49500\frac{kgm^2}{s^3} = 49500\frac{Nm}{s} = 49,5\ kW$$

- Berechnung der zeitlichen Änderung der potentiellen Energie (potentieller Energiestrom

  $$\Delta\dot{E}_{pot,12} = \dot{m} \cdot g \cdot (z_2 - z_1) = 10\frac{kg}{s} \cdot 9,81\frac{m}{s^2} \cdot (-100\ m)$$

  $$= -9810\frac{kgm^2}{s^3} = -9810\frac{Nm}{s} = -9,81\ kW$$

- Berechnung der zeitlichen Änderung der Enthalpie (Enthalpiestrom)

  $$\Delta\dot{H}_{12} = -\Delta\dot{E}_{kin,12} - \Delta\dot{E}_{pot,12} = -49,5\ kW + 9,81\ kW)$$

  $$= -39,7\frac{kJ}{s} = -39700\frac{Nm}{s} = -39,7\ kW$$

Damit ergibt sich folgende Erkenntnis:

Bei einem adiabaten Strömungsprozess in einer waagerechten Rohrleitung $z_1 = z_2 = z$ ist die (zeitliche) Enthalpieabnahme des strömenden Mediums gleich der (zeitlichen) Zunahme der kinetischen Energie.

Beispiel 4.11

In einer sehr gut isolierten Rohrleitung ($Q_{12} = 0$) tritt ein Gas mit der Geschwindigkeit von $c_1 = 10\ m/s$ durch eine Düse, Blende oder leicht geöffnetes Absperrventil (Drosselvorgang) und mit der Geschwindigkeit von $c_2 = 100\ m/s$ aus diesem Hindernis wieder aus. Der Dampfstrom beträgt 10 kg/s.

Es ist die Änderung der absoluten Enthalpieströme und der spezifischen Enthalpieströme des Systems Rohrleitung zu ermitteln.

Gegeben:

$c_2 = 40 \, m/s$ und $c_1 = 10 \, m/s$

$\dot{m} = 10 \, kg/s$

Gesucht:

$\Delta \dot{H}_{12}$

Δh_{12}

Lösungsweg:

1. System: offen

   Ein Gas mit der Geschwindigkeit $c_1 = 10 \, m/s$ strömt über die Systemgrenze durch ein Hindernis (Drossel). Das Gas verlässt mit der Geschwindigkeit $c_2 = 40 \, m/s$ die Drossel. Bei einer Rohrströmung tritt im Gegensatz zu Turbinen oder Verdichtern keine technische Arbeit auf.

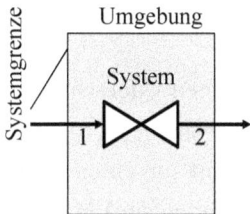

Abb. 4.17:   System für Beispiel 4.11

2. Bewegtes Bezugssystem BZS in Bezug zur Systemgrenze

3. Modellbildung

- Berechnung der Änderung der Enthalpieströme

  Nach Gl. (4.66) gilt in Stromgrößen

  $$\dot{W}_{t,12} + \dot{W}_{R,12} + \dot{Q}_{12} = \Delta \dot{H}_{12} + \Delta \dot{E}_{kin,12} + \Delta \dot{E}_{pot,12}$$

  Mit $\dot{W}_{t,12} = 0, \dot{W}_{R,12} = 0, \dot{Q}_{12} = 0$ und $\Delta \dot{E}_{pot,12} = 0$ gilt

  $$0 = \Delta \dot{H}_{12} + \Delta \dot{E}_{kin,12} \text{ bzw. } \Delta \dot{H}_{12} = -\Delta \dot{E}_{kin,12}$$

  $$\Delta \dot{E}_{kin,12} = \frac{\dot{m}}{2}(c_2^2 - c_1^2) = \frac{10 \, \dfrac{kg}{s}}{2}(100^2 - 10^2)\frac{m^2}{s^2}$$

  $$= 15000 \, \frac{kg \, m^2}{s^3} = 15000 \, \frac{Nm}{s} = 15 \, kW$$

  $$\Delta \dot{H}_{12} = -\Delta \dot{E}_{kin,12} = -15 \, kW$$

- Berechnung der Änderung der spezifischen Enthalpieströme

$$\Delta h_{12} = \frac{\Delta \dot{H}_{12}}{\dot{m}} = -15 \, kW / 10 \, kg/s = -1{,}5 \, kJ/kg$$

Für Luft und andere ideale Gase beträgt die spezifische Enthalpie $h = h(t)$ für Temperaturen oberhalb $t > 80 \, °C$ bereits $h(t) > 150 \, kJ/kg$, somit beträgt die Änderung der spezifischen Enthalpie in diesem Beispiel nur 1%.

Damit ergibt sich folgende Erkenntnis:

Bei einem adiabaten Drosselprozess ist die spezifische Enthalpieabnahme eines strömenden Mediums bei kleinen Geschwindigkeitsänderungen ($< 40 \, m/s$) vernachlässigbar.

Es gilt

$$h_1 \approx h_2 \quad \text{(Drosselprozess bei Gasen)} \tag{4.67}$$

Bei inkompressiblen Medien $v = \frac{1}{\rho} = konst$ (z.B. Wasser) und gleichen Querschnitten vor und nach dem Drosselorgan $A_1 = A_2$ gilt für stationäre Massenströme nach Gl. (4.6) verallgemeinert für i Massenströme mit $\sum_i \dot{m}_i = \frac{dm_{in}}{dt} = 0$ und damit für einen zugeführten (positives Vorzeichen) und einen abgeführten (negatives Vorzeichen) Massenstrom ($\dot{m}_1 - \dot{m}_2 = 0$) die so genannte *Kontinuitätsgleichung*

$$\rho_1 \cdot A_1 \cdot c_1 = \rho_2 \cdot A_2 \cdot c_2 \tag{4.68}$$

Die Geschwindigkeiten sind mit $A_1 = A_2$ und $\rho_1 = \rho_2$ vor und nach dem Drosselorgan ebenfalls gleich $c_1 = c_2$.

Damit gilt

$$h_1 = h_2 \quad \text{(Drosselprozess bei Flüssigkeiten)} \tag{4.69}$$

Beispiel 4.12

In einem Dampferzeuger (adiabat zur Umgebung) beträgt die spezifische Enthalpie des mit vernachlässigbarer Eintrittsgeschwindigkeit eintretenden Wassers $h_1 = 1500 \, kJ/kg$ und die Dichte des austretenden Dampfes $\rho_2 = 56 \, kg/m^3$ und dessen spezifische Enthalpie $h_2 = 2500 \, kJ/kg$. Massenstrom $\dot{m} = 50000 \, kg/h$ und absoluter Druck $p = 100 \, bar$ im Dampferzeuger sind während des Prozesses konstant. Das Wasserzuflussrohr liegt bei $z_1 = 0 \, m$, das Dampfaustrittsrohr liegt $z_2 = 50 \, m$ und hat einen Innendurchmesser von $d_i = 0{,}10 \, m$

Es ist die übertragene spezifische Wärme zu berechnen.

Gegeben:

$h_1 = 1500 \; kJ/kg$

$z_1 = 0 \; m$

$h_2 = 2500 \; kJ/kg$

$z_2 = 20 \; m$

$\rho_2 = 56 \; kg/m^3$

$\dot{m} = 100000 \; kg/h$

$p = 100 \; bar$

$d_i = 0{,}10 \; m$

Gesucht:

q_{12}

Lösungsweg:

1. System: offen
   Bei dem System Dampferzeuger gibt es keine zugeführte technische Arbeit $\dot{W}_{t,12}$ und die Reibungsarbeit $\dot{W}_{R,12}$ kann vernachlässigt werden. Ein Stoffstrom (Wasser wird zu Wasserdampf) durchdringt die Systemgrenze. Die Systemgrenze soll adiabat zur Umgebung sein.

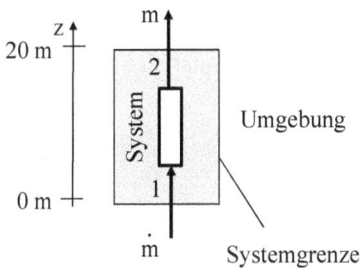

Abb. 4.18:   System für Beispiel 4.12

2. Ruhendes Bezugssystem BZS in Bezug zur Systemgrenze

3. Modellbildung
- Berechnung des Dampfvolumenstroms $\dot{V}_2$

$$\dot{V}_2 = \dot{m}/\rho_2 = \frac{50000 \; kg/h}{56 \; kg/m^3} = 893 \, \frac{m^3}{h}$$

- Berechnung des Dampfaustrittsgeschwindigkeit c_2

$$c_2 = \frac{4}{\pi} \cdot \frac{\dot{V}_2}{d_i^2} = \frac{4 \cdot 893 \dfrac{m^3}{h}}{\pi \cdot 0{,}1^2 m^2} = 31{,}6 \frac{m}{s}$$

- Berechnung der übertragenen Wärme $\dot{Q}_{12}$

  Nach Gl. (4.66) gilt für die übertragene spezifische Wärme mit $\dot{W}_{t,12} = 0$ und $\dot{W}_{R,12} = 0$

  $$\dot{Q}_{12} = \Delta\dot{H}_{12} + \Delta\dot{E}_{kin,12} + \Delta\dot{E}_{pot,12}$$

  $$\Delta\dot{H}_{12} = \dot{m} \cdot (h_2 - h_1) = 13{,}9\frac{kg}{s}(2500 - 1500)\frac{kJ}{kg} = 13900\frac{kJ}{s} = 13900\ kW$$

  $$\Delta\dot{E}_{kin,12} = \frac{\dot{m}}{2}(c_2^2 - c_1^2) = \frac{13{,}9\frac{kg}{s}}{2}(31{,}6^2 - 0^2)\frac{m^2}{s^2} = 6940\frac{kg\ m^2}{s^3} = 6{,}9\ kW$$

  $$\Delta\dot{E}_{pot,12} = \dot{m} \cdot g \cdot (z_2 - z_1) = 13{,}9\frac{kg}{s} \cdot 9{,}81\frac{m}{s^2} \cdot (20\ m) = 2727\frac{J}{s} = 2{,}7\ kW$$

  $$\dot{Q}_{12} = 13900\ kW + 6{,}9\ kW + 2{,}7\ kW = 13910\ kW$$

Die Anteile der kinetischen und potentiellen Energie sind hier offensichtlich mit 0,05% bzw. 0,02% verschwindend gering, so dass selbige bei der Berechnung vernachlässigt werden können.

Beispiel 4.13

In einem Luftkühler (adiabat zur Umgebung) wird die eintretenden Luft von $\dot{H}_1 = 150\ kW$ auf einen zu berechneneden Enthalpiestrom $\dot{H}_2$ durch einen Kaltwasserstrom mit dem Eintritts-Enthalpiestrom $\dot{H}_3 = 15\ kW$ und dem Austritts-Enthalpiestrom $\dot{H}_4 = 65\ kW$ abgesenkt.

Es ist die der Enthalpiestroms $\dot{H}_2$ der aus dem Kühler austretenden Luft zu ermitteln. Die Änderungen der kinetischen und potentiellen Energien können entsprechend der Feststellung in Beispiel 4.12 vernachlässigt werden.

Gegeben:

$\dot{H}_1 = 150\ kW$

$\dot{H}_3 = 15\ kW$

$\dot{H}_4 = 65\ kW$

Gesucht:

$\dot{H}_2$

Lösungsweg:

1. System: offen

   Bei dem System Luftkühler können die Änderungen der kinetischen und potentiellen Energien vernachlässigt werden. Zwei Stoffströme (Wasser und Luft) durchdringen die Systemgrenze. Die Systemgrenze soll adiabat zur Umgebung sein.

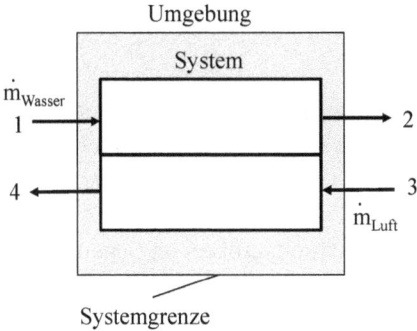

Abb. 4.19:   System für Beispiel 4.13

2.   Ruhendes Bezugssystem BZS in Bezug zur Systemgrenze

3.   Modellbildung
•   Berechnung des Enthalpiestroms $\dot{H}_2$

Nach Gl. (4.66) gilt mit $\Delta \dot{E}_{kin,12} = 0$ und $\Delta \dot{E}_{pot,12} = 0$ für ein ruhendes System

$$\dot{W}_{t,12} + \dot{W}_{R,12} + \dot{Q}_{12} = \Delta \dot{H}_{12}$$

Für ein System, das aus mehreren Teilsystemen besteht, werden $\Delta \dot{H}_{12}$, $\Delta \dot{H}_{g,12}$, $\Delta \dot{E}_{kin,12}$ und $\Delta \dot{E}_{pot,12}$ ersetzt durch $-\sum_i \dot{H}_i$, $-\sum_j \dot{H}_{gj}$, $-\sum_k \dot{E}_{kin,k}$ und $-\sum_n \dot{E}_{pot,n}$, d.h. durch die Summen der Energiezustände vorher (negatives Vorzeichen) und nachher (positives Vorzeichen).

Somit lässt sich für das Beispiel wie folgt schreiben

$$\dot{W}_{t,12} + \dot{W}_{R,12} + \dot{Q}_{12} = -\sum_i \dot{H}_i$$

In diesem Beispiel lautet die Energiestrombilanz mit

$$\dot{W}_{t,12} = 0, \ \dot{W}_{R,12} = 0, \ \dot{Q}_{12} = 0$$

$$0 = -\sum_i \dot{H}_i = -(\dot{H}_1 + \dot{H}_2 + \dot{H}_3 + \dot{H}_4)$$

Zahlenwerte für die Enthalpieströme $\dot{H}_i$ vorher (negatives Vorzeichen) und nachher (positives Vorzeichen) eingetragen ergibt

$$\dot{H}_2 = -\dot{H}_1 - \dot{H}_3 - \dot{H}_4 = -150 \ kW - 15 \ kW + 65 \ kW = -100 \ kW$$

4.2.10 Kalorische Zustandsgleichungen und spezifische Wärmekapazität

Die Berechnung der Änderung der inneren Energie eines ruhenden, adiabaten Systems bei einer reibungsfrei zugeführten Arbeit $\delta w = du$ bzw. $w_{12} = u_2 - u_1$ ist nicht ohne Weiteres möglich, da der erste Hauptsatz über die kalorische Zustandsgrößen u_1 und u_2 keine Aussage macht.

Es wurde im Abschn. 4.2.5 festgestellt, dass kalorische Zustandsgrößen im Gegensatz zu thermischen Zustandsgrößen nicht gemessen, sondern nur berechnet werden können.

Kalorische Zustandsgrößen sind aus thermischen Zustandsgrößen, die stoffabhängig messbar sind, berechenbar.

Zwischen den spezifischen thermischen Zustandsgrößen besteht für homogene Systeme ein funktioneller Zusammenhang, siehe Abschn. 2.9.

In einem homogenen System hängt eine spezifische Zustandsgröße jeweils von zwei anderen momentanen spezifischen Zustandsgrößen innerhalb des Systems ab.

Insofern ist auch jede spezifische kalorische Zustandsgröße spezifische innere gie u, spezifische Enthalpie h und spezifische Entropie s (siehe Abschn. 4.2.5) von zwei anderen momentanen Zustandsgrößen innerhalb des Systems abhängig.

Die Abhängigkeit der kalorischen Zustandsgrößen u, h und s von anderen Zustandsgrößen kann, entsprechend Abschn. 3.3.1 als Zustandsfunktion in den Formen

$$u(v, T) \tag{4.70}$$

$$h(p, T) \tag{4.71}$$

$$s(p, T) \tag{4.72}$$

auftreten. Somit gelten entsprechend Gl. (3.1) für die totalen Differentiale der spezifischen inneren Energie, der spezifischen Enthalpie und spezifischen Entropie folgende Beziehungen

$$du(v, T) = \left(\frac{\partial u}{\partial T}\right)_v dT + \left(\frac{\partial u}{\partial v}\right)_T dv \tag{4.73}$$

$$dh(p, T) = \left(\frac{\partial h}{\partial T}\right)_p dT + \left(\frac{\partial h}{\partial p}\right)_T dp \tag{4.74}$$

$$ds(p, T) = \left(\frac{\partial s}{\partial T}\right)_p dT + \left(\frac{\partial s}{\partial p}\right)_T dp \tag{4.75}$$

Die Gln. (4.70) bis Gl. (4.72) heißen *kalorische Zustandsgleichungen*.

Werden Messungen mit Gasen durchgeführt, die der thermischen Zustandsgleichung der idealen Gase genügen, werden keine Abhängigkeiten der inneren Energie vom spezifischen Volumen festgestellt. Für ideale Gase nimmt damit die kalorische Zustandsgleichung die besonders einfache Form $u = f(T)$ an. Über den Zusammenhang der spezifischen inneren Energie mit der spezifischen Enthalpie nach Gl. (4.31) muss auch die einfach Form $h = f(T)$ für ideale Gase gelten.

Für ideale Gase sind also sowohl die spezifische innere Energie als auch die spezifische Enthalpie jeweils nur Funktionen der Temperatur, somit gilt

$$du(v = konst, T) = du(T) = c_v \cdot dT \quad mit \; c_v = \left(\frac{\partial u}{\partial T}\right)_v \quad \text{(Ideales Gas)} \quad (4.76)$$

bzw.

$$dh(p = konst, T) = dh(T) = c_p \cdot dT \quad mit \; c_p = \left(\frac{\partial h}{\partial T}\right)_p \quad \text{(Ideales Gas)} \quad (4.77)$$

Die spezifische Entropie ist für ideale Gase ist dagegen eine Funktion von zwei thermischen Zustandsgrößen. Die Definitionsgleichung für die differenzielle Änderung der spezifischen Entropie idealer Gase

$$ds(p, T) = \frac{du(T) + pdv}{T} = \frac{c_v \cdot dT + pdv}{T} \quad mit \; c_v = \left(\frac{\partial u}{\partial T}\right)_v \quad \text{(Ideales Gas)} \quad (4.78)$$

wird erst im Abschn. 5.2 näher erläutert.

Die Größe

$$c_v = c_v(T) \quad (4.79)$$

heißt spezifische Wärmekapazität bei konstantem, spezifischen Volumen und die Größe

$$c_p = c_p(T) \quad (4.80)$$

wird spezifische Wärmekapazität bei konstantem Druck genannt.

Bei *realen Gasen* hat die spezifische Wärmekapazität neben der Temperaturabhängigkeit noch eine geringe Druckabhängigkeit. Die spezifische Wärmekapazität ist bei realen Gasen von der Gasart, dem Gasdruck und der Gastemperatur abhängig.

Mit folgender Funktion (mit Messwerten aus [6])

$$c_p(p, t) = ((-0{,}32565 \cdot 10^{-4} \cdot p^2 + 0{,}13815 \cdot 10^{-1} \cdot p + 0{,}10955) \cdot 10^{-6}) \cdot t^2$$
$$+ ((\; 0{,}37838 \cdot 10^{-3} \cdot p^2 - 0{,}16206 \cdot 10^{0} \cdot p + 0{,}73834) \cdot 10^{-4}) \cdot t$$
$$+ (- 0{,}60090 \cdot 10^{-5} \cdot p^2 + 0{,}25105 \cdot 10^{-2} \cdot p + 1{,}00150) \quad (4.81)$$

lässt sich die spezifische Wärmekapazität $c_p = c_p(t, p)$ beispielsweise für trockene Luft für Drücke $p = 0$ bis $100 \; bar$ und Temperaturen $t = -50 \; bis \; 1000 \, °C$ berechnen und 3-dimensional darstellen, siehe Abb. 2.18.

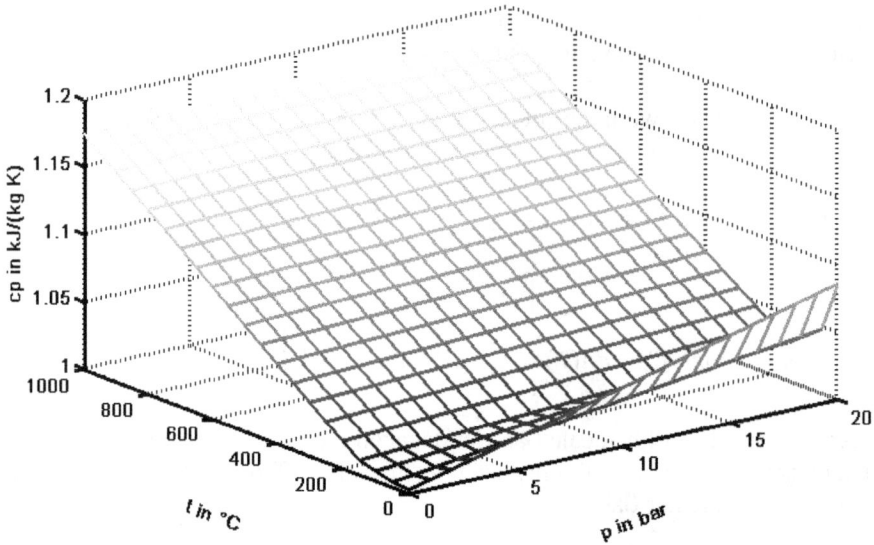

Abb. 4.20:   Druck- und Temperaturabhängigkeit der spezifischen Wärmekapazität eines realen Gases (Bsp. Luft)

Wie in Abb. 4.20 erkennbar ist, ist bei der spezifischen Wärmekapazität eine überwiegende Temperaturabhängigkeit gegenüber der Druckabhängigkeit vorhanden. Erst bei Drücken über 20 *bar* und für Temperaturen zwischen 0 °C und 150 °C ist die Druckabhängigkeit des dann vorhandenen *realen Gases* nicht zu vernachlässigen. Bei höheren Temperaturen als 150 °C und niederen Drücken < 20 *bar* (ideales Gasverhalten) existiert eine nahezu reine Temperaturabhängigkeit und für Rechnungen in der Ingenieurpraxis ist dann die Druckabhängigkeit der spezifischen Wärmekapazität zu vernachlässigen.

Einige c_p-Werte von Luft im Temperaturintervall $0 < t < 100$ °C sowie im Druckintervall $0 < p < 50$ *bar* sind in Tab. 4.1 zusammengestellt.

Tab. 4.1   Spezifische Wärmekapazität der Luft $c_p = c_p(t, p)$ in $kJ/(kg\ K)$

	p in bar					
t in °C	0	10	20	30	20	50
0	1.0015	1.0260	1.0493	1.0714	1.0923	1.1120
20	1.0030	1.0244	1.0448	1.0640	1.0823	1.0995
40	1.0046	1.0230	1.0405	1.0571	1.0727	1.0875
60	1.0063	1.0218	1.0365	1.0505	1.0637	1.0761
80	1.0081	1.0208	1.0329	1.0443	1.0551	1.0653
100	1.0100	1.0200	1.0295	1.0385	1.0470	1.0550

Weitere Werte für die spezifische Wärmekapazität anderer realer Gase können dem VDI-Wärmeatlas [6] entnommen werden.

Mit der spezifischen Enthalpie eines idealen Gases nach Gl. (4.31) und mit der thermischen Zustandsgleichung für ideale Gase nach Gl. (2.17) ergibt sich

$$h(T) = u(T) + p \cdot v = u(T) + R \cdot T \tag{4.82}$$

sowie

$$dh(T) = du(T) + d(p \cdot v) = du(T) + R \cdot dT \tag{4.83}$$

Damit gilt

$$c_p \cdot dT = c_v \cdot dT + R \cdot dT \tag{4.84}$$

bzw.

$$c_p(T) = c_v(T) + R \tag{4.85}$$

oder

$$c_p(t) = c_v(t) + R \tag{4.86}$$

Aus den spezifischen Wärmekapazitäten c_p und c_v lassen sich molare Wärmekapazitäten

$$\bar{c}_p = c_p M \tag{4.87}$$

$$\bar{c}_v = c_v M \tag{4.88}$$

mit M als der molaren Masse berechnen. Für ideale Gase besteht der Zusammenhang

$$\bar{c}_p - \bar{c}_v = \bar{R} = 8{,}3143 \, \frac{kJ}{kmolK} \tag{4.89}$$

bzw. mit $c_p = c_v + R$ gemäß Gl. (4.67)

$$\bar{c}_p - \bar{c}_v = MR \tag{4.90}$$

Sowohl die spezifischen Wärmekapazitäten $c_p(T)$ und $c_v(T)$ eines idealen Gases als auch die molaren Wärmekapazitäten $\bar{c}_p$ und $\bar{c}_v$ sind somit über die stoffgebundene spezielle Gaskonstante R bzw. die universelle (für alle idealen Gase gleiche) Gaskonstante $\bar{R}$ von einander abhängig.

Nach Gl. (4.33) gilt für isochore Erwärmung von idealen Gasen (isochore Zustandsänderung $v = konst$) bei Vernachlässigung der Reibungsarbeiten

$$\delta q = du = c_v(T) \cdot dT \tag{4.91}$$

Nach Gl. (4.49) gilt für isobare reibungsfreie Erwärmung von idealen Gasen (isobare Zustandsänderung $v = konst$)

$$\delta q = dh = c_p(T) \cdot dT \tag{4.92}$$

Beispielsweise kann die Funktion $c_p(T)$ für Luft mit folgendem Polynom 3. Grades technisch hinreichend genau berechnet werden.

$$c_{p,Luft}(t) =$$

$$-1{,}836 \cdot 10^{-11} \cdot t^3 + 9{,}599 \cdot 10^{-11} \cdot t^2 + 2{,}078 \cdot 10^{-5} \cdot t + 0{,}9923 \quad (4.93)$$

Für andere Gase gibt es in den einschlägigen Literaturstellen entsprechende Berechnungsgleichungen oder Tabellenwerte, siehe z.B. VDI-Wärmeatlas [6].

In Tab. 4.1 sind berechnete spezifischen Wärmekapazitäten c_p in $\frac{kJ}{kg\,K}$ als Funktion der Temperatur für einige ausgewählte Gase aufgelistet.

Tab. 4.2   Spezifische Wärmekapazität von Gasen c_p in $\frac{kJ}{kg\,K}$ als Temperaturfunktion (umgerechnet nach [24])

t in °C	H_2	O_2	Luft	CO	CO_2
0	14,21	0,915	1,004	1,040	0,818
100	14,45	0,934	1,013	1,045	0,916
500	14,68	1,049	1,094	1,133	1,159
1000	15,54	1,124	1,185	1,232	1,297
1500	16,57	1,164	1,236	1,281	1,362
2000	17,41	1,201	1,266	1,308	1,397

Für *Feststoffe* und *Flüssigkeiten* ist im Gegensatz zu Gasen der zahlenmäßige Unterschied zwischen den spezifischen Wärmekapazitäten $c_p(T)$ und $c_v(T)$ in normalen Temperatur- und Druckbereichen in der Regel vernachlässigbar.

Für Stahl beträgt bei $t = 20\,°C$ der relative Fehler $(c_p - c_v)/c_p < 1{,}6\%$ und für Wasser sogar $< 0{,}5\%$. Somit gilt für ingenieurtechnische Berechnungen als ausreichende Näherung

$$c_p(T) \approx c_v(T) = c(T) \quad \text{(Feststoffe und Flüssigkeiten)} \quad (4.94)$$

Systemzustandsberechnung über mittlere spezifische Wärmekapazitätswerte
Für *ideale Gase* liefert die Integration von $c_p \cdot dT$ in Gl. (4.77)

$$\int_1^2 dh(p,T) = \int_1^2 c_p(T) \cdot dT = c_{pm}\Big|_{T_1}^{T_2} \cdot (T_2 - T_1) \quad (4.95)$$

mit der vor das Integral zu ziehenden Konstanten $c_{pm}\Big|_{T_1}^{T_2}$, der so genannten mittleren spezifischen Wärmekapazität. Diese mittlere spezifische Wärmekapazität lässt sich wie folgt darstellen, siehe Abb. (4.21). $c_{pm}\Big|_{T_1}^{T_2}$ ist eine für den Temperaturbereich T_1 bis T_2 geltende Konstante. Diese Konstante gestattet es, genauso einfach zu rechnen, als ob c_p

konstant wäre. Diese Konstante für alle interessierenden unterschiedlichen Tempera-turbereiche T_1 bis T_2 angeben zu wollen, ist jedoch praktisch unsinnig und unmöglich.

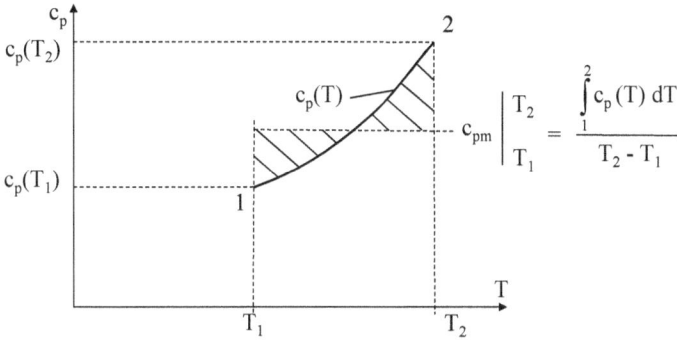

Abb. 4.21:   Geometrische Darstellung der mittleren spezifischen Wärmekapazität

Mit der mathematischen Identität

$$\int_1^2 c_p(\mathrm{T}) \cdot dT \equiv \int_0^2 c_p(\mathrm{T}) \cdot dT - \int_0^1 c_p(\mathrm{T}) \cdot dT \tag{4.96}$$

ist es aber möglich, die mittlere spezifische Wärmekapazität von einer willkürlich ge-wählten Bezugstemperatur T_0 ausgehend anzugeben.

$$\int_1^2 c_p(\mathrm{T}) \cdot dT = c_{pm}\Big|_{T_1}^{T_2} = \frac{c_{pm}\Big|_{T_0}^{T_2} \cdot (T_2 - T_0) - c_{pm}\Big|_{T_0}^{T_1} \cdot (T_1 - T_0)}{T_2 - T_1} \tag{4.97}$$

Damit ist es einfach möglich, beliebige Enthalpie-Differenzen über die Berechnung von mittleren spezifischen Wärmekapazitäten für beliebige Temperaturintervalle, die bei einer Bezugstemperatur T_0 beginnen, zu berechnen.

$$h_2 - h_1 = c_{pm}\Big|_{T_0}^{T_2} \cdot (T_2 - T_0) - c_{pm}\Big|_{T_0}^{T_1} \cdot (T_1 - T_0) \tag{4.98}$$

Mit Gl. (4.76) sind natürlich auch Differenzen von inneren Energien über die gleiche Methode berechenbar.

Es ist auch üblich, anstelle mit Kelvintemperaturen, mit Celsiustemperaturwerten zu rechnen, so dass Gl. (4.98) auch für Celsiustemperaturwerte gilt.

Die Berechnungsformel für die Differenz der spezifischen inneren Energie lautet dann

$$u_2 - u_1 = c_{vm}\Big|_{t_0}^{t_2} \cdot (t_2 - t_0) - c_{vm}\Big|_{t_0}^{t_1} \cdot (t_1 - t_0) \tag{4.99}$$

Beispielsweise kann die Funktion $c_{pm}\Big|_{t_0}^{t}$ für Luft bei gegebenen $t_0 = 0$ in Abhängigkeit

von t mit folgendem Polynom 3. Grades technisch hinreichend genau berechnet werden.

$$c_{pm}\Big|_{t_0}^{t} =$$

$$-2{,}036 \cdot 10^{-11} \cdot t^3 + 5{,}144 \cdot 10^{-8} \cdot t^2 + 5{,}820 \cdot 10^{-5} \cdot t + 1{,}001 \quad (4.100)$$

Für andere Gase gibt es in den einschlägigen Literaturstellen entsprechende Berechnungsgleichungen oder Tabellenwerte, z.B. [6].

Tab. 4.2 und 4.3 enthalten berechnete Tabellenwerte für die mittlere spezifische Wärmekapazität $c_{pm}\Big|_{t_0}^{t}$ zwischen $t_0 = 0°C$ und der angegebenen Temperatur t für verschiedene ideale Gase, Flüssigkeiten und Feststoffen.

Tab. 4.3   Mittlere spezifische Wärmekapazität $c_{pm}\Big|_{t_0}^{t}$ in $\frac{kJ}{kg\,K}$ von Gasen, $t_0 = 0\ °C$ (umgerechnet nach [14], [25])

t in °C	H_2	O_2	Luft	CO	CO_2	CH_4
0	14,21	0,915	1,004	1.040	0,818	2,158
100	14,29	0,924	1,008	1,042	0,872	2,310
500	14,49	0,980	1,039	1,075	1,017	2,996
1000	14,79	1,036	1,093	1,131	1,127	3,759
1500	15,20	1,072	1,133	1,175	1,196	4,383
2000	15,66	1,100	1,162	1,205	1,242	4,898

Tab. 4.4   Mittlere spezifische Wärmekapazität $c_{pm}\Big|_{t_0}^{t}$ in $\frac{kJ}{kg\,K}$ von Feststoffen und Flüssigkeiten, $t_0 = 0\ °C$ bei verschiedenen Temperaturen t (nach verschiedenen Quellen)

t in °C	Stahl	Kupfer	Aluminium	Nickel	Wasser
0	0,469	0,402	0,872	0,448	1,858
100	0,478	0,405	0,902	0,461	1,873
200	0,490	0,408	0,927	0,473	1,893
300	0,507	0,412	0,952	0,486	1,919
400	0,527	0,415	0,981	0,489	1,947
500	0,545	0,418	1,006	0,511	1,977

Beispiel 4.14

Ein Behälter von 1 m^3 Volumen enthält Luft mit einer Temperatur von 100 °C. Die Luft würde unter Normbedingungen 20 m^3 Rauminhalt einnehmen. Die Temperatur der Luft wird auf 500 °C erhöht.

•   Die Luftmasse im Behälter ist zu berechnen.
•   Die der Behälterluft zuzuführende Wärme ist zu berechnen.

Gegeben:

$V_1 = V_2 = 1\ m^3 = \text{konst}$

$V_n = 20\ m^3\ Luft$

$t_1 = 100\ °C$

$t_2 = 500\ °C$

$R = 0{,}2871\ \dfrac{kJ}{kg\ K}\ \ für\ Luft$

Gesucht:

m

Q_{12}

Lösungsweg:

1.   System: geschlossen

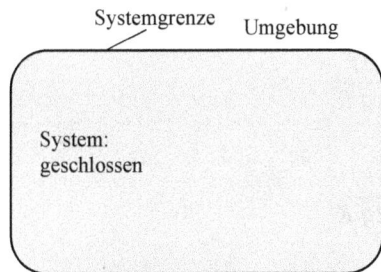

Abb. 4.22:   System für Beispiel 4.14

2.   Bezugssystem ruht zur Systemgrenze

3.   Modellbildung
•   Nach Gl. (2.5) gilt mit

      $m = V_n \cdot \rho_n$ und mit Gl. (2.6) gilt

      $m = V_n \cdot M / \bar{v}_n$

Nach Gl.(2.34) gilt $\bar{v}_n = 22{,}414\ m^3/kmol.$

Aus Tab. 2.7 ist $M_{Luft} = 28,96\ kg/kmol$ zu entnehmen.

$$m = \frac{V_n \cdot M}{\bar{v}_n} = \frac{20\ m^3 \cdot 28,96\ kg/kmol}{22,414\ m^3/kmol} = 25,9\ kg$$

- Das spezifische Volumen v des Systems bleibt bei der Abkühlung konstant.
  Mit $V_1 = V_2 = V$ gilt nach Gl. (4.39)

$$q_{12} = u_2 - u_1$$

und mit Gl. (4.99)

$$q_{12} = c_{vm}\Big|_{t_0}^{t_2} \cdot (t_2 - t_0) - c_{vm}\Big|_{t_0}^{t_1} \cdot (t_1 - t_0)$$

Aus Tab. 4.3 sind folgende Werte für die mittlere spezifische Wärmekapazität von Luft zu entnehmen:

$$c_{pm}\Big|_{t_0}^{t_1} = c_{pm}\Big|_{0}^{100°C} = 1,008\ kJ/(kg\ K)$$

$$c_{pm}\Big|_{t_0}^{t_2} = c_{pm}\Big|_{0}^{500°C} = 1,039\ kJ/(kg\ K)$$

Mit $c_v(t) = c_p(t) - R$ gilt

$$c_{vm}\Big|_{t_0}^{t_1} = 1,008\frac{kJ}{kg\ K} - 0,2871\frac{kJ}{kg\ K} = 0,7209\frac{kJ}{kg\ K}$$

$$c_{vm}\Big|_{t_0}^{t_2} = 1,039\frac{kJ}{kg\ K} - 0,2871\frac{kJ}{kg\ K} = 0,7519\frac{kJ}{kg\ K}$$

Diese Werte eingesetzt, ergibt

$$q_{12} = c_{vm}\Big|_{t_0}^{t_2} \cdot (t_2 - t_0) - c_{vm}\Big|_{t_0}^{t_1} \cdot (t_1 - t_0)$$

$$= 0,7519\frac{kJ}{(kg\ K)} \cdot 500\ K - 0,7209\frac{kJ}{(kg\ K)} \cdot 100\ K$$

$$q_{12} = 376\frac{kJ}{kg} - 72\frac{kJ}{kg} = 304\frac{kJ}{kg}$$

$$Q_{12} = q_{12} \cdot m = 304\frac{kJ}{kg} \cdot 25,9\ kg = 7874\ kJ = 7,9\ MJ$$

Beispiel 4.15

Ein Stück Aluminium mit einer Masse von $10\,kg$ wird von $500\,°C$ auf $100\,°C$ abgekühlt. Es ist die von der Systemgrenze (Oberfläche des Aluminiumstücks) abzuführende Wärme zu berechnen. Die Volumenveränderung bei der Abkühlung ist zu vernachlässigen.

Gegeben:

$m = 10\,kg$

$t_1 = 500\,°C$

$t_2 = 100\,°C$

Gesucht:

Q_{12}

Lösungsweg:

1.   System: geschlossen

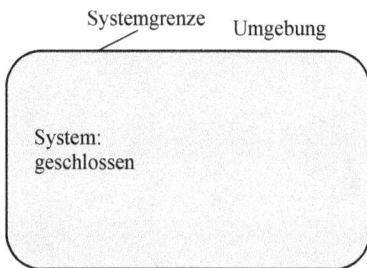

Abb. 4.23:   System für Beispiel 4.15

2.   Bezugssystem ruht zur Systemgrenze

3.   Modellbildung
     Das spezifische Volumen v des Systems bleibt bei der Abkühlung konstant, wenn $V_1 = V_2 = V$. Damit gilt nach Gl. (4.39)

$$q_{12} = u_2 - u_1$$

     und mit Gl. (4.99)

$$q_{12} = c_{vm}\Big|_{t_0}^{t_2} \cdot (t_2 - t_0) - c_{vm}\Big|_{t_0}^{t_1} \cdot (t_1 - t_0)$$

     Für Feststoffe gilt nach Gl. (4.94)

$$c_p(T) \approx c_v(T) = c(T) \text{ und damit}$$

$$q_{12} = c_m\Big|_{t_0}^{t_2} \cdot (t_2 - t_0) - c_m\Big|_{t_0}^{t_1} \cdot (t_1 - t_0)$$

Aus Tab. 4.4 sind folgende Werte für die mittlere spezifische Wärmekapazität von Aluminium zu entnehmen:

$$c_m \bigg|_{t_0}^{t_1} = c_m \bigg|_{0}^{500°C} = 1,006 \ kJ/(kg \ K)$$

$$c_m \bigg|_{t_0}^{t_2} = c_m \bigg|_{0}^{100°C} = 0,902 \ kJ/(kg \ K)$$

Diese Werte eingesetzt, ergibt

$$q_{12} = c_m \bigg|_{t_0}^{t_2} \cdot (t_2 - t_0) - c_m \bigg|_{t_0}^{t_1} \cdot (t_1 - t_0)$$

$$= 0,902 \ \frac{kJ}{(kg \ K)} \cdot 100 \ K - 1,006 \frac{kJ}{(kg \ K)} \cdot 500 \ K$$

$$q_{12} = 90,2 \ \frac{kJ}{kg} - 503 \ \frac{kJ}{kg} = -412,8 \ \frac{kJ}{kg}$$

Für $m = 10 \ kg$ folgt

$$Q_{12} = q_{12} \cdot m = -412,8 \frac{kJ}{kg} \cdot 10 \ kg = -4128 \ kJ = -4,128 \ MJ$$

Systemzustandsberechnung direkt über spezifische Enthalpiewerte

Es gilt für ideale Gase wegen Gl. (4.77) $dh = dh(T)$ und damit $h = h(T)$

$$h_2 - h_1 = h(T_2) - h(T_2) = h(t_2) - h(t_2) \tag{4.101}$$

Für das ideale Gas Luft gilt beispielsweise (mit Werten von [22])

$$h_{Luft}(t) =$$

$$-2,122 \cdot 10^{-8} \cdot t^3 + 1,354 \cdot 10^{-4} \cdot t^2 + 0,9758 \cdot t + 74,132 \tag{4.102}$$

Mit Gl. (4.102) kann die spezifische Enthalpie $h(T)$ des idealen Gases Luft in Abhängigkeit von der Temperatur berechnet werden. Der Gl. (4.102) liegt der willkürlich gewählte Nullpunkt der Enthalpie $h_0 = 0$ bei $t_0 = -73,15 \ °C = 200 \ K$ zugrunde. An sich ist die Nullpunktfestlegung beliebig wählbar. Zu bedenken ist lediglich, dass es bei anderen Nullpunktfestlegungen zu anderen Wertepaaren $h(T)$ kommt. Da jedoch bei ingenieurtechnischen Berechnungen lediglich Enthalpiedifferenzen benötigt werden, ist die Nullpunkfestlegung nicht relevant.

Tab. 4.5 sind einige mit Gl. (4.102) berechnete Werte $h(T)$ zusammengestellt.

Tab. 4.5   Spezifische Enthalpie h des idealen Gases Luft bei verschiedenen Temperaturen t

t in °C	h in $\frac{kJ}{kg}$	t in °C	h in $\frac{kJ}{kg}$	t in °C	h in $\frac{kJ}{kg}$
0	74,13	500	593,2	1000	1164,1
100	173,0	600	703,8	1100	1283,1
200	274,5	700	816,2	1200	1403,3
300	378,5	800	930,5	1300	1524,8
400	484,7	900	1046,5	1400	1647,4

Beispiel 4.16

Vergleich der Berechnung einer Enthalpiedifferenz $h(500\ °C) - h(100\ °C)$ für Luft

1. mit Hilfe der mittleren spezifischen Wärmekapazität $c_{pm}\Big|_{t_0}^{t_2}$ und $c_{pm}\Big|_{t_0}^{t_1}$ und

2. direkt mit der Enthalpiefunktion $h_2 - h_1$ mit $h_1 = h(t_1)$ und $h_2 = h(t_2)$

Zu 1. Mit

$$h_2 - h_1 = c_{pm}\Big|_{t_0}^{t_2} \cdot (t_2 - t_0) - c_{pm}\Big|_{t_0}^{t_1} \cdot (t_1 - t_0)$$

ergibt beispielsweise für das ideale Gas Luft mit folgenden Werten

$$c_{pm}\Big|_{t_0}^{t_1} = c_{pm}\Big|_{0}^{100°C} = 1{,}008\ kJ/(kg\ K)$$

$$c_{pm}\Big|_{t_0}^{t_2} = c_{pm}\Big|_{0}^{500°C} = 1{,}039\ kJ/(kg\ K)$$

$$h_2 - h_1 = 1{,}039\ \frac{kJ}{(kg\ K)} \cdot 500\ K - 1{,}008\ \frac{kJ}{(kg\ K)} \cdot 100\ K$$

$$h_2 - h_1 = 519{,}5\ \frac{kJ}{kg} - 100{,}8\ \frac{kJ}{kg} = 418{,}7\ \frac{kJ}{kg}$$

Zu 2. Beim Berechnen mit direkten Enthalpiewerten nach Gl. (4.102) oder Tab. 4.3 muss sich die gleiche Enthalpiedifferenz ergeben:

$$h_2 - h_1 = 593{,}2\ \frac{kJ}{kg} - 173{,}0\ \frac{kJ}{kg} = 420{,}2\ \frac{kJ}{kg}$$

Die Ergebnisse von a) und b) stimmen praktisch überein. Der relative Unterschied (0,4%) ist durch unterschiedliche Ursprünge für die mittlere spezifische Wärmekapazität und für die Enthalpiewerte begründet.

Bei vielen technischen Aufgaben ist die Enthalpiedifferenz zu ermitteln. So ist z.B. die bei konstantem Druck reversibel übertragene Wärme nach Gl. (4.50) $q_{12} = h_2 - h_1$ und die für adiabate Systeme ($q_{12} = 0$) reversibel zu übertragene technische Arbeit $w_{t,12} = h_2 - h_1$. Ist dabei der Systeminhalt ein ideales Gas, kann die Ermittlung sowohl mit Hilfe der mittleren spezifischen Wärmekapazitäten $c_{pm}\Big|_{t_0}^{t_2}$ und $c_{pm}\Big|_{t_0}^{t_1}$ als auch direkt mit der Differenz der ensprechenden Enthalpiefunktionen $h_2(t_2) - h_1(t_1)$ oder Tabellenwerten erfolgen.

Wenn Enthalpiewerte $h(t)$ vorhanden sind, sind die Berechnungen stets einfacher als über den Umweg der mittleren spezifischen Wärmekapazitäten.

Beispiel 4.17

Mit einem Wärmetauscher soll bei konstantem Druck $p = 1\ bar$ der Luftmenge von $1000\ \frac{kg}{h}$ ein Wärmestrom von $274{,}5\ MJ/h$ zugefügt werden. Es ist die Austrittstemperatur der Luft t_2 und die Austrittsgeschwindigkeit c_2 zu berechnen, wenn die Luft mit der Temperatur $t_1 = 100\ °C$ und der Geschwindigkeit von $c_1 = 10\frac{m}{s}$ in den Wärmetauscher eintritt, der Strömungsquerschnitt konstant angenommen wird ($A_1 = A_2 = A$) und auch der Druck im Rohr während des Prozesses konstant ist. Der Prozess ist reibungsfrei.

Gegeben:

$\dot{m} = 1000\ kg/h$

$t_1 = 100\ °C$

$c_1 = 10\ m/s$

$\dot{Q}_{12} = 274500\ kJ/h$

$p = 1\ bar$

Gesucht:

t_2

A

c_2

Lösungsweg:

1. System: geschlossen

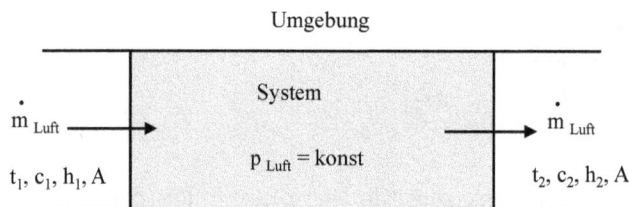

Abb. 4.24:   System für Beispiel 4.17

- Mit Gl. (4.52) folgt für eine reibungsfreie, druckhomogene Strömung

$$q_{12} = h_2 - h_1$$

Damit gilt

$$h(t_2) = q_{12} - h(t_1) = \frac{\dot{Q}_{12}}{\dot{m}} - h(t_1)$$

Die temperaturabhängige Enthalpie am Eintritt des Wärmetauschers ergibt sich aus Tab. 4.5 mit $h(t_1 = 100\,°C) = 173\,kJ/kg$.

Mit dem spezifischen Wärmestrom

$$q_{12} = \frac{\dot{Q}_{12}}{\dot{m}} = \frac{274500\,kJ/h}{1000\,kg/h} = 274,5\,kJ/kg$$

folgt daraus

$$h(t_2) = \frac{\dot{Q}_{12}}{\dot{m}} - h(t_1) = 447,5\,\frac{kJ}{kg} - 173\,\frac{kJ}{kg} = 274,5\,\frac{kJ}{kg}$$

Aus $h(t_2) = 274,5\,kJ/kg$ lässt sich sofort aus Tab. 4.5 die Temperatur der Luft am Austritt des Wärmetauschers mit

$$t_2 = 200\,°C \quad T_2 = 473,15\,K$$

ablesen.

- Es gilt

$$\dot{m} = \dot{V}_1 \cdot \rho_1 = \frac{\dot{V}_1}{v_1} = c_1 \cdot A/v_1 \text{ sowie}$$

$$p_1 \dot{V}_1 = \dot{m} \cdot R \cdot T_1$$

$$\dot{V}_1 = \frac{\dot{m} \cdot R \cdot T_1}{p_1} = \frac{1000\,kg/h \cdot 287,1\,Nm/(kgK) \cdot 373,15\,K}{1 \cdot 10\,^5 N/m^2} = 1071\,m^3/h$$

$$A = \frac{\dot{V}_1}{c_1} = \frac{1071\,m^3/h}{10\,m/s} \cdot \frac{1\,h}{3600\,s} = 0,0298\,m^2$$

- Es gilt

$$p_1 \dot{V}_1/T_1 = p_2 \dot{V}_2/T_2$$

Mit $p_1 = p_1 = p$

$$\dot{V}_2 = \frac{\dot{V}_1 \cdot T_2}{T_1} = \frac{1071\,m^3/h \cdot 473,15\,K}{373,15\,K} = 1358\,m^3/h$$

$$c_2 = \frac{\dot{V}_2}{A} = \frac{1358\,m^3/h}{0,0298\,m^2} \cdot \frac{1\,h}{3600\,s} = 45,6\,m/s$$

oder so zu berechnen

$$c_2 = \frac{\dot{V}_2}{A} = \frac{\dot{m} \cdot R \cdot T_2/p}{A}$$

$$c_2 = \frac{1000 \; kg/h \cdot 287,1 \; Nm/(kgK) \cdot 473,15 \; K}{1 \cdot 10^{\,5} N/m^2 \cdot 0,0298 \; m^2} \cdot \frac{1 \; h}{3600 \; s} = 45,6 \; m/s$$

5 Spezielle Zustandsänderungen idealer Gase

5.1 Einfache thermodynamische Prozesse

Einfache thermodynamische Prozesse sind Vorgänge, die idealisiert wie folgt ablaufen.

- Die Zustandsänderungen laufen quasistatisch, d.h. sehr langsam gegenüber der Schallgeschwindigkeit, ab.
- Die Prozesse verlaufen stationär, d.h. vorausgesetzt wird eine zeitliche Unveränderlichkeit der Prozessgrößen (inklusive der Stoffmengen) bei geschlossenen Systemen und der Prozess- und Zustandsgrößen bei offenen Systemen. Zustandsgrößen befinden sich jeweils in momentanen Gleichgewichtszuständen.
- Zur Beschreibung des Systemzustandes werden Änderungen der kinetischen und potentiellen Energie außen vor gelassen, d.h. beim einfachen thermodynamischen Prozess wird nur der innere Systemzustand beschrieben.
- Die speziellen Zustandsänderungen sollen *reversibel* (reibungsfrei) ablaufen.

5.2 Prozesse mit Zustandsänderungen idealer Gase

Der Systemzustand lässt sich bei Einhaltung der in Abschn. 5.1 definierten Bedingungen, insbesondere der Konstanz der am stationären Prozess beteiligten Stoffmenge, für den Modellstoff „ideales Gas" eindeutig durch die Angabe von zwei der thermischen Zustandsgrößen Druck, Temperatur und spezifisches Volumen beschreiben.

Es gibt für das ideale Gas theoretisch unendlich viele Möglichkeiten von Zustandsänderungen. Auf Grund der Stoffunabhängigkeit und des einfachen Aufbaus der Zustandsgleichung für ideale Gase ist eine durchgängige analytische Behandlung mit den thermischen Zustandsgrößen möglich. Bei den kalorischen Zustandsgleichungen sind jedoch solche einfachen analytischen Zusammenhänge nicht vorhanden. Vielmehr sind Rechnungen mit kalorischen Zustandsgrößen nur möglich, wenn die stoffabhängigen Zusammenhänge der kalorischen Zustandsgrößen von den thermischen Zustandsgrößen z.B. $h = h(T), u = u(T)$ für die betreffenden idealen Gase entweder als mathematische Modellfunktion (siehe z.B. Gl. (4.102)) oder tabellarisch (siehe z.B. Tab. 4.5) vorliegen.

Viele Vorgänge lassen sich mathematisch weniger kompliziert modellieren, wenn man sich für den Zustandsverlauf auf einige wenige Spezialfälle beschränkt.

Im Folgenden werden spezielle Zustandsänderungen idealer Gase unter den in Abschn. 5.1 genannten Bedingungen betrachtet.

Wie bereits in den vorangegangen Kapiteln wird mit dem Index 1 der Anfangszustand des geschlossenen Systems bzw. der Eintrittszustand des Fluids (Gas, Flüssigkeit) in das offene System gekennzeichnet und mit Index 2 der End- bzw. Austrittszustand. Prozessgrößen erhalten, wie aus Kap. 4 bekannt, den Index 12.

Bezüglich der thermischen Zustandsgrößen werden unterschieden

    Isochore Zustandsänderungen $(v_2 = v_2 = v = konst)$

    Isobare Zustandsänderungen $(p_2 = p_2 = p = konst)$

    Isotherme Zustandsänderungen $(T_2 = T_2 = T = konst)$

Da die kalorischen Zustandsgleichungen für ideale Gase reine Temperaturfunktionen $u = u(T)$ und $h = h(T)$ sind, sind die Fälle $u = konst$ und $h = konst$ mit der isothermen Zustandsänderung $T = konst$ erklärbar.

Bei vielen thermodynamischen Berechnungen wird jedoch noch eine weitere kalorische Zustandsgröße, die so genannte Entropie S bzw. spezifische Entropie $s = S/m$ benötigt.

Zustandsänderungen bei konstanter Entropie heißen isentrop.

    Isentrope Zustandsänderung $(s_2 = s_2 = s = konst)$

Die Definitionsgleichung für die differenzielle Änderung der Entropie idealer Gase lautet gemäß Gl. (4.78) mit $du + pdv = \delta q$ nach Gl. (4.33) für reversible Prozesse

$$ds = \frac{\delta q}{T} \qquad (5.1)$$

mit der reversibel übertragenen differenziellen spezifischen Wärme nach Gl. (4.33)

$$\delta q = du + pdv \qquad (5.2)$$

oder mit der Enthalpiedefinition nach Gl. (4.49)

$$\delta q = dh - vdp \qquad (5.3)$$

Die Gl. (5.3) wird immer dann Verwendung finden, wenn zur Berechnung der Entropieänderung an Stelle des Volumens der Druck während des Prozesses konstant ist.

Nach der Definitionsgleichung Gl. (5.1) für die differenzielle Änderung der Entropie idealer Gase existiert also ein totales Differenzial für die Entropie, dessen Integral wegunabhängig sein muss, um die Voraussetzung als Zustandsgröße zu erfüllen. Interessant ist jedoch, dass das Integral des Zählers der Definitionsgleichung Gl. (5.1) vom Weg abhängig, also eine Prozessgröße ist. Da das Integral der linken Seite der Gl. (5.1) wegunabhängig ist, muss auch das Integral der Rechten Seite wegunabhängig sein. Offenbar wird aus der Konstruktion $\int_1^2 \frac{\delta q}{T}$ ein wegunabhängiges Integral. Die Einführung des Nenners T wird als so genannte Methode des integrierenden Nenners bezeichnet.

Die mathematischen Grundlagen zum integrierenden Nenner für Funktionen mit zwei Veränderlichen sind kompliziert und werden nicht hier, sondern erst im Kap. 6 erörtert.

Nach der Definitionsgleichung für die differenzielle Änderung der spezifischen Entropie Gl. (5.1) muss bei der isentropen Zustandsänderung $(s_2 = s_2 = s = konst)$ die differenzielle Änderung der spezifischen Enropie $ds = 0$ sein.

Da die Kelvintemperatur stets $T > 0$ ist, kann ein isentroper Prozess, Reibungsfreiheit vorausgesetzt, nur in einem adiabaten (wärmedichten) System ablaufen. Ein *isentroper Prozess*, läuft adiabat und reibungsfrei ab. Eine reibungsfreie Zustandsänderung wird auch als *reversible Zustandsänderung* bezeichnet. Eine reversible Zustandsänderung in einem adiabaten System heißt *isentrope Zustandsänderung*. Der Zustandsverlauf wird durch eine Linie gleicher spezifischer Entropie, einer so genannten *Isentropen* beschrieben, also gilt

- Isentrope = Linie gleicher spezifischer Entropie

und entsprechend

- Isotherme = Linie gleicher Temperatur
- Isobare = Linie gleichen Drucks
- Isochore = Linie gleichen spezifischen Volumens

5.2.1 Prozesse mit isentroper Zustandsänderung

Für ideale Gase mit $p \cdot v = R \cdot T$ nach Gl. (2.17) folgt aus der Definition der differenziellen Entropieänderung Gln. (5.1) und (5.3) sowie mit $dh = c_p(T) \cdot dT$ nach Gl. (4.92)

$$ds = \frac{dh - vdp}{T} = \frac{c_p(T) \cdot dT}{T} - \frac{R \cdot T}{T} \cdot \frac{dp}{p} = c_p(T) \cdot \frac{dT}{T} - R \cdot \frac{dp}{p} \qquad (5.4)$$

und nach Integration und Annahme einer mittleren spezifischen Wärmekapazität $c_{pm}\Big|_{T_1}^{T_2}$

$$s_2 - s_1 = c_{pm}\Big|_{T_1}^{T_2} \cdot \ln\left(\frac{T_2}{T_1}\right) - R \cdot \ln\left(\frac{p_2}{p_1}\right) \qquad (5.5)$$

Aus Gl. (4.78) folgt für ideale Gase gleichermaßen mit $p \cdot v = R \cdot T$ nach Gl. (2.17)

$$ds = \frac{du + pdv}{T} = \frac{c_v(T) \cdot dT}{T} + \frac{R \cdot T}{T} \cdot \frac{dp}{p} = c_v(T)\frac{dT}{T} + R \cdot \frac{dv}{v} \qquad (5.6)$$

sowie nach Integration und Annahme einer mittleren spezifischen Wärmekapazität $c_{vm}\Big|_{T_1}^{T_2}$

$$s_2 - s_1 = c_{vm}\Big|_{T_1}^{T_2} \cdot \ln\left(\frac{T_2}{T_1}\right) + R \cdot \ln\left(\frac{v_2}{v_1}\right) \qquad (5.7)$$

Im Temperaturbereich $-50\,°C$ bis $100\,°C$ und im Druckbereich $p < 20\,bar$ könnte mit hinreichender technischer Genauigkeit auf die Temperaturabhängigkeit der mittleren, spezifischen Wärmekapazität verzichtet werden und es können an Stelle $c_{pm}\Big|_{T_1}^{T_2}$ und $c_{vm}\Big|_{T_1}^{T_2}$ mit konstanten spezifischen Wärmekapazitäten c_p und c_v gerechnet werden.

Die Gleichungen (5.5) und (5.7) nehmen dann folgende besonders einfache Formen an

$$s_2 - s_1 = c_p \cdot \ln\left(\frac{T_2}{T_1}\right) - R \cdot \ln\left(\frac{p_2}{p_1}\right) \tag{5.8}$$

$$s_2 - s_1 = c_v \cdot \ln\left(\frac{T_2}{T_1}\right) + R \cdot \ln\left(\frac{v_2}{v_1}\right) \tag{5.9}$$

Spezifische Wärme bei adiabater und reversibler Zustandsänderung (s = konst)

Nach Definition kann nach isentroper Zustandsänderung $s = konst$ bzw. $ds = 0$ mit

$$\delta q = T \cdot ds \tag{5.10}$$

die isentrope Zustandsänderung nur in einem adiabaten System $\delta q = 0$ ablaufen.

Als *Isentrope* wird die reversible Zustandsänderung im adiabaten System bezeichnet, also eine Zustandsänderung, die adiabat und reversibel verläuft.

Spezifische Wärme bei reversibler Zustandsänderung (s ≠ konst)

Nach Integration von Gl. (5.10) folgt

$$q_{12} = \int_1^2 T \cdot ds \tag{5.11}$$

Wie die Prozessgröße Volumenänderungsarbeit $w_{D,12} = -\int_1^2 p(v) \cdot dv$ und die Prozessgröße technische Arbeit $w_{t,12} = \int_1^2 v(p) \cdot dp$ im p,v-Diagramm, Abb. 4.7 bzw. 4.8, so kann auch die Prozessgröße Wärme $q_{12} = \int_1^2 T \cdot ds$ in einem Diagramm dargestellt werden.

Abb. 5.1 zeigt eine Möglichkeit der Darstellung der in einem reversiblen Prozess übertragenen Wärme in einem T,s-Diagramm nach Gl. (5.11). Die spezifische Entropieänderung bei einer beliebigen Zustandsänderung (Weg a oder Weg b) mit veränderlicher Temperatur stellt sich wie folgt dar (Abb. 5.1):

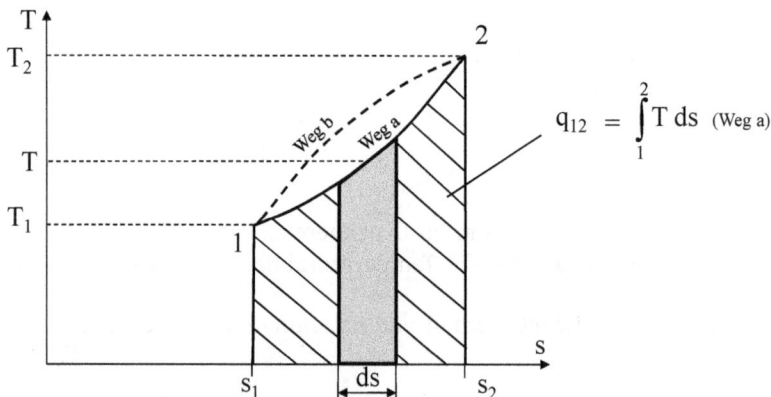

Abb. 5.1:   T,s-Diagramm zur Darstellung der in einem reversiblen Prozess übertragenen spezifischen Wärme

Aus Abb. 5.1 ist erkennbar, dass die Größe des wegabhängigen Intergrals $\int_1^2 T \cdot ds$ tatsächlich vom Weg a oder b abhängt und somit q_{12} keine Zustandsgröße, sondern eine Prozessgröße ist. Wird der Weg von 1 nach 2 auf der Zustandskurve durchlaufen, so entspricht die Fläche, die rechts vom Weg liegt, stets einer reversibel zugeführten spezifischen Wärme $+q_{12}$ (mit positivem Vorzeichen). Wird dagegen der Weg von 2 nach 1 auf der Zustandskurve durchlaufen, so entspricht die Fläche, die links vom Weg liegt, stets einer reversibel abgeführten spezifischen Wärme $-q_{12}$ (mit negativem Vorzeichen).

Andererseits gilt

    Wärmezufuhr $+q_{12}$ bedingt eine Entropiezunahme $s_2 > s_1$

    Wärmeabfuhr $-q_{12}$ bedingt eine Entropieabnahme $s_2 < s_1$

Für den Fall, dass mit konstanten spezifischen Wärmekapazitäten c_p und c_v gerechnet werden kann (im Temperaturbereich $-50\,°C$ bis $100\,°C$ und im Druckbereich $p <$ $20\,bar$), wird für die isentrope Zustandsänderung $s_1 = s_2 = konst$ nach Gl. (5.8)

$$c_p \cdot \ln\left(\frac{T_2}{T_1}\right) = R \cdot \ln\left(\frac{p_2}{p_1}\right) \qquad (5.12)$$

bzw.

$$\ln\left(\frac{T_2}{T_1}\right) = \frac{R}{c_p} \cdot \ln\left(\frac{p_2}{p_1}\right) \qquad (5.13)$$

Mit

$$\frac{R}{c_p} = \frac{c_p - c_v}{c_p} = 1 - \frac{c_v}{c_p} \qquad (5.14)$$

und mit Einführung des so genannten *Isentropenexponenten*

$$\kappa = \frac{c_p}{c_v} \qquad (5.15)$$

$$\frac{R}{c_p} = 1 - \frac{1}{\kappa} = \frac{\kappa - 1}{\kappa} \qquad (5.16)$$

folgt durch Delogarithmierung von Gl. (5.13)

$$\frac{T_2}{T_1} = \left(\frac{p_2}{p_1}\right)^{\frac{\kappa-1}{\kappa}} \qquad (5.17)$$

bzw. mit

$$\frac{R}{c_v} = \frac{c_p - c_v}{c_v} = \kappa - 1 \qquad (5.18)$$

$$\frac{T_2}{T_1} = \left(\frac{v_1}{v_2}\right)^{\kappa-1} \qquad (5.19)$$

Für den Zusammenhang zwischen p und v erhält man mit Gl. (5.17) und (5.19)

$$\left(\frac{p_2}{p_1}\right)^{\frac{\kappa-1}{\kappa}} = \left(\frac{v_1}{v_2}\right)^{\kappa-1}$$

$$\left(\frac{p_2}{p_1}\right)^{\frac{\kappa-1}{(\kappa-1)\kappa}} = \left(\frac{v_1}{v_2}\right)^{\frac{\kappa-1}{\kappa-1}}$$

$$\left(\frac{p_2}{p_1}\right)^{\frac{1}{\kappa}} = \frac{v_1}{v_2}$$

$$\frac{p_2}{p_1} = \left(\frac{v_1}{v_2}\right)^{\kappa} \tag{5.20}$$

In anderer Form lautet Gl. (5.20)

$$p_1 \cdot v_1^{\kappa} = p_2 \cdot v_2^{\kappa} \tag{5.21}$$

bzw.

$$p \cdot v^{\kappa} = konst \tag{5.22}$$

Gl. (5.22) ist die Zustandsgleichung für ideale Gase für isentrope Zustandsänderungen (adiabate und reversible Zustandsänderungen), d.h. dass $s = konst$ ist.

Für $\kappa = 1$ folgt aus Gl. (5.22) die thermische Zustandsgleichung Gl. (2.17) $p \cdot v^1 = konst$ für den isothermen Fall, d.h. dass die Zustandsänderung bei $T = konst$ abläuft.

Spezifische Volumenänderungsarbeit bei s = konst

Nach Gln. (4.33) und Gl. (4.91) gilt für reversible Zustandsänderungen idealer Gase mit $\delta q = 0$ der erste Hauptsatz

$$\delta w_D = du = c_v(T) \cdot dT \tag{5.23}$$

Für den Fall, dass mit konstanten spezifischen Wärmekapazitäten c_v gerechnet werden kann (im Temperaturbereich $-50\,°C$ bis $100\,°C$ und im Druckbereich $p < 20\,bar$), bzw. nach Integration folgt

$$w_{D,12} = u_2 - u_1 = c_v \cdot (T_2 - T_1) \tag{5.24}$$

Mit Gl. (5.18) wird daraus

$$w_{D,12} = \frac{R \cdot T_1}{\kappa - 1} \cdot \left(\frac{T_2}{T_1} - 1\right) \tag{5.25}$$

bzw. mit $p \cdot v = R \cdot T$ nach Gl. (2.17)

$$w_{D,12} = \frac{p_1 \cdot v_1}{\kappa - 1} \cdot \left(\frac{T_2}{T_1} - 1\right) \tag{5.26}$$

Mit dem Temperaturverhältnis $\frac{T_2}{T_1}$ nach Gl. (5.17) oder Gl. (5.19) folgt aus Gl. (5.25)

$$w_{D,12} = \frac{R \cdot T_1}{\kappa - 1} \cdot \left(\left(\frac{p_2}{p_1} \right)^{\frac{\kappa-1}{\kappa}} - 1 \right) \tag{5.27}$$

bzw.

$$w_{D,12} = \frac{R \cdot T_1}{\kappa - 1} \cdot \left(\left(\frac{v_1}{v_2} \right)^{\kappa-1} - 1 \right) \tag{5.28}$$

Spezifische technische Arbeit bei s = konst

Nach Gl. (4.49) und $dh = c_p(T) \cdot dT$ nach Gl. (4.92) gilt für reversible Zustandsänderungen idealer Gase mit $\delta q = 0$ der erste Hauptsatz in der Form

$$\delta w_t = dh = c_p(T) \cdot dT \tag{5.29}$$

Für den Fall, dass mit konstanten spezifischen Wärmekapazitäten c_p und c_v gerechnet werden kann (im Temperaturbereich $-50\,°C\ bis\ 100\,°C$ und im Druckbereich $p < 20\ bar$), wird aus Gl. (5.29) nach Integration

$$w_{t,12} = h_2 - h_1 = c_p \cdot (T_2 - T_1) \tag{5.30}$$

$$w_{t,12} = c_p \cdot T_1 \cdot \left(\frac{T_2}{T_1} - 1 \right) \tag{5.31}$$

Mit Gl. (5.16) gilt

$$c_p = \frac{\kappa \cdot R}{\kappa - 1} \tag{5.32}$$

und damit

$$w_{t,12} = \kappa \cdot \frac{R \cdot T_1}{\kappa - 1} \cdot \left(\frac{T_2}{T_1} - 1 \right) \tag{5.33}$$

Ein Vergleich von Gl. (5.33) mit Gl. (5.25) zeigt, dass bei isentroper Zustandsänderung gilt

$$w_{t,12} = \kappa \cdot w_{D,12} \tag{5.34}$$

Bei einer isentropen Zustandsänderung ist die (spezifische) technische Arbeit gleich dem κ-fachen der (spezifischen) Volumenänderungsarbeit (mit dem Isentropenexponenten κ)

Die isentrope Zustandsänderung im T, s-Diagramm ist in Abb. 5.2 dargestellt.

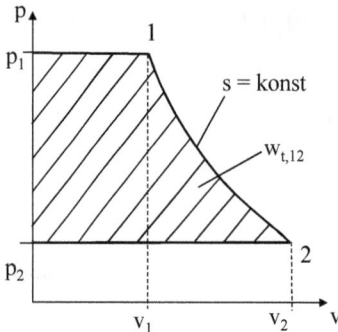

Abb. 5.2:   p,v-Diagramm zur Darstellung der übertragenen spezifischen technischen Arbeit bei s = konst
(reversibler Prozess)

Beispiel 5.1

Wasserstoff mit $R = 4{,}125\ kJ/(kg\ K)$, $c_v = 10{,}13\frac{kJ}{kg\ K} = konst$ mit einem Anfangszustand von $p_1 = 19{,}5\ bar$ und $t_1 = 95\ °C$ wird reversibel und adiabat in einem geschlossenen Zylinder auf $p_2 = 7{,}8\ bar$ entspannt.

- Es sind jeweils die spezifischen Volumina v_1, v_2 und die Temperatur t_2 zu berechnen.
- Die von 1 nach 2 geleistete Volumenänderungsarbeit ist zu bestimmen.

Gegeben:

$p_1 = 19{,}5\ bar$

$p_2 = 7{,}8\ bar$

$t_1 = 95\ °C$

$R = 4{,}125\ kJ/(kg\ K)$

$c_v = 10{,}13\dfrac{kJ}{kg\ K} = konst$

Gesucht:

t_2, v_1, v_2

$w_{D,12}$

Lösungsweg:

1. System: geschlossen

Umgebung

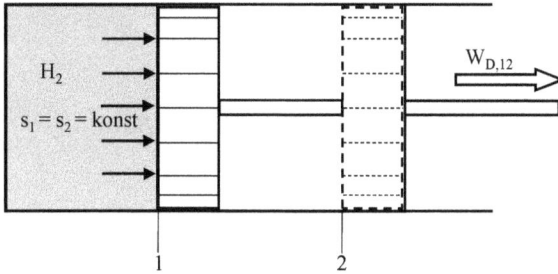

Abb. 5.3: System für Beispiel 5.1

2. Ruhendes Bezugssystem BZS

3. Modellbildung
- Berechnung der Zustandsgrößen t_2, v_1, v_2

Mit Gln. (2.17) folgt für ein ideales Gas

$$v_1 = \frac{R \cdot T_1}{p_1} = \frac{4{,}125 \frac{kJ}{kgK} \cdot 368{,}15\ K}{19{,}5 \cdot 10^2 \frac{kJ}{m^3}} = 0{,}78\ m^3/kg$$

und aus Gl. (5.18) folgt

$$\kappa = 1 - \frac{R}{c_v} = 1 + \frac{4{,}125 kJ/(kg\ K)}{10{,}13\ kJ/(kg\ K)} = 1{,}407$$

und mit Gl. (5.17) ergibt sich

$$\frac{T_2}{T_1} = \left(\frac{p_2}{p_1}\right)^{\frac{\kappa-1}{\kappa}}$$

$$T_2 = T_1 \left(\frac{p_2}{p_1}\right)^{\frac{1{,}407-1}{1{,}407}} = 368{,}15\ K \cdot \left(\frac{7{,}8\ bar}{19{,}5\ bar}\right)^{0{,}289} = 282\ K$$

$$t_2 = 9\ °C$$

Mit Gl. (2.17) folgt für ein ideales Gas

$$p_2 \cdot v_2 = R \cdot T_2$$

$$v_2 = \frac{R \cdot T_2}{p_2} = \frac{4{,}125 \frac{kJ}{kgK} \cdot 282\ K}{7{,}8 \cdot 10^2 \frac{kJ}{m^3}} = 1{,}49\ m^3/kg$$

• Berechnung der Volumenänderungsarbeit

Nach Gln. (4.33) und Gl. (4.91) folgt für ein ruhendes geschlossenes System für einen isentropen Prozess $\delta q = 0$ und $\delta w_R = 0$

$$\delta w_D = du = c_v(T) \cdot dT$$

und nach Integration mit $c_v = konst$

$$w_{D,12} = c_v \cdot (T_2 - T_1) = 10{,}13 \frac{kJ}{kg\ K} \cdot (282\ K - 368\ K) = -871{,}2\ kJ/kg$$

5.2.2   Prozesse mit isothermer Zustandsänderung

Bei der isothermen Zustandsänderung ($T = konst$) wird mit $T_1 = T_2$ aus Gl. (5.5)

$$s_2 - s_1 = -R \cdot \ln\left(\frac{p_2}{p_1}\right) \tag{5.35}$$

oder aus Gl. (5.7)

$$s_2 - s_1 = R \cdot \ln\left(\frac{v_2}{v_1}\right) \tag{5.36}$$

Da $T_1 = T_2$ entsteht aus Gl. (2.27) oder mit dem Gesetz von Boyle-Mariotte Gl. (2.29)

$$\frac{p_2}{v_1} = \frac{p_1}{v_2} \tag{5.37}$$

Der isotherme Zustandsverlauf stellt im p, v-Diagramm eine Hyperbel dar.

Mit $p = R \cdot T/v$ aus Gl. (2.17) wird aus Gl. (4.18) die Berechnungsbeziehung für die

Spezifische Volumenänderungsarbeit bei T = konst

$$w_{D,12} = -\int_1^2 p \cdot dv = -R \cdot T \int_1^2 \frac{dv}{v} \tag{5.38}$$

$$w_{D,12} = -R \cdot T \cdot \ln\left(\frac{v_2}{v_1}\right) \tag{5.39}$$

Ebenfalls unter Beachtung von Gl. (5.37) gilt

$$w_{D,12} = -R \cdot T \cdot \ln\left(\frac{p_1}{p_2}\right) \tag{5.40}$$

bzw. wegen $p_1 \cdot v_1 = p_2 \cdot v_2 = p \cdot v = R \cdot T$

$$w_{D,12} = -p_1 \cdot v_1 \cdot \ln\left(\frac{p_1}{p_2}\right) \tag{5.41}$$

Mit $v = R \cdot T/p$ aus Gl. (2.17) folgt aus Gl. (4.48) die Berechnungsbeziehung für die

Spezifische technische Arbeit bei T = konst

$$w_{t,12} = \int_1^2 v \cdot dp = R \cdot T \cdot \int_1^2 \frac{dp}{p} \tag{5.42}$$

bzw.

$$w_{t,12} = R \cdot T \cdot \ln\left(\frac{p_2}{p_1}\right) = -R \cdot T \cdot \ln\left(\frac{p_1}{p_2}\right) \tag{5.43}$$

Offensichtlich ist bei der reversiblen isothermen Zustandsänderung eines idealen Gases die spezifische technische Arbeit, Gl. (5.43), genauso groß wie die spezifische Volumenänderungsarbeit, Gl. (5.40).

$$w_{t,12} = w_{D,12} \tag{5.44}$$

Abb. 5.4 zeigt die spezifische Volumenänderungsarbeit und die spezifische technische Arbeit bei einer reversiblen isothermen Zustandsänderung

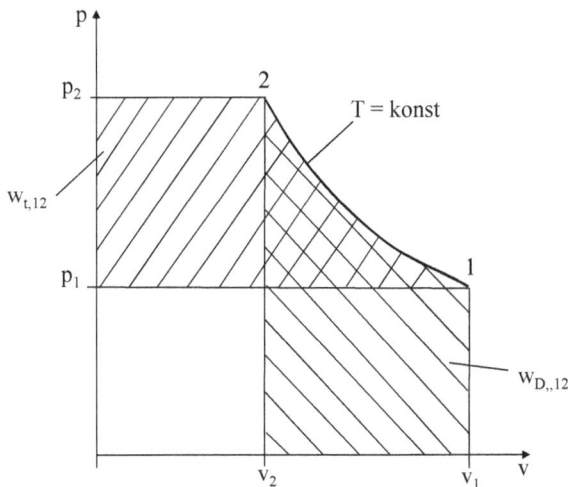

Abb. 5.4: p,v-Diagramm zur Darstellung der übertragenen spezifischen Arbeiten bei T = konst (reversibler Prozess)

Spezifische Wärme bei T = konst

Mit Gl. (4.49) bei einem reversiblen Prozess und $T_1 = T_2$ gilt wegen $h(T_1) = h(T_2)$ auch $\delta q + vdp = dh = 0$ und somit

$$\delta q = -vdp \tag{5.45}$$

und nach Integration

$$q_{12} = -w_{t,12} \tag{5.46}$$

bzw. mit der Gleichheit von technischer Arbeit und Volumenänderungsarbeit im isothermen Fall nach Gl. (5.44)

$$\delta q = pdv \tag{5.47}$$

$$q_{12} = w_{D,12} \tag{5.48}$$

Die bei einer isothermen Zustandsänderung zugeführte (spezifische) Wärme entspricht ihrer Größe nach einer reversibel zugeführten (spezifischen) Volumenänderungsarbeit oder einer reversibel abgeführten (spezifischen) technischen Arbeit.

Durch $T_1 = T_2$ kann die spezifische Wärme

$$\int_1^2 \delta q = q_{12} = T \cdot (s_2 - s_1) \tag{5.49}$$

wie folgt dargestellt werden, siehe Abb. 5.5.

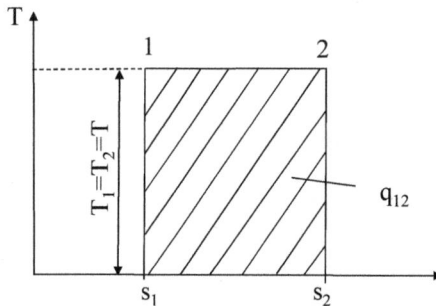

Abb. 5.5:   T,s-Diagramm zur Darstellung der übertragenen spezifischen Wärme bei T = konst (reversibler
             Prozess)

Beispiel 5.2

Ein Gas mit der speziellen Gaskonstante $R = 0,26 \, kJ/(kg \, K)$ befinden sich in einem
Zylinder mit einem Anfangsvolumen von $V_1 = 0,07 \, m^3$ und einem Anfangsdruck von
$p_1 = 3 \, bar$ und $t_1 = 25 \, °C$ wird reversibel und adiabat in einem geschlossenen Zylinder
entspannt.

- Es ist der Druck zu berechnen, wenn das Volumen auf $V_2 = 0,07 \, Liter$ bei
  $t_1 = t_2 = 25 \, °C$ verringert wird.
- Es ist die eingeschlossene Gasmasse zu berechnen.
- Es ist die Volumenänderungsarbeit und die abgegebene Wärme zu berechnen.

Gegeben:

$p_1 = 3 \, bar$

$t_1 = t_2 = 25 \, °C \quad T_1 = T_2 = 298,15 \, K$

$R = 0,26 \, kJ/(kg \, K)$

$V_1 = 0,07\ m^3$

$V_2 = 0,01\ m^3$

Gesucht:

p_2

m

$w_{D,12}$

Lösungsweg:

1. System: geschlossen

Umgebung

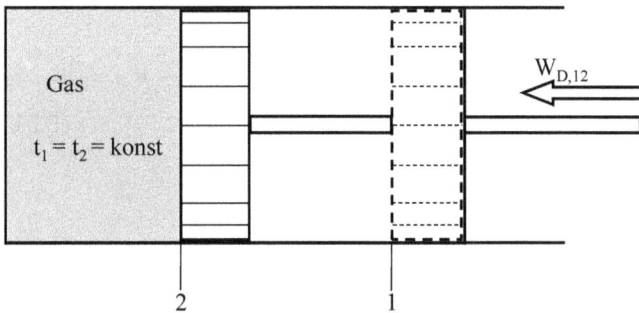

Abb. 5.6:   System für Beispiel 5.1

2. Ruhendes Bezugssystem BZS

3. Modellbildung
- Berechnung des Druckes p_2

  Mit Gln. (2.17) folgt für den isothermen Fall für ein ideales Gas

$$p_2 = \frac{p_1 \cdot V_1}{V_2} = \frac{3\ bar \cdot 0,07\ m^3}{0,01\ m^3} = 21\ bar$$

- Berechnung der Masse

  Aus Gl. (2.21) folgt

$$m = \frac{p_1 \cdot V_1}{R \cdot T_1} = \frac{3 \cdot 10^2\ \frac{kJ}{m^3} \cdot 0,07\ m^3}{0,26\ kJ/(kg\ K) \cdot 298,15\ K} = 0,271\ kg$$

- Berechnung der spezifische Volumenänderungsarbeit

  Mit Gl. (5.40) folgt

$$w_{D,12} = -R \cdot T \cdot \ln\left(\frac{p_1}{p_2}\right) = -0,26\ kJ/(kg\ K) \cdot 298,15\ K \ln\left(\frac{3\ bar}{21\ bar}\right) = 150,6\ kJ/kg$$

sowie

$$W_{D,12} = m \cdot w_{D,12} = 0{,}271 \; kg \cdot 150{,}6 \; kJ/kg = 40{,}8 \; kJ$$

Aus Gl. (5.48) folgt, dass die Wärme die gleiche Größe hat wie die Volumenänderungsarbeit

$$q_{12} = w_{D,12} \quad Q_{12} = W_{D,12} = 40{,}8 \; kJ$$

5.2.3   Prozesse mit isochorer Zustandsänderung

Für die isochore Zustandsänderung idealer Gase ($dv = 0$) folgt nach dem ersten Hauptsatz Gl. (4.33) für einen vorausgesetzten reversiblen Prozess

$$\delta q + \delta w_D = du \tag{5.50}$$

Spezifische Volumenänderungsarbeit bei v = konst

Die Volumenänderungsarbeit $-pdv$ verschwindet bei $v = konst$ mit $dv = 0$

$$\delta w_D = -pdv = 0 \tag{5.51}$$

Spezifische Wärme bei v = konst

$$\delta q = du \tag{5.52}$$

Bei der reversiblen isochoren Zustandsänderung idealer Gase bedingt eine (spezifische) Wärmezufuhr an das System eine Änderung der (spezifischen) inneren Energie des Systems.

Dieser Satz gilt sowohl für spezifische als auch absolute Größen.

Nach Gl. (4.91) gilt für die reversible isochore Erwärmung von idealen Gasen

$$\delta q = du = c_v(T) \cdot dT \tag{5.53}$$

Nach Integration folgt daraus

$$q_{12} = u_2 - u_1 = c_{vm} \Big|_{T_1}^{T_2} \cdot (T_2 - T_1) \tag{5.54}$$

Die gleiche Aussage des oben genannten Satzes wird erhalten, wenn der erste Hauptsatz in der Schreibweise Gl. (4.49) für ein offenes System angewendet wird

$$\delta q + \delta w_t = \delta q + vdp = dh \tag{5.55}$$

Nach Integration mit folgt

$$q_{12} + v \cdot (p_2 - p_1) = h_2 - h_1 = c_{pm} \Big|_{T_1}^{T_2} \cdot (T_2 - T_1) \tag{5.56}$$

Mit $v_1 = v_1 = v$ wird nach Gl. (2.17) $v \, (p_2 - p_1) = v_2 \, p_2 - v_1 \, p_1 = R \cdot (T_2 - T_1)$.

Somit gilt

$$q_{12} = \left(c_{pm}\Big|_{T_1}^{T_2} - R \right) \cdot (T_2 - T_1) \tag{5.57}$$

$$q_{12} = c_{vm}\Big|_{T_1}^{T_2} \cdot (T_2 - T_1) \tag{5.58}$$

Für die spezifische Wärme q_{12} wird demzufolge die gleiche Berechnungsbeziehung wie Gl. (5.54) erhalten.

Mit $v = konst$ folgt aus Gl. (5.7)

$$s_2 - s_1 = c_{vm}\Big|_{T_1}^{T_2} \cdot \ln\left(\frac{T_2}{T_1}\right) \tag{5.59}$$

Die Zustandskurve $v = konst$ ist im T, s-Koordinatensystem offensichtlich als Exponentialfunktion $T = T(s)$ darstellbar wie Abb. 5.4 zeigt. Die beim reversiblen isochoren Prozess übertragene spezifische Wärme $q_{12} = u_2 - u_1$ ist als Fläche unter dieser Funktionskurve in diesem T, s-Diagramm darstellbar.

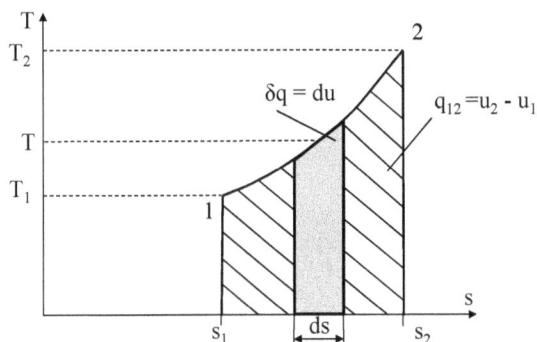

Abb. 5.7:   T,s-Diagramm zur Darstellung der spezifischen Wärme bei v = konst (reversibler Prozess)

Spezifische technische Arbeit bei v = konst

Nach Gl. (4.48) gilt für die differenzielle technische Arbeit

$$w_{t,12} = \int_1^2 v \cdot dp = -\int_1^2 p \cdot dv + p_2 \cdot v_2 - p_1 \cdot v_1 \tag{5.60}$$

und nach Integration mit $dv = 0$ und $v_1 = v_2 = v$

$$w_{t,12} = v \cdot (p_2 - p_1) \tag{5.61}$$

Beispiel 5.3

Einer Gasmenge $m = 0,5\ kg$ mit der speziellen Gaskonstante $R = 4,125\ kJ/(kg\ K)$ und der spezifischen Wärmekapazität $c_v = 10,3\frac{kJ}{kg\ K} = konst$ wird bei einem Anfangsdruck von $p_1 = 2\ bar$ und einer Anfangstemperatur von $t_1 = 50\ °C$ reversibel und isochor eine Wärme von $Q_{12} = 1\ kWh$ zugeführt.

- Es ist die Änderung der spezifischen inneren Energie $\Delta u = u_2 - u_1$ zu bestimmen.
- Es soll die Endtemperatur t_2 berechnet werden.

Gegeben:

$m = 0{,}5\ kg$

$p_1 = 2\ bar$

$t_1 = 50\ °C \quad T_1 = T_2 = 323{,}15\ K$

$R = 4{,}125\ kJ/(kg\ K)$

$c_v = 10{,}3\,\dfrac{kJ}{kg\ K} = konst$

Gesucht:

$\Delta u = u_2 - u_1$

t_2

Lösungsweg:

1. System: geschlossen

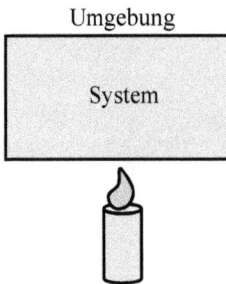

Abb. 5.8:   System für Beispiel 5.3

2. Ruhendes Bezugssystem BZS

3. Modellbildung
- Berechnung der spezifischen inneren Energie Δu

    Mit Gl. (4.39) $q_{12} = u_2 - u_1$ folgt für die reversible, isochore Zustandsänderung eines idealen Gases

    $$\Delta U = Q_{12} = 1\ kWh$$

    $$\Delta u = \frac{Q_{12}}{m} = \frac{1\ kWh}{0{,}5\ kg} = 7200\,\frac{kJ}{kg}$$

• Berechnung der Endtemperatur t_2

   Aus Gl. (5.53) folgt mit c_v = konst und Integration

$$\Delta u = c_v \cdot \Delta T = c_v \cdot (T_2 - T_1)$$

und damit

$$\Delta T = \frac{\Delta u}{c_v} = \frac{7200\,\frac{kJ}{kg}}{10{,}3\,\frac{kJ}{kg\,K}} = 700\,K$$

$$T_2 = T_1 + \Delta T = 323{,}15\,K + 700\,K = 1023\,K$$

$$t_2 = 750\,°C$$

5.2.4   Prozesse mit isobarer Zustandsänderung

Für die isobare Zustandsänderung ($dp = 0$) idealer Gase folgt nach dem ersten Hauptsatz Gl. (4.49) für einen vorausgesetzten reversiblen Prozess

$$\delta q + \delta w_t = \delta q + vdp = dh \tag{5.62}$$

Spezifische technische Arbeit bei p = konst

Aus Gl. (4.48) wird mit

$$w_{t,12} = \int_1^2 vdp \tag{5.63}$$

$$w_{t,12} = 0 \tag{5.64}$$

Spezifische Volumenänderungsarbeit bei p = konst

Aus Gl. (4.18) wird mit

$$w_{D,12} = -\int_1^2 pdv \tag{5.65}$$

$$w_{D,12} = -p \cdot (v_2 - v_1) \tag{5.66}$$

bzw.

$$w_{D,12} = -R \cdot (T_2 - T_1) \tag{5.67}$$

Spezifische Wärme bei p = konst

Wegen $dp = 0$ wird aus Gl. (4.49)

$$\delta q = dh \tag{5.68}$$

bzw. in integrierter Form mit Gl. (4.50)

$$q_{12} = h_2 - h_1 \tag{5.69}$$

oder mit Gl. (4.95)

$$q_{12} = c_{pm} \Big|_{T_1}^{T_2} \cdot (T_2 - T_1) \tag{5.70}$$

Bei der reversiblen isobaren Zustandsänderung idealer Gase bedingt eine (spezifische) Wärmezufuhr an das System eine Änderung der (spezifischen) Enthalpie des Systems.

Die gleiche Aussage des oben genannten Satzes wird erhalten, wenn der erste Hauptsatz in der Schreibweise Gl. (4.33) angewendet wird

$$\delta q + \delta w_{D,12} = \delta q - p dv = du \tag{5.71}$$

In integrierter Form folgt

$$q_{12} = u_2 - u_1 + p(v_2 - v_1) \tag{5.72}$$

$$q_{12} = c_{vm} \Big|_{T_1}^{T_2} \cdot (T_2 - T_1) + p(v_2 - v_1) \tag{5.73}$$

bzw. wegen Gl. (2.17) $p_1 \cdot v_1 = R \cdot T_1$ und $p_2 \cdot v_2 = R \cdot T_2$ folgt mit $p = konst$

$$p(v_2 - v_1) = R \cdot (T_2 - T_1) \tag{5.74}$$

und damit

$$q_{12} = \left(c_{vm} \Big|_{T_1}^{T_2} + R \right) \cdot (T_2 - T_1) \tag{5.75}$$

$$q_{12} = c_{pm} \Big|_{T_1}^{T_2} \cdot (T_2 - T_1) \tag{5.76}$$

Die Berechnungsgeleichung für die spezifische Wärme Gl. (5.76) ist identisch mit Gl. (5.70). Es ist also egal, welcher der beiden Hauptsätze, in Schreibweise Gl. (4.33) oder in Schreibweise (4.49), angewendet wird.

Aus Gl. (5.8) folgt für $p = konst$

$$s_2 - s_1 = c_p \cdot \ln\left(\frac{T_2}{T_1}\right) \tag{5.77}$$

Die Zustandskurve $p = konst$ ist im T, s-Koordinatensystem offensichtlich ebenfalls wie die Isochore als Exponentialfunktion $T = T(s)$ darstellbar wie Abb. 5.9 zeigt. Die beim reversiblen isobaren Prozess übertragene spezifische Wärme $q_{12} = h_2 - h_1$ ist als Fläche unter dieser Funktionskurve in diesem T, s-Diagramm darstellbar.

Zum Vergleich wurde eine Isochore mit eingezeichnet. Die Exponentialkurve $p = konst$ verläuft wegen $c_p(T) > c_v(T)$ bei der selben Temperatur T flacher als die Exponentialkurve $v = konst$.

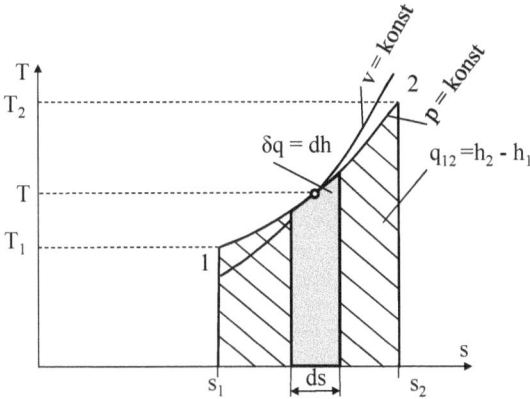

Abb. 5.9:   T,s-Diagramm zur Darstellung der spezifischen Wärme bei p = konst (reversibler Prozess)

Beispiel 5.4

Eine Luftmenge $m = 1 \, kg$ mit der speziellen Gaskonstante $R = 0,287 \, kJ/(kg \, K)$ und $c_p = 1,004 \, kJ/(kg \, K)$ leistet bei konstantem Druck und einer Anfangstemperatur von $t_1 = 100 \, °C$ durch Wärmezufuhr eine Volumenänderungsarbeit $w_{D,12} = -28,7 \, kJ/kg$ bei einem reversiblen, isobaren Prozess.

•   Es ist der Temperaturanstieg auf t_2 zu bestimmen.
•   Es soll die Wärmezufuhr Q_{12} berechnet werden.

Gegeben:

$m = 1 \, kg$

$t_1 = 100 \, °C \quad T_1 = 373,15 \, K$

$R = 0,287 \, kJ/(kg \, K)$

$c_p = 1,004 \dfrac{kJ}{kg \, K}$

$w_{D,12} = -28,7 \, kJ/kg$

Gesucht:

t_2

Q_{12}

Lösungsweg:

1.   System: geschlossen

Umgebung

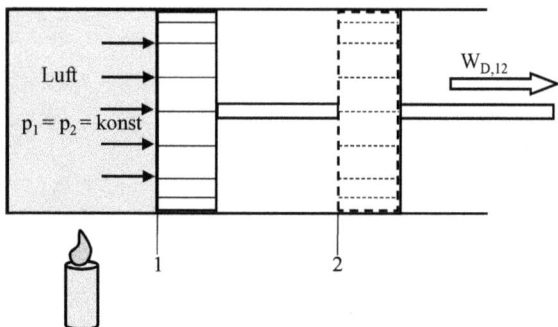

Abb. 5.10:   System für Beispiel 5.4

2.   Ruhendes Bezugssystem BZS

3.   Modellbildung
*   Berechnung der Endtemperatur t_2

Mit Gl. (5.67) $w_{D,12} = -R \cdot (T_2 - T_1)$ folgt für die reversible, isobare Zustandsänderung eines idealen Gases

$$\Delta T = \frac{-w_{D,12}}{R} = -\frac{-(-28{,}7 kJ/kg)}{0{,}287\ kJ/(kg\ K)} = 100\ K$$

$$T_2 = T_1 + \Delta T = 373{,}15K + 100\ K = 473{,}15K$$

$$t_2 = 200\ ^\circ C$$

*   Berechnung der Wärme Q_{12}
Nach Gl. (5.76) für c_p = konst gilt

$$q_{12} = c_p \cdot (T_2 - T_1)$$

sowie

$$Q_{12} = m \cdot q_{12} = m \cdot c_p \cdot (T_2 - T_1)$$

$$Q_{12} = 1\ kg \cdot 1{,}004 \frac{kJ}{kg\ K} \cdot (473{,}15K - 373{,}15\ K) = 100\ kJ$$

5.2.5 Prozesse mit polytroper Zustandsänderung

Alle in den Abschnitten 5.2.2 bis 5.2.4 hergeleiteten Zustandsänderungen bewegen sich zwischen folgenden zwei Grenzfällen

1. $p \cdot v^{\kappa} = konst$ isentrope Zustandsänderung $s = konst$
2. $p \cdot v^1 = konst$ isotherme Zustandsänderung $T = konst$

In der Realität wird der Zustandsverlauf irgendwo zwischen diesen beiden Grenzfällen liegen und wird als polytrope Zustandsänderung

$$p \cdot v^n = konst \qquad (5.78)$$

mit dem so genannten *Polytropenexponenten* n bezeichnet.

Die bisherigen Sonderfälle sind also auch über die Gl. (5.78) darstellbar, wenn der Polytropenexponent entsprechende Werte annimmt:

$$p \cdot v^{n=0} = konst \qquad \text{isobare Zustandsänderung} \qquad (5.79)$$

$$p \cdot v^{n=1} = konst \qquad \text{isotherme Zustandsänderung} \qquad (5.80)$$

$$p \cdot v^{n=\kappa} = konst \qquad \text{isentrope Zustandsänderung} \qquad (5.81)$$

$$p \cdot v^{n=\pm\infty} = konst \qquad \text{isochore Zustandsänderung} \qquad (5.82)$$

Nach Gl. (5.81) ist der Aufbau der Zustandsgleichung der polytropen Zustandsänderung identisch mit der isentropen Zustandsänderung, wenn $n = \kappa$ gesetzt wird:

Aus den Gln. (5.19) und (5.20) folgen somit die Berechnungsgleichungen für polytrope Zustandsänderungen

$$\frac{T_2}{T_1} = \left(\frac{p_2}{p_1}\right)^{\frac{n-1}{n}} = \left(\frac{v_1}{v_2}\right)^{n-1} \qquad (5.83)$$

Spezifische Volumenänderungsarbeit bei polytroper Zustandsänderung

Die spezifische Volumenänderungsarbeit w_{D12} beträgt nach den Gln. (5.25) bis Gl. (5.28) mit $n = \kappa$

$$w_{D,12} = \frac{R \cdot T_1}{n-1} \cdot \left(\frac{T_2}{T_1} - 1\right) = \frac{p_1 \cdot v_1}{n-1} \cdot \left(\left(\frac{p_2}{p_1}\right)^{\frac{n-1}{n}} - 1\right) \qquad (5.84)$$

Spezifische technische Arbeit bei polytroper Zustandsänderung

Die spezifische technische Arbeit w_{t12} beträgt nach Gl. (5.33) und Gl. (5.34) mit $n = \kappa$

$$w_{t,12} = \frac{n}{n-1} R \cdot T_1 \cdot \left(\left(\frac{p_2}{p_1}\right)^{\frac{n-1}{n}} - 1\right) = n \cdot w_{D12} \qquad (5.85)$$

Spezifische Wärme bei polytroper Zustandsänderung

Nach dem ersten Hauptsatz gilt für reibungsfreie ruhende Systeme nach Gln. (4.33) und (4.49)

$$\delta q + \delta w_D = du \tag{5.86}$$

bzw.

$$\delta q + \delta w_t = dh \tag{5.87}$$

Nach Integration werden daraus folgende Berechnungsgleichungen für die übertragene spezifische Wärme bei einem polytropen Prozess

$$q_{12} = u_2 - u_1 - w_{D,12} \tag{5.88}$$

bzw.

$$q_{12} = h_2 - h_1 - w_{t,12} \tag{5.89}$$

Für den Fall, dass mit konstanten spezifischen Wärmekapazitäten c_p und c_v gerechnet werden kann (im Temperaturbereich $-50\,°C$ bis $100\,°C$ und im Druckbereich $p <$ $20\,bar$), folgt aus Gl. (5.88) mit Gln. (5.83) und (5.84)

$$q_{12} = c_v\,(T_2 - T_1) - \frac{R \cdot T_1}{n-1} \cdot \left(\frac{T_2}{T_1} - 1\right) = c_v\,(T_2 - T_1) - \frac{R}{n-1} \cdot (T_2 - T_1) \tag{5.90}$$

Nach Gl. (5.16) gilt $R = c_v \cdot (\kappa - 1)$ und somit

$$q_{12} = c_v - \frac{c_v \cdot (\kappa - 1)}{n-1} \cdot (T_2 - T_1) \tag{5.91}$$

sowie

$$q_{12} = c_v \cdot \frac{n-\kappa}{n-1} \cdot (T_2 - T_1) \tag{5.92}$$

Mit folgender Substitution durch die so genannte *spezifische Wärmekapazität der polytropen Zustandsänderung*

$$c_n = c_v \cdot \frac{n-\kappa}{n-1} \tag{5.93}$$

lässt sich die spezifische Wärme bei der polytropen Zustandsänderung einfacher wie folgt schreiben

$$q_{12} = c_n \cdot (T_2 - T_1) \tag{5.94}$$

Spezifische Entropie bei einer polytropen Zustandsänderung

Mit Gl. (5.1) gilt $\delta q = T\,ds$ und nach Integration unter Annahme $c_n = konst$ gilt

$$s_2 - s_1 = c_n \, \ln\left(\frac{T_2}{T_1}\right) \tag{5.95}$$

bzw. mit Gl. (5.83)

$$s_2 - s_1 = c_n \ln\left(\frac{p_2}{p_1}\right)^{\frac{n-1}{n}} = c_n \ln\left(\frac{v_1}{v_2}\right)^{n-1} \tag{5.96}$$

Beispiel 5.5

Mit einem Kolbenverdichter wird polytrop ($n = 1{,}2$) bei $t_1 = 22\,°C$ Luft von $p_1 = 1\,bar$ auf $p_2 = 10\,bar$ verdichtet.

- Es sind das spezifische Volumen vor und nach der Verdichtung und die Temperatur nach der Verdichtung zu berechnen.
- Es ist die Polytrope des Verdichtungsprozesses im p, v-Diagramm zu zeichnen.
- Die spezifische technische Arbeit ist zu bestimmen.
- Die abgeführte spezifische Wärme ist zu ermitteln.

Gegeben:

$p_1 = 1\,bar$

$p_2 = 10\,bar$

$t_1 = 22\,°C$

$n = 1{,}2$

Gesucht:

t_2, v_1, v_2

Polytrope im p, v-Diagramm

$w_{t,12}$

q_{12}

Lösungsweg:

1. System: offen

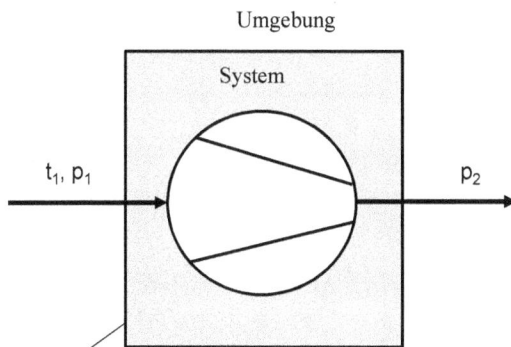

Systemgrenze (Bilanzhülle)

Abb. 5.11:   System für Beispiel 5.5

- Berechnung der Zustandsgrößen t_2, v_1, v_2

  Mit Gl. (5.83) folgt für eine reversible, polytrope Strömung

$$\frac{T_2}{T_1} = \left(\frac{p_2}{p_1}\right)^{\frac{n-1}{n}}$$

und mit $n = 1{,}2$

$$T_2 = T_1 \left(\frac{p_2}{p_1}\right)^{\frac{1{,}2-1}{1{,}2}} = 295{,}15\ K \left(\frac{10\ bar}{1\ bar}\right)^{\frac{1{,}2-1}{1{,}2}} = 433{,}22\ K$$

$$t_2 = 160\ °C$$

Mit $p_1 \cdot v_1 = R \cdot T_1$ nach Gl. (2.17) folgt

$$v_1 = \frac{R \cdot T_1}{p_1} = \frac{287{,}1\ \frac{Nm}{kgK} \cdot 295{,}15\ K}{1 \cdot 10^5\ \frac{N}{m^2}} = 0{,}847\ m^3/kg$$

Mit $p_2 \cdot v_2 = R \cdot T_2$ nach Gl. (2.17) folgt

$$v_2 = \frac{R \cdot T_2}{p_2} = \frac{287{,}1\ \frac{Nm}{kgK} \cdot 433{,}22\ K}{1 \cdot 10^5\ \frac{N}{m^2}} = 0{,}124\ m^3/kg$$

- Berechnung der Polytropen

  Die Polytrope des Verdichtungsprozesses kann schrittweise für $p_i = f(v_i)$ mit Gl. (5.83)

$$\left(\frac{p_i}{p_1}\right)^{\frac{n-1}{n}} = \left(\frac{v_1}{v_i}\right)^{n-1}$$

für jeden Wert v_i für $i = 1, 2, 3 \dots k$ von den gegebenen Anfangswerten $p_1 = 1\ bar$ und $v_{i=1} = 0{,}847\ m^3/kg$ ausgehend bis zum Endwert $v_{i=2} = 0{,}124\ m^3/kg$ aus der Beziehung

$$p_i = p_1 \left(\frac{v_1}{v_i}\right)^n$$

berechnet werden.

Hier das Listing eines kleinen Programms in MATLAB-Programmiercode zur Berechnung und zur grafischen Darstellung der Polytropen $p_i = p_1(v_1/v_i)^n$

```
%Berechnung einer Polytropen mit MATLAB
v=0.885:-0.01:0.110;   % Werte des spezifischen Volumens
p=0.5*(0.885./v).^1.2; % Werte des absoluten Druckes
```

```
plot(v,p,'k','lineWidth',2)    % Plotten der Polytropen
xlabel('spezifisches Volumen v in m³/kg','fontsize',14)
% x-Achsenbeschriftung
ylabel('absoluter Druck p in bar','fontsize',14)
% y-Achsenbeschriftung
text(.4,2.5,'Polytrope','fontsize',14)        % Legendentext
text(.4,2,'p_i / p_1 = (v_1 / v_i)^n','fontsize',14)
```

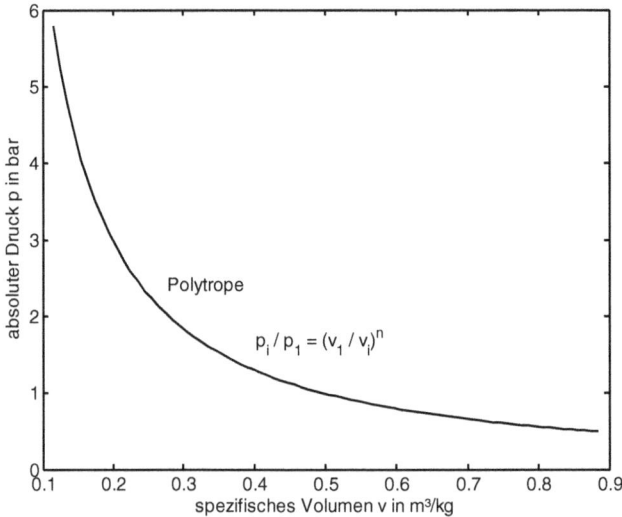

Abb. 5.12:   Polytrope für Beispiel 5.5

- Berechnung der technischen Arbeit

  Mit Gl. (5.85) lässt sich die technische Arbeit berechnen

$$w_{t12} = \frac{n}{n-1} \, R \cdot T_1 \cdot \left(\left(\frac{p_2}{p_1}\right)^{\frac{n-1}{n}} - 1\right) = \frac{n}{n-1} \cdot R \cdot T_1 \left(\frac{T_2}{T_1} - 1\right)$$

$$w_{t12} = \frac{1,2}{1,2-1} \cdot 287,1 \frac{Nm}{kgK} \cdot 295,15\,K \cdot \left(\frac{433,22\,K}{295,15\,K} - 1\right) = 238 \cdot 10^3 \frac{Nm}{kg}$$

- Berechnung der spezifischen Wärme

  Es gilt mit $c_v = 0,718\,kJ/(kg\,K)$ und $R = 0,2871 kJ/(kg\,K)$ nach Gl. (4.85)

$$c_p = R + c_v = 0,2871 \frac{kJ}{kgK} + 0,718 \frac{kJ}{kgK} = 1,0051 \frac{kJ}{kgK}$$

und mit Gl. (5.15)

$$\kappa = \frac{c_p}{c_v} = \frac{1,0051 \frac{kJ}{kgK}}{0,718 \frac{kJ}{kgK}} = 1,4$$

Es gilt mit Gl. (5.92)

$$q_{12} = c_v \cdot \frac{n - \kappa}{n - 1} \cdot (T_2 - T_1) = 0{,}718 \frac{kJ}{kgK} \cdot \frac{1{,}2 - 1{,}4}{1{,}2 - 1} \cdot (433{,}22\,K - 295{,}15\,K)$$

$$q_{12} = 99{,}1 \frac{kJ}{kg}$$

5.3 Übersicht einfacher Zustandsänderungen idealer Gase

Im Folgenden werden die Berechnungsgleichungen für die bisher behandelten Prozesse mit einfachen Zustandsänderungen, bei denen eine Zustandsgröße konstant bleibt (isentrope, isotherme, isochore, isobare und polytrope Zustandsänderung) übersichtlich zusammengestellt. Als weitere Vereinfachung gilt die Annahme konstanter spezifischer Wärmekapazitäten c_p und c_v. Falls die Temperaturabhängigkeit in praktischen Aufgaben berücksichtigt werden muss, ist in den entsprechenden Gleichungen anstelle $c_p = konst$ und $c_v = konst$ jeweils die temperaturabhängige mittlere spezifische Wärmekapazität $c_{pm}\big|_{T_1}^{T_2}$ und $c_{vm}\big|_{T_1}^{T_2}$ zu setzen.

Tab. 5.1:   Übersicht einfacher Zustandsänderungen idealer Gase

Zustands-änderung	Isentrope $s = konst$	Isotherme $t = konst$	Isochore $v = konst$
Zustands-gleichung	$p_1 \cdot v_1^\kappa = p_2 \cdot v_2^\kappa$	$p_1 \cdot v_1 = p_2 \cdot v_2$	$\dfrac{p_1}{T_1} = \dfrac{p_2}{T_2}$
$s_2 - s_1$	0	$= R\,\ln\left(\dfrac{v_2}{v_1}\right)$ $= -R\,\ln\left(\dfrac{p_2}{p_1}\right)$	$= c_v\,\ln\left(\dfrac{T_2}{T_1}\right)$ $= c_v\,\ln\left(\dfrac{p_2}{p_1}\right)$
q_{12}	0	$= -w_{D,12}$	$= c_v \cdot (T_2 - T_1)$
$w_{D,12}$	$= c_v \cdot (T_2 - T_1)$ $= \dfrac{R\,T_1}{\kappa - 1} \cdot \left(\dfrac{T_2}{T_1} - 1\right)$ $= \dfrac{R\,T_1}{\kappa - 1} \cdot \left(\left(\dfrac{p_2}{p_1}\right)^{\frac{\kappa-1}{\kappa}} - 1\right)$ $= \dfrac{R\,T_1}{\kappa - 1} \cdot \left(\left(\dfrac{v_1}{v_2}\right)^{\kappa-1} - 1\right)$	$= -RT \cdot \ln\left(\dfrac{v_2}{v_1}\right)$ $= -RT \cdot \ln\left(\dfrac{p_1}{p_2}\right)$ $= -p_1 v_1 \cdot \ln\left(\dfrac{p_1}{p_2}\right)$ $= -p_2 v_2 \cdot \ln\left(\dfrac{p_1}{p_2}\right)$	$= -\displaystyle\int_1^2 p\,dv = 0$
$w_{t,12}$	$= c_p \cdot (T_2 - T_1)$ $= \kappa \cdot \dfrac{R \cdot T_1}{\kappa - 1} \cdot \left(\dfrac{T_2}{T_1} - 1\right)$ $= \kappa \cdot \dfrac{R\,T_1}{\kappa - 1} \cdot \left(\left(\dfrac{p_2}{p_1}\right)^{\frac{\kappa-1}{\kappa}} - 1\right)$ $= \kappa \cdot \dfrac{R\,T_1}{\kappa - 1} \cdot \left(\left(\dfrac{v_1}{v_2}\right)^{\kappa-1} - 1\right)$ $= \kappa \cdot w_{D,12}$	$= w_{D,12}$ $= -q_{12}$	$= \displaystyle\int_1^2 v\,dp = v \cdot (p_2 - p_1)$

Zustands – änderung	Isobar $p = konst$	Polytrop
Zustands – gleichung	$\dfrac{v_1}{T_1} = \dfrac{v_2}{T_2}$	$p_1 \cdot v_1^n = p_2 \cdot v_2^n$
$s_2 - s_1$	$= c_p \ln\left(\dfrac{v_2}{v_1}\right)$ $= c_p \ln\left(\dfrac{T_2}{T_1}\right)$	$= c_n \cdot \ln\left(\dfrac{T_2}{T_1}\right)$ $mit\ c_n = c_v \cdot \dfrac{n - \kappa}{n - 1}$
q_{12}	$= c_v(T_2 - T_1) + R(T_2 - T_1)$ $= c_p(T_2 - T_1)$	$= c_n \cdot (T_2 - T_1)$ $mit\ c_n = c_v \cdot \dfrac{n - \kappa}{n - 1}$
$w_{D,12}$	$-p\,(v_2 - v_1)$ $= -R\,(T_2 - T_1)$	$= \dfrac{R}{n - 1}\,(T_2 - T_1)$ $= c_v \cdot \dfrac{\kappa - 1}{n - 1}\,(T_2 - T_1)$ $= \dfrac{p_1\,v_1}{n - 1} \cdot \left(\left(\dfrac{v_1}{v_2}\right)^{n-1} - 1\right)$
$w_{t,12}$	$= \displaystyle\int_1^2 v\,dp = 0$	$= \dfrac{n \cdot R}{n - 1}\,(T_2 - T_1)$ $= \dfrac{n}{n - 1}\ R \cdot T_1 \cdot \left(\left(\dfrac{p_2}{p_1}\right)^{\frac{n-1}{n}} - 1\right)$ $= \dfrac{n}{n - 1}\ p_1 \cdot v_1 \cdot \left(\left(\dfrac{p_2}{p_1}\right)^{\frac{n-1}{n}} - 1\right)$ $= n \cdot w_{D,12}$

6   Zweiter Hauptsatz der Thermodynamik

Ebenso wie der erste Hauptsatz ist auch der zweite Hauptsatz der Thermodynamik ein Erfahrungssatz, der stets durch Experimente bestätigt werden kann.

Der erste Hauptsatz drückt das Prinzip der Energieerhaltung aus und verknüpft in seiner Darstellung die einem thermodynamischen System zugeführten Prozessgrößen Arbeit und Wärme mit den dadurch bedingten veränderten Zustandsgrößen des Systems.

Die Erfahrung zeigt darüber hinaus, dass bestimmte irreversible Prozesse nur in einer Richtung ablaufen können. Jedoch macht darüber der erste Hauptsatz keine Aussage, denn er verlangt lediglich die Einhaltung des ersten Hauptsatzes, dass weder Energie erzeugt noch vernichtet werden kann.

Zur eindeutigen Kennzeichnung natürlicher Prozesse reicht der erste Hauptsatz nicht aus.

Eine Ergänzung des ersten Hauptsatzes gibt es dahingehend, dass mit dem zweiten Hauptsatz die Richtung des ablaufenden Prozesses formuliert wird.

In den folgenden Abschnitten werden die charakteristischen Eigenschaften natürlicher Prozesse in Bezug auf Ablauf und Energieumsatz erläutert, die bereits in Abschn. 4.2.5 erwähnte und in Abschn. 4.2.10 definierte kalorische Zustandsgröße Entropie für die quantitative Formulierung der Zusammenhänge begründet und folgende Prozesse

- *Realprozess* (möglicher irreversibler Prozess)
- *Idealprozess* (reversibler Prozess) und
- *unmöglicher Prozess*

miteinander verglichen.

Alle in der Natur auftretenden Prozesse sind durch unzählige kausale Zusammenhänge miteinander verflochten.

Um die Untersuchung eines bestimmten Vorganges überhaupt zu ermöglichen, ist es notwendig, von den unzähligen kausal zusammenhängenden Vorgängen nur die wesentlichen und charakteristischen zu betrachten.

Die wesentlichen miteinander zusammenhängenden Vorgänge bilden einen Prozess.

Der zweite Hauptsatz stellt eine grundlegende Aussage über natürliche Prozesse, d.h. in der Natur vorkommende, makroskopische, mit endlicher Geschwindigkeit verlaufende Prozesse dar. Es soll sich dabei jedoch nicht um gedankliche Abstraktionen wie die eines reversiblen oder unendlich langsam verlaufenden Prozess handeln.

Der zweite Hauptsatz lautet:

Alle natürlichen Prozesse sind irreversibel.

Irreversibel oder *nicht umkehrbar* ist ein Prozess, bei dem es unmöglich ist, ihn wieder in umgekehrter Richtung ablaufen zu lassen, bis keinerlei Änderungen im System und in der Umgebung zurückbleiben.

Reversibel oder *umkehrbar* ist ein Prozess, bei dem es möglich ist, ihn wieder in umgekehrter Richtung ablaufen zu lassen, bis keinerlei Änderungen im System und in der Umgebung zurückbleiben.

Mit dem zweiten Hauptsatz scheint der Begriff eines reversiblen Prozesses überflüssig zu sein. Es wird jedoch gezeigt, dass theoretisch denkbare Grenzfälle existieren, in denen die Irreversibilität eines Prozesses beliebig klein wird.

Reversible Prozesse sind theoretisch denkbare Grenzfälle der natürlichen irreversiblen Prozesse.

Der zweite Hauptsatz steht in engem Zusammenhang mit dem ersten Hauptsatz, nach dem in der Thermodynamik nur Systeme betrachtet werden, die, wenn sie abgeschlossen sind, einen Gleichgewichtszustand zustreben.

Ein Prozess in einem solchen abgeschlossenen System verläuft stets in einer Richtung, nämlich hin zum Gleichgewicht. Unter Richtung wird hier nicht eine geometrische Richtung verstanden, sondern eine allgemeine Charakterisierung des Prozessverlaufes.

Solange das System abgeschlossen bleibt, wird der Gleichgewichtszustand nicht wieder verlassen. Der Anfangszustand kann also nicht wieder hergestellt werden, d.h. der Prozess ist irreversibel.

Im Allgemeinen erfasst ein Prozess Vorgänge im System und in der Umgebung. Es ist jedoch möglich, alle in einem endlichen Gebiet ablaufenden Prozesse auf Prozesse in abgeschlossenen Systemen zurückzuführen. Es müssen nur die Systemgrenzen so erweitert werden, dass alle Vorgänge in der ursprünglichen Umgebung mit in das neue System einbezogen werden.

Der zweite Hauptsatz kann als *Aussage über die Richtung der ablaufenden Prozesse* aufgefasst werden. Ein natürlicher Prozess verläuft eben nur von einem Anfangszustand zu einem Endzustand, der näher zum Gleichgewichtszustand hin liegt, nicht zu einem Endzustand, der weiter vom Gleichgewichtszustand entfernt ist als der Anfangszustand.

Wenn kein abgeschlossenes System betrachtet wird, ist unter Zustand der Zustand des Systems und der Umgebung zu verstehen.

Bei der Anwendung des ersten Hauptsatzes ist es gleichgültig, ob ein Prozess vom Anfangszustand 1 in den Endzustand 2 führt und dabei die Energieform X in die Energieform Y umgewandelt wird, oder ob der Prozess in umgekehrter Richtung verläuft und eine Umwandlung der Energieform Y in die Energieform X eintritt.

Welcher Prozess tatsächlich möglich ist, kann erst mit Hilfe des zweiten Hauptsatzes entschieden werden. Es wird der sein, der zu einem Gleichgewichtszustand nähergelegenen Zustand führt.

Wenn bei einem natürlichen Prozess die Energieform X in die Energieform Y umgewandelt wird, kann in Folge der Irreversibilität die Energieform Y nicht vollständig in die Energieform X zurückverwandelt werden.

Ist der Gleichgewichtszustand in einem abgeschlossenen System erreicht, sind überhaupt keine Energieumwandlungen mehr möglich. Die Energie ist zwar nicht verloren, aber sie ist auch nicht mehr verwertbar, d.h. sie ist wertlos, solange das Systemabgeschlossen bleibt.

Aus dem zweien Hauptsatz folgt somit, dass mit einem irreversiblen Prozess stets eine *Energieentwertung* verbunden ist. Entwertung ist hier nicht im ökonomischen, sondern im technischen Sinn zu verstehen.

Im Abschn. 2.8 wurden bereits wesentliche Merkmale reversibler und irreversibler Prozesse erläutert. Irreversible Prozesse wie z.B. *Ausgleichsprozesse* (Druck-, Temperatur- und Konzentrationsausgleich) sind von selbst nicht umkehrbar. Wärme kann beispielsweise nie von selbst von einem Körper niederer Temperatur auf einen Körper höherer Temperatur übergehen.

Bei der Einführung der Reibungsarbeit wurde festgestellt, dass selbige nicht abgeführt wird, sondern bei einem Prozess eine zugeführte Arbeit (positives Vorzeichen) darstellt. Zugeführte Reibungsarbeit tritt z.B. bei Rührprozessen oder bei reibungsbehafteten Strömungen auf. Diese Reibungsarbeit kann nur in das System hinein transportiert werden. Diesen nicht umkehrbaren Umwandlungsprozess einer Energieform bezeichnet man als *Dissipationsprozess*.

6.1   Typische irreversible Prozesse

6.1.1   Reibungsbehaftete Prozesse (Dissipationsprozesse)

Der Einfluss der Reibung auf einen Prozess (häufig auch als *Dissipationsprozess* bezeichnet) soll am Beispiel der adiabaten Verdichtung eines Gases, siehe Abb. 6.1, näher betrachtet werden.

Die adiabate Verdichtung eines Gases in einem System A wird durch die Einwirkung der Umgebung hervorgerufen. Der an dem Prozess beteiligte Teil der Umgebung kann in einem System B zusammengefasst werden, so dass das System AB während des Prozessablaufes abgeschlossen ist.

Vor Beginn des Prozesses befindet sich, z.B. durch eine Sperre das System in Ruhe, d.h. im Gleichgewicht. Nach Lösen der Sperre führt das gestörte mechanische Gleichgewicht zu einer Bewegung der Systemteile Gewicht, Kurvenscheibe, Zahnstange, Kolben und Gas, die periodisch sein kann. Die auftretenden Reibungserscheinungen bringen das System nach einer gewissen Zeit in Ruhe, d.h. in ein neues Gleichgewicht.

Ein einfacher Analogfall ist in der Auslenkung einer an zwei Federn befestigten Punktmasse, siehe Abb. 6.2, zu sehen. Zunächst wird die Punktmasse außerhalb ihrer Ruhelage durch eine Sperrvorrichtung festgehalten. Der Prozess beginnt nach Lösen der Sperrvorrichtung infolge eines gestörten Gleichgewichtes.

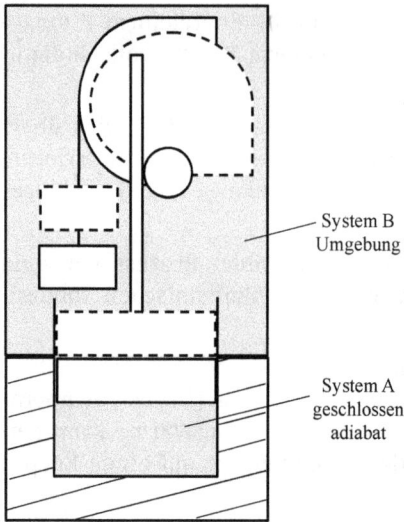

Abb. 6.1:　　Adiabate Zustandsänderung innerhalb eines abgeschlossenen Systems

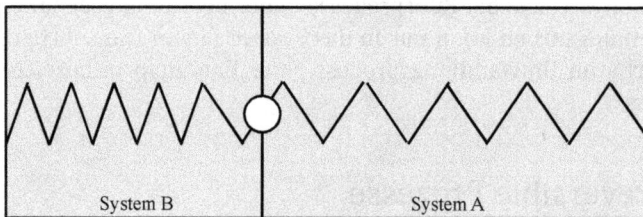

Abb. 6.2:　　Adiabate Zustandsänderung innerhalb eines abgeschlossenen Systems

Der neue Gleichgewichtszustand ist erreicht, wenn durch Reibungserscheinungen die Punktmasse wieder zur Ruhe gekommen ist. Die Zahl der betrachteten Beispiele für mechanische Bewegungen kann beliebig erweitert werden. Verallgemeinert kann gesagt werden:

Abweichungen vom mechanischen Gleichgewicht, d.h. wirkende resultierende Kräfte sind Ursachen der Bewegung.

Alle natürlichen Bewegungsvorgänge sind reibungsbehaftet.

Alle Reibungsvorgänge sind irreversibel.

In einem endlichen System können Reibungsvorgänge sowohl an der Systemgrenze als äußere Reibungsvorgänge (z.B. an der Wandung einer Strömung) als auch innerhalb des Systems als innere Reibungsvorgänge (z.B. zwischen Strömungsteilchen) auftreten. In vielen Fällen ist es zweckmäßig, einen idealisierten Prozess zu untersuchen, in dem der theoretisch denkbare Grenzfall der Reibungsfreiheit vorausgesetzt wird.

Werden die Prozesse als reibungsfrei betrachtet und wird eine endliche Störung des mechanischen Gleichgewichts angenommen, ergeben sich Schwingungsvorgänge. Der Anfangszustand wird periodisch wieder erreicht, d.h. der Prozess ist reversibel.

Es besteht auch noch die Möglichkeit, dass der reibungsfreie Prozess verschiedene Zustände durchläuft und nur differenzielle Abweichungen vom Gleichgewicht auftreten.

Es werde nunmehr ein System betrachtet, das bei verschiedenen Zuständen im Gleichgewicht ist.

In der ersten Anordnung lässt sich z.B. durch eine geeignete Form der Kurvenscheibe erreichen, dass in jeder Lage die von der Umgebung B auf das Gas ausgeübte Kraft gleich der vom ruhenden Gas auf den Kolben ausgeübte Kraft ist, d.h. dass in jeder Lage Gleichgewicht herrscht.

In der zweiten Anordnung könnten unendlich viele Federn verwendet werden, die in jeder Ortslage auf die Punktmasse die gleiche Kraft aufprägt, so dass keine resultierende Kraft vorhanden ist.

Wird nun eine differenzielle Kraft von außen aufgebracht, so entsteht eine unendlich langsame Bewegung des reibungsfreien Systems.

Der Prozess durchläuft unendlich langsam verschiedene Zustände, die sich nur differenziell vom Gleichgewicht unterscheiden. Kehrt man durch eine weitere äußere Einwirkung die Richtung der Kraft um, erreicht das System AB wieder den Ausgangszustand. Da die Änderungen in der Umgebung auch nur differenziell klein sind, unterscheidet sich der Endzustand des Prozesses nur differenziell vom Anfangszustand, oder mit anderen Worten, der Prozess ist reversibel.

Wie bereits festgestellt, sind reversible Prozesse theoretisch denkbare Grenzfälle der natürlichen, irreversiblen Prozesse.

6.1.2   Wärmeübertragungsvorgänge und andere Ausgleichsvorgänge

Ausgleichsprozesse werden durch Druck-, Temperatur- und Konzentrationsunterschiede verursacht. Beim Temperaturausgleich findet eine Wärmeübertragung statt.

Als Wärmeübertragung wird ein Vorgang bezeichnet, bei dem durch eine Fläche, durch die kein Stoffstrom hindurchtritt, Energie in Form von Wärme übertragen wird. Die Fläche kann ein Teil der Systemgrenze oder die gesamte Systemgrenze eines geschlossenen Systems sein.

Die Wärmeübertragung an ein System A erfolgt, wenn die Temperaturen der Umgebung sich von den Temperaturen des Systems zumindest teilweise unterscheiden. Der an der Wärmeübertragung beteiligte Teil der Umgebung wird im System B zusammengefasst, so dass das System AB als abgeschlossen betrachtet werden kann, Abb. 6.3.

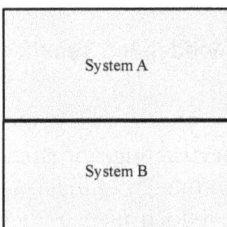

Abb. 6.3:   Adiabate Zustandsänderung innerhalb eines abgeschlossenen Systems

Vor Beginn des Prozesses kann trotz unterschiedlicher Temperaturen in *A* und *B* ein Gleichgewichtszustand bestehen, wenn *A* und *B* durch eine adiabate, d.h. wärmeundurchlässige Wand voneinander getrennt sind. Es handelt sich hierbei nicht um ein thermisches Gleichgewicht. Beim thermischen Gleichgewicht war vorausgesetzt worden, dass die Systemgrenze Temperaturänderungen der Systeme *A* und *B* zulässt, also nicht adiabat ist. Die adiabate Wand ist für die Wärmeübertragung das, was eine Sperre für einen mechanischen Vorgang darstellt. Die adiabate Wand kann allerdings nur näherungsweise z.B. durch eine Isolation verwirklicht werden.

Die Wärmeübertragung über die Systemgrenze zwischen *A* und *B* beginnt, nachdem durch das Entfernen der adabaten Wand das Gleichgewicht gestört ist. Die Wärmeübertragung erfolgt stets in Richtung fallender Temperaturen. Der Prozess ist beendet, wenn ein neuer Gleichgewichtszustand, das thermische Gleichgewicht, erreicht ist, d.h. wenn überall im System *AB* die gleichen Temperaturen vorliegen.

Dieser Gleichgewichtszustand wird nicht wieder verlassen, solange das System abgeschlossen bleibt. Das bedeutet, dass die ursprünglich vorhandenen Temperaturen sich nicht wieder von selbst einstellen können und dementsprechend auch keine Wärmeübertragung in Richtung steigender Temperaturen stattfinden kann.

Damit kann festgestellt werden:

> Abweichungen vom thermischen Gleichgewicht, d.h. bestehende Temperaturdifferenzen, sind Ursachen der Wärmeübertragung
>
> Bei allen Wärmeübertragungsvorgängen wird die Wärme stets in Richtung fallender Temperaturen übertragen
>
> Alle Wärmeübertragungsvorgänge zwischen Systemen mit endlichen Temperaturdifferenzen sind irreversibel.

Es soll nun gezeigt werden, dass eine Wärmemenge im theoretisch denkbaren Grenzfall auch auf reversible Weise übertragen werden kann.

Es wird ein abgeschlossenes System *AB* betrachtet, dessen Teilsysteme *A* und *B* untereinander im thermischen Gleichgewicht sind, d.h. die gleichen Temperaturen besitzen.

Bereits eine differenzielle Absenkung der Temperatur eines Teilsystems führt zu einer Wärmeübertragung, die unendlich langsam vor sich geht. Durch eine differenzielle Erhöhung der Temperatur des Teilsystems kann die Wärmeübertragung rückgängig gemacht werden.

Der Prozess unterscheidet sich also nur differenziell von einem reversiblen Prozess oder mit anderen Worten, er ist reversibel.

> Alle Wärmeübertragungsvorgänge zwischen Systemen mit verschwindenden Temperaturdifferenzen sind reversibel.

Die Überlegungen, die für mechanische Vorgänge und für Wärmeübertragungsvorgänge aufgestellt wurden, lassen sich in völlig analoger Weise auch auf Stoffübertragungsvorgänge und auf chemische Reaktionen anwenden. Darauf soll hier jedoch nicht näher eingegangen werden.

6.2   Mathematische Formulierung des zweiten Hauptsatzes

Nachdem die Aussagen des zweiten Hauptsatzes bisher nur qualitativ beschrieben wurden, soll nun eine Größe bestimmt werden, mit deren Hilfe auf einfache Weise quantitative Aussagen über die Richtung eines Prozesses und die mit dem Prozess verbundene Energieentwertung gemacht werden können.

Diese Größe wird als irreversible Entropie δS_{irr} bezeichnet. Sie ist im Gegensatz zur spezifischen Entropie dS keine Zustandsgröße, was auch sofort an dem mathematischen Differenzialkennzeichen δ anstelle von d erkennbar ist.

Die irreversible Entropie würde die Richtung eines Prozesses sicher dann kennzeichnen, wenn für ein System stets Folgendes gilt:

- bei irreversiblen Prozessen ist $\delta S_{irr} > 0$
- bei reversiblen Prozessen ist $\delta S_{irr} = 0$
- bei unmöglichen Prozessen ist $\delta S_{irr} < 0$

Die irreversible Entropie wird zunächst für das einfachste System aufgestellt, d.h. für ein quasistatisches, homogenes, geschlossenes System. Außerdem soll das System vorerst als adiabat angenommen werden. Irreversibilitäten können dann nur durch Reibungsvorgänge entstehen. Dabei darf die Reibungsarbeit δW_R einem endlichen System nur unendlich langsam zugefügt werden, andernfalls würde die Homogenität aufgehoben. Da Reibungserscheinungen irreversibel sind, kann ein quasistatisches, homogenes System nur Reibungsarbeiten aufnehmen, aber nie solche abgeben, d.h. es ist stets $\delta W_R \geq 0$.

Die Reibungsarbeit erfüllt bereits die Forderungen, die Prozessrichtung in einem System unter den genannten Voraussetzungen eindeutig zu charakterisieren, denn es gilt Folgendes:

- bei irreversiblen Prozessen ist $\delta W_R > 0$
- bei reversiblen Prozessen ist $\delta W_R = 0$
- bei unmöglichen Prozessen ist $\delta W_R < 0$

Die Reibungsarbeit kann aber die Irreversibilität bei Wärmeübertragungsvorgängen nicht kennzeichnen. Außerdem besitzt sie den Nachteil, eine wegabhängige Größe zu sein. Für eine endliche Zustandsänderung eines adiabaten, quasistatischen, homogenen, geschlossenen Systems ist nach dem ersten Hauptsatz

$$W_R = \int_1^2 dU + \int_1^2 pdV \tag{6.1}$$

die Reibungsarbeit W_R abhängig vom Verlauf $p(V)$. Die Reibungsarbeit nimmt also von Prozess zu Prozess unterschiedliche Werte an.

Sollen mit der irreversiblen Entropie auf einfache Weise quantitative Aussagen gemacht werden, muss sie eine wegunabhängige Größe sein, bzw. in einem einfachen Zusammenhang mit einer wegunabhängigen Größe, also einer Zustandsgröße, stehen. Zustandsgrößen können ein für allemal in Diagrammen dargestellt werden und sind dann für beliebige Prozesse verwendbar.

Wegunabhängige Größen können mit Hilfe eines so genannten *integrierenden ners N* aus wegabhängigen Größen hergestellt werden. Für ein adiabates, quasistatisches, homogenes, geschlossenes System kann demzufolge der Ansatz

$$(\delta S_{irr})_{ad} = \frac{\delta W_R}{N} = \frac{dU + pdV}{N} \qquad (6.2)$$

Der integrierende Nenner N bleibt zunächst noch unbestimmt.

Es soll nun die Einschränkung des adiabaten Systems fallen gelassen werden.

Bei einer Zustandsänderung, die durch dU und dV gekennzeichnet ist, wird gegenüber der Zufuhr von δW_R im adiabaten Fall nach dem ersten Hauptsatz Gl. (4.33) eine gleich große Energie $\delta W_R + \delta Q$ zugeführt. Dabei wird aber nur die Reibungsarbeit irreversibel zugeführt. Die Wärmezufuhr kann im System keine Irreversibilität hervorrufen, da das System voraussetzungsgemäß homogen ist und deshalb die Temperaturdifferenzen im System verschwinden.

Wenn für das adiabate System $\frac{dU+pdV}{N}$ eine wegunabhängige Größe ist, kann sie durch die Änderung einer Zustandsgröße dargestellt werden. Eine Zustandsgröße ist unabhängig vom Weg, d.h. von der Energiezufuhr, durch die das System in den jeweiligen Zustand gelangte.

Die rechte Seite von Gl. (6.2) ist demnach mit

$$dS = \frac{dU + pdV}{N} = \frac{\delta Q + \delta W_R}{N} \qquad (6.3)$$

die differenzielle Änderung einer Zustandsgröße für quasistatische, homogene, geschlossene Systeme. Die Zustandsgröße S wird Entropie genannt.

Die Entropie ist aber nicht mehr charakteristisch für irreversible Vorgänge nichtadiabater Systeme, da sich dS aus einem reversiblen Anteil $\frac{\delta Q}{N}$ und einem irreversiblen Anteil $\frac{\delta W_R}{N}$ zusammensetzt.

Der irreversible Anteil der Entropieänderung für ein quasistatisches, homogenes, geschlossenes System folgt daraus zu

$$\delta S_{irr} = \frac{\delta W_R}{N} = dS - \frac{\delta Q}{N} \qquad (6.4)$$

6.2.1   Der integrierende Nenner und die absolute Temperatur

Zur Bestimmung des integrierenden Nenners kann zunächst festgestellt werden, dass für irreversible Prozesse $\delta S_{irr} > 0$ und $\delta W_R > 0$ gilt. Folglich muss auch $N > 0$ sein.

Aus der Gl. (6.3) ist erkennbar, dass N eine Zustandsgröße ist. Nach der allgemeinen Zustandsgleichung für ein homogenes System ist N im Allgemeinen eine Funktion der Stoffart, der Masse und zweier Zustandsgrößen, z.B.

$$N = N(\text{Stoff}, m, T, v) \qquad (6.5)$$

Um zu weiteren Aussagen über den integrierenden Nenner zu gelangen, wird ein reversibler Prozess betrachtet, an dem zwei quasistatische, homogene, geschlossene Systeme beteiligt sind.

Zwischen beiden Systemen kann eine Übertragung von Wärme stattfinden. Das Gesamtsystem AB ist adiabat. Um die Temperaturen beider Systeme beeinflussen zu können, ist eine Zufuhr von Arbeit möglich.

Aus der Forderung nach einem reversiblen Prozess folgt, dass keine Reibungsarbeiten auftreten ($\delta W_R = 0$) und dass bei der Wärmebertragung Temperaturgleichheit beider Systeme bestehen muss ($T_A = T_B$).

Mit diesen Systemen, die anfänglich die gleiche Temperatur besitzen, wird folgender Prozess ausgeführt:

$1 - 2$:   reversible Wärmeübertragung zwischen beiden Systemen
bei veränderlichen Temperaturen $T_A = T_B$

Im Punkt 2 soll das System A wieder die Entropie $S_{A_2} = S_{A_1}$ besitzen

$2 - 3$:   Die Systeme werden voneinander getrennt und
adiabat $-$ reversibel in den Anfangszustand gebracht

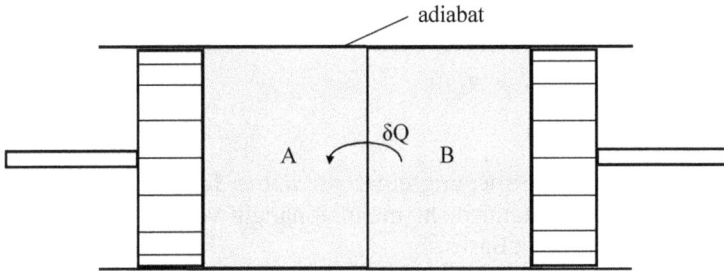

Abb. 6.4:   Reversible Wärmeübertragung zwischen zwei Systemen A und B bei veränderlichen Temperaturen

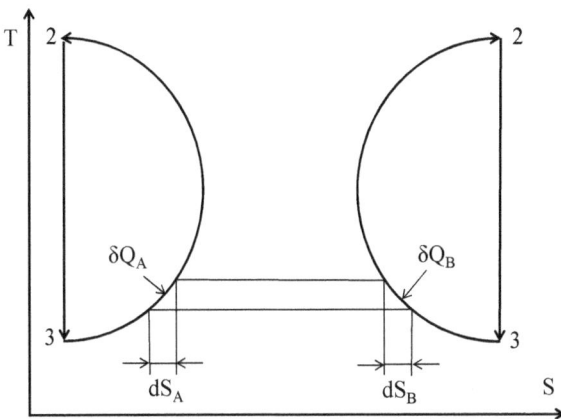

Abb. 6.5:   Getrennte adiabate und reversible Rückführung der beiden Systeme A und B in den Anfangszustand

System A gelangt auf Grund der Forderung $S_{A_2} = S_{A_1}$ sicher wieder in den Anfangszustand, denn bei adiabat-reversiblen Prozessen ist nach der Entropiedefinition Gl. (6.3) $dS = 0$.

Aber auch das System B muss wieder in den Anfangszustand gelangen können, sonst wäre im Widerspruch zur Voraussetzung der Prozess nicht reversibel. Ein beliebiges System B kann nur in den Anfangszustand zurückkehren, wenn ebenfalls $S_{B_2} = S_{B_1}$ ist.

Es gilt somit für beliebige Systeme

$$\int_1^2 dS_A = \int_1^2 dS_B = 0 \tag{6.6}$$

Andererseits ist in Folge $\delta Q_A = -\delta Q_B \qquad N_A \cdot dS_A = -N_B \cdot dS_B$

Die Gl. (6.6) nimmt dann für beliebige Wege unter Beachtung von $T_A = T_B$ folgende Form an

$$\int_1^2 dS_A = -\int_1^2 \frac{N_A(\text{Stoff}_A, m_A, T_A, v_A)}{N_B(\text{Stoff}_B, m_B, T_B, v_B)} dS_A = 0 \tag{6.7}$$

Diese Bedingung ist offensichtlich nur zu erfüllen, wenn der integrierende Nenner lediglich eine Funktion der Temperatur ist, d.h.

$$N = N(T) \tag{6.8}$$

ist.

Diese universelle Funktion kann zur Festlegung einer *absoluten Temperatur* benutzt werden. Die absolute Temperatur ist dann nicht mehr abhängig von der willkürlich festgelegten Temperaturskale des idealen Gases.

Die universelle Temperaturfunktion kann, da sie für alle Stoffe gilt, für den besonders einfachen Fall des idealen Gases ermittelt werden.

Zunächst gilt noch allgemein, dass die Entropie extensiv ist, da U und V extensiv sind, $N(T)$ intensiv ist. Die spezifische Entropie $s = S/m$ ist nach der allgemeinen Zustandsgleichung abhängig von zwei Zustandsgrößen, z.B. $s = s(T, v)$.

Dann ist

$$ds = \frac{dS}{m} = \frac{dU + p \cdot dV}{N(T)} = \left(\frac{\partial s(T, v)}{\partial T}\right)_v dT + \left(\frac{\partial s(T, v)}{\partial v}\right)_T dv \tag{6.9}$$

Dabei gilt die Integrabilitätsbedingung

$$\frac{\partial}{\partial v}\left(\frac{\partial s}{\partial T}\right)_v = \frac{\partial}{\partial T}\left(\frac{\partial s}{\partial v}\right)_T \tag{6.10}$$

Für ein ideales Gas mit $pv = RT$ nach Gl. (2.17) und $u = u(T)$ nach Gl. (4.76) gilt

$$\frac{\partial s(T, v)}{\partial T} = \frac{du(T)/dt}{N(T)} \tag{6.11}$$

und

$$\frac{\partial s(T,v)}{\partial v} = \frac{R \cdot T}{v \cdot N(T)} \tag{6.12}$$

Die Integrabilitätsbedingung lautet dann

$$\frac{\partial s(T,v)}{\partial T} = \frac{du(T)/dt}{N(T)} \tag{6.13}$$

$$\frac{\partial}{\partial v}\left(\frac{du(T)/dt}{N(T)}\right)_T = 0 = \frac{\partial}{\partial T}\left(\frac{R \cdot T}{v \cdot N(T)}\right)_v \tag{6.14}$$

Daraus folgt

$$N(T) = konst = T \tag{6.15}$$

Die willkürliche Konstante wird 1 gesetzt, so dass $N(T) = T$ ist.

Der Temperaturskale des idealen Gases kommt somit eine universelle Bedeutung auf Grund des zweiten Hauptsatzes zu.

Der integrierende Nenner ist nun festgelegt, so dass sich für quasistatische, homogene, geschlossene Systeme das Differenzial der *Entropie*

$$dS \equiv \frac{dU + pdV}{T} = \frac{\delta Q + \delta W_R}{T} \tag{6.16}$$

und das Differenzial der *irreversiblen Entropie* zu

$$\delta S_{irr} \equiv \frac{\delta W_R}{T} = dS - \frac{\delta Q}{T} \tag{6.17}$$

definieren lässt.

6.2.2   Die Entropie für inhomogene, geschlossene Systeme

Ein inhomogenes, geschlossenes System kann aus mehreren differenziellen, homogenen Systemen zusammengesetzt gedacht werden.

Da bisher die Entropie und die irreversible Entropie nur für homogene Systeme definiert wurden, muss zunächst eine Rechenvorschrift zur Bestimmung beider Größen in inhomogenen Systemen festgelegt werden.

Da die Entropie homogener Systeme extensiv ist, wird Extensivität auch für inhomogene Systeme wie folgt vereinbart

$$S = \sum_i S_i \tag{6.18}$$

Wenn die irreversible Entropie für adiabate Systeme wieder mit dem Differenzial der Entropie übereinstimmen soll, muss für ein homogenes System

$$\delta S_{irr} = \sum_i S_i - \sum_{F_i} \frac{\delta Q}{T} \tag{6.19}$$

i: Anzahl Teilsysteme des endlichen Systems
F_i: Anzahl Teilsystemflächen, die zur Oberfläche des endlichen Systems gehören

sein.

Daraus folgt

$$dS = \sum_i \frac{dU + pdV}{T} = \underbrace{\sum_{F_i} \frac{\delta Q + \delta W_R}{T}}_{Zufuhr} + \underbrace{\sum_j \frac{\delta Q + \delta W_R}{T}}_{Erzeugung} \tag{6.20}$$

$$Zufuhr \qquad\qquad Erzeugung$$

i: Teilsysteme des endlichen Systems
F_i: Teilsystemflächen, die zur Oberfläche des endlichen Systems gehören
j: Teilsystemflächen, die innerhalb des endlichen Systems liegen

und

$$\delta S_{irr} = \sum_{F_i} \frac{\delta W_R}{T} + \sum_j \frac{\delta Q + \delta W_R}{T} \tag{6.21}$$

Die Irreversibilität in einem inhomogenen System wird also durch innere Wärmeübertragungsvorgänge bei unterschiedlichen Temperaturen und durch innere und äußere Reibungsvorgänge hervorgerufen.

Es ist auf drei wesentliche Unterschiede gegenüber den ersten Hauptsatz hinzuweisen.

1. Für die Entropie gilt kein Erhaltungssatz
2. Beim ersten Hauptsatz erscheinen innere Vorgänge nicht im Einzelnen. Sie werden durch die Änderung der Gesamtenergie des Systems pauschal erfasst.
3. Die Summation der Entropieanteile über das System beim zweien Hauptsatz erfolgt über quasistatische Teilsysteme. Es wird also von Teilsystem zu Teilsystem das Bezugssystem gewechselt. Im Gegensatz dazu muss beim ersten Hauptsatz für alle Teilsysteme das gleiche Bezugssystem benutzt werden.

Für homogene Systeme ergibt sich mit $\delta W_R \geq 0$ und $T > 0$, dass $\delta S_{irr} \geq 0$ ist. Für inhomogene Systeme können durch die Reibungsvorgänge nur positive Beträge zu δS_{irr} entstehen. Das gilt auch für die inneren Wärmeübertragungsvorgänge.

Betrachtet man zwei homogene Systeme mit den Temperaturen T_1 und T_2 ($T_1 > T_2$), zwischen denen die Wärme δQ übertragen wird, dann ist für $\delta W_R = 0$

$$\delta S_{irr} = -\frac{|\delta Q|}{T_1} + \frac{|\delta Q|}{T_2} = |\delta Q| \frac{T_1 - T_2}{T_1 \cdot T_2} \tag{6.22}$$

Dieser Ausdruck ist immer positiv und verschwindet nur im reversiblen Grenzfall $T_1 = T_2$.

Der zweite Hauptsatz für inhomogene, geschlossene Systeme lässt sich mathematisch wie folgt formulieren

$$\delta S_{irr} \geq 0 \qquad (6.23)$$

Wie anfangs gefordert, werden irreversible Vorgänge durch eine Zunahme der irreversiblen Entropie und reversible Vorgänge durch eine konstant bleibende irreversible Entropie gekennzeichnet.

Ein angenommener Prozessverlauf, für den sich $\delta S_{irr} < 0$ bzw. $S_{irr,12} < 0$ ergibt, ist unmöglich.

Es ist noch darauf hinzuweisen, dass im Gegenteil dazu die Entropie in Folge Wärmeentzug ($\delta Q < 0$) durchaus abnehmen kann.

6.2.3   Die Bedeutung der Entropie

Die Entropie ist eine Zustandsgröße, mit deren Hilfe leicht Aussagen über die irreversible Entropie und damit über die Richtung eines Prozesses gemacht werden können.

Für adiabate, reibungsfreie Prozesse bleibt die Entropie konstant.

Die Entropie ist deshalb und auch aus anderen Gründen besonders für die Aufstellung von Zustandsdiagrammen geeignet.

Ein wesentlicher Nutzen der Entropie wird später zu Tage treten.

Es wird noch gezeigt, dass die Energieentwertung bei einem Prozess durch $T_U \cdot \delta S_{irr}$ (mit T_U — Umgebungstemperatur) angegeben wird.

Damit sind Möglichkeiten zur Beurteilung und zur Verbesserung der technischen Vorgänge gegeben.

Vom Standpunkt der statistischen Thermodynamik aus kann gezeigt werden, dass die Entropie eine Funktion der thermodynamischen Wahrscheinlichkeit W eines Zustandes ist

$$S = k_B \cdot \ln W \qquad (6.24)$$

mit der BOLTZMANN-Konstanten k_B (nicht zu verwechseln mit der STEFAN-BOLTZMANN-Konstanten im Abschn. 9.4)

$$k_B = 1{,}38 \cdot 10^{-23} J/K \qquad (6.25)$$

Die BOLTZMANN-Konstante ergibt sich übrigens mit $k_B = \bar{R}/N_A$ aus der universellen Gaskonstante $\bar{R}$ und der AVOGADRO-Konstanten N_A

Von der statistischen Thermodynamik ausgesehen, stellt der zweite Hauptsatz also ein Wahrscheinlichkeitsgesetz dar – allerdings in Folge der großen Teilchenzahlen in unseren Systemen mit einer zugegebenen großen Wahrscheinlichkeit.

In der technischen Thermodynamik ist der zweite Hauptsatz ein strenges Gesetz, da auch im ersten Gleichgewichtspostulat nur Vorgänge betrachtet werden, für die kein Unterschied zwischen den tatsächlichen und den wahrscheinlichsten Zustand besteht.

Aus der Sicht des Ingenieurs ist die Interpretation des zweien Hauptsatze nicht der statistischen, sondern der technischen Thermodynamik von Interesse.

Der zweite Hauptsatz als Prinzip der Irreversibilität lässt sich wie folgt qualitativ formulieren

- Alle reibungsbehafteten Prozesse (Dissipationsprozesse) und Wärmeübertragungsprozesse (und andere Ausgleichsprozesse) sind irreversibel.
- Wärme kann nie von selbst von einem Körper niederer auf einen Körper höherer Temperatur übergehen.

Die Frage nach der Richtung thermodynamischer Prozesse wird mit der Unterscheidung zwischen in der Natur unmöglichen und möglichen, d.h. irreversiblen Prozessen beantwortet. Reversible Prozesse sind lediglich als Grenzfälle der natürlichen Prozesse aufzufassen. Reversible Prozesse sind Modellprozesse, die verlustlos und unendlich langsam ablaufen, die so natürlich nicht auftreten, praktisch aber häufig technisch hinreichend genaue und damit verwertbare Ergebnisse liefern.

Für die Unterscheidung von reversiblen, irreversiblen und unmöglichen Prozessen gibt es ein quantitatives Kriterium des zweiten Hauptsatzes der Thermodynamik mit den Gln. (6.16) und (6.17):

$$dS \equiv \frac{dU + pdV}{T} = \frac{\delta Q + \delta W_R}{T} \tag{6.26}$$

$$\delta S_{irr} \equiv \frac{\delta W_R}{T} = dS - \frac{\delta Q}{T} \tag{6.27}$$

Besteht ein System aus mehreren Teilsystemen, so gilt mit den Gl. (6.18) die Entropiebilanz für geschlossene Systeme

$$dS = \sum_i dS_i \tag{6.28}$$

Nichtadiabates geschlossenes Systeme

Für nichtadiabate Systeme gilt

$$dS = \frac{\delta Q}{T} \gtrless 0 \tag{6.29}$$

Bei reversiblen Prozessen in einfachen, geschlossenen Systemen ändert sich die Entropie entsprechend Wärmezu- oder -abfuhr, da wegen $T > 0$ das Vorzeichen der Entropieänderung stets mit dem Vorzeichen der Wärme übereinstimmt.

Diese durch Wärmetransport verursachte Entropieänderung wird auch als *Entropietransport* bezeichnet.

Für ein aus mehreren Teilsystemen bestehendes geschlossenes Gesamtsystem gilt damit

$$dS = \sum_i dS_i \gtreqless 0 \qquad (6.30)$$

Bei der Anwendung des zweiten Hauptsatzes auf mehrere nichtadiabate Teilsysteme wird demnach die Änderung der Entropie des Gesamtsystems aus der Summe der Änderungen der Entropien der Teilsysteme gebildet.

Wird die in Gl. (6.1) steckende Beziehung $\delta Q = dU + pdV$ (erster Hauptsatz für ein reibungsfreies, geschlossenes, ruhendes System) ersetzt durch den ersten Hauptsatz unter Berücksichtigung der Reibungsarbeit

$$\delta Q + \delta W_R = dU + pdV \qquad (6.31)$$

so ist hier das Differenzial der Entropie

$$dS = \frac{\delta Q}{T} + \frac{\delta W_R}{T} \qquad (6.32)$$

Wobei $\frac{\delta Q}{T} \gtreqless 0$ wie oben erläutert und mit

$$\frac{\delta W_R}{T} \geq 0 \qquad (6.33)$$

ein Ausdruck durch einen irreversiblen Prozess entsteht, der auch als *Entropieerzeugung* bezeichnet wird.

Adiabates geschlossenes System

Für einen Prozess in einem adiabaten System gilt mit

$$\frac{\delta Q}{T} = 0 \qquad (6.34)$$

$$dS = \frac{\delta W_R}{T} \geq 0 \qquad (6.35)$$

In einem geschlossenen, adiabaten System kann die Entropie bei allen natürlichen Prozessen nur zunehmen oder im Fall reversibler Vorgänge konstant ($dS = 0$) bleiben, jedoch niemals abnehmen.

Für die Beschreibung des *Entropiezustandes offener Systeme* ist es erforderlich, auch den Transport der Entropie mit zu berücksichtigen, der durch den Massetransport über die Systemgrenze erfolgt.

Nichtadiabates offenes System

Grenzt man gemäß Abb. 4.6 über den gesamten Strömungsquerschnitt beliebige sich durch den Bilanzraum bewegende homogene Stoffmengen ab, so stellen diese dann zusammen mit dem unveränderten Innenraum des Systems (Maschine mit momentaner Masse und innerer Energie) ein *offenes System* dar. Für den einfachen Fall des mit einer Zu- und einer Abströmleitung (Index 1 und 2) versehenen Systems gilt dann für die Entropieänderung folgende Bilanz

$$\int_1^2 \frac{\delta \dot{Q}}{T} + (s_1 - s_2) \cdot \dot{m} + \dot{S}_{12,irr} = 0 \tag{6.36}$$

In differenzieller Form folgt aus Gl. (6.36)

$$d\dot{S}_{rev} + d\dot{S} + \delta \dot{S}_{irr} = 0 \tag{6.37}$$

mit

$$d\dot{S}_{rev} = \frac{\delta \dot{Q}}{T} \quad \text{und} \quad d\dot{S} = (s_1 - s_2) \cdot \dot{m} \tag{6.38}$$

und

$$\delta \dot{S}_{irr} = \frac{\delta \dot{W}_R}{T} \tag{6.39}$$

Sowie Gl. (6.37) dividiert durch den Massenstrom $\dot{m}$ ergibt

$$\int_1^2 \frac{\delta q}{T} + s_1 - s_2 + \int_1^2 \frac{\delta w_R}{T} = 0 \tag{6.40}$$

bzw.

$$s_2 - s_1 - \int_1^2 \frac{\delta q}{T} = \int_1^2 \frac{\delta w_R}{T} \geq 0 \tag{6.41}$$

oder in differenzieller Schreibweise

$$ds = \frac{\delta q}{T} + \frac{\delta w_R}{T} \tag{6.42}$$

oder

$$ds \geq \frac{\delta q}{T} \tag{6.43}$$

Gl. (6.42) ist offenbar die gleiche Beziehung wie Gl. (6.32), die für das Entropieverhalten eines geschlossenen nichtadiabaten Systems gilt, wenn die extensiven Größen durch inensive Größen ersetzt werden.

Adiabates offenes System

Für ein offenes adiabates System gilt in Übereinstimmung mit Gl. (6.32)

$$ds \geq 0 \tag{6.44}$$

Die Gl. (6.36) nimmt dann die spezielle Form

$$(s_1 - s_2) \cdot \dot{m} = \dot{S}_2 - \dot{S}_1 \geq \dot{S}_{12,irr} \tag{6.45}$$

an.

6.3 Diagramm für Wärme und irreversible Prozessenergie

Nach Gln. (6.26) und (6.42) $dS = \frac{\delta Q}{T} + \frac{\delta W_R}{T}$ bzw. $ds = \frac{\delta q}{T} + \frac{\delta w_R}{T}$ kann eine Änderung der Entropie in offenen wie in geschlossenen thermodynamischen Systemen nur in Folge einer Wärmeübertragung und/oder durch einen irreversiblen Prozess erfolgen. Es gilt somit

$$dS = dS_{rev} + \delta S_{irr} \geq 0 \tag{6.46}$$

mit

$$dS_{rev} = \frac{\delta Q}{T} \gtrless 0 \tag{6.47}$$

und

$$\delta S_{irr} = \frac{\delta W_R}{T} \geq 0 \tag{6.48}$$

Gl. (6.47) lässt sich wie folgt interpretieren:

$$dS_{rev} = 0 \quad \text{adiabates System} \tag{6.49}$$

$$dS_{rev} > 0 \quad \text{nichtadiabates System (Wärmezufuhr)} \tag{6.50}$$

$$dS_{rev} < 0 \quad \text{nichtadiabates System (Wärmeabfuhr)} \tag{6.51}$$

$$\delta S_{irr} = 0 \quad \text{reversibler Prozess} \tag{6.52}$$

$$\delta S_{irr} > 0 \quad \text{irreversibler Prozess} \tag{6.53}$$

$$dS \gtrless 0 \quad \text{Wärmeübertragung und} \frac{\text{und}}{\text{oder}} \text{irreversibler Prozess} \tag{6.54}$$

Die Summe aus übertragener Wärme und irreversibler Prozessenergie (beim Dissipations- oder Ausgleichsprozess) kann als Fläche in einem T, s-Dagramm dargestellt werden (siehe Abb. 6.6).

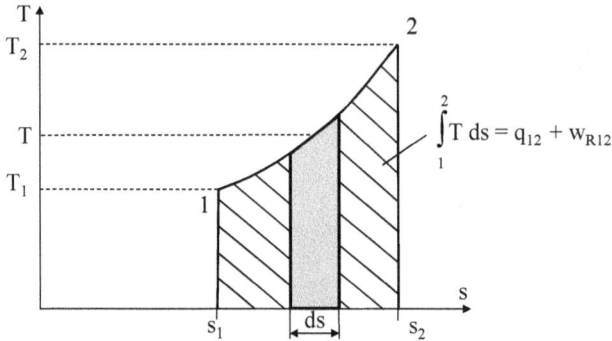

Abb. 6.6:   Wärme und irreversible Prozessenergie (hier Reibungsarbeit) im T,s-Dagramm

Beispiel 6.1

In einem adiabaten Behälter befinden sich 2 kg eines idealen Gases mit der konstanten spezifischen Wärmekapazität $c_v = 0{,}84\,\frac{kJ}{kg\,K}$ und der Temperatur $t_1 = 30\,°C$. Mit einem Rührwerk wird dem Gas im Behälter eine Reibungsarbeit von $W_{R,12} = 10\,kJ$ zugefügt. Es ist die Änderung der spezifischen und absoluten Entropie zu berechnen.

Gegeben:

$t_1 = 30\,°C$ oder $T_1 = 303{,}15\,K$

$m = 2\,kg$

$W_{R,12} = 10\,kJ$

$c_v = 0{,}84\,\dfrac{kJ}{kg\,K} = konst$

$\delta Q = 0$

$dV = 0$

Gesucht:

Δs und ΔS

Lösungsweg:

1. System: geschlossen, homogen, quasistatisch

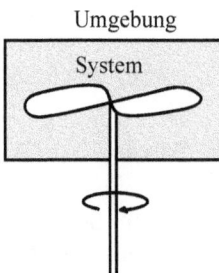

Abb. 6.7:   System für Beispiel 6.1

2.   Ruhendes Bezugssystem BZS

3.   Modellbildung
- Berechnung von Δs und ΔS

Die Änderung der Entropie wird mit Gln. (6.16) wie folgt berechnet

$$dS = \frac{\delta Q + \delta W_R}{T} = \frac{dU + pdV}{T}$$

Mit $\delta Q = 0$ und $dV = 0$ folgt

$$dS = \frac{\delta W_R}{T} = \frac{dU}{T}$$

Damit gilt

$$\delta W_R = dU \text{ und mit } c_v = \left(\frac{\partial u}{\partial T}\right)_v = \frac{du}{dT}$$

$$dS = \frac{\delta W_R}{T} = \frac{m \cdot c_v \cdot dT}{T}$$

Nach Integration folgt

$$\Delta S = m \cdot c_v \cdot \ln\left(\frac{T_2}{T_1}\right)$$

Die Endtemperatur des Prozesses T_2 ergibt sich aus

$$\Delta T = (T_2 - T_1) = \frac{W_{R,12}}{m \cdot c_v}$$

$$T_2 = T_1 + \frac{W_{R,12}}{m \cdot c_v} = 303{,}15\ K + \frac{10\ kJ}{2\ kg \cdot 0{,}84\ kJ/(kg\ K)} = 309{,}1\ K$$

Damit folgt für die Änderung der absoluten Entropie

$$\Delta S = m \cdot c_v \cdot \ln\left(\frac{T_2}{T_1}\right) = 2\ kg \cdot 0{,}84\frac{kJ}{kg\ K} \cdot \ln\left(\frac{309{,}10\ K}{303{,}15\ K}\right)$$

$$\Delta S = 0{,}033\frac{kJ}{kg}$$

und für die Änderung der spezifischen Entropie

$$\Delta s = \frac{\Delta S}{m} = \frac{0{,}033\ kJ/kg}{2\ kg} = 0{,}0165\ kJ$$

Beispiel 6.2

In einer Heizungsanlage wird die Temperatur $t_1 = 30\,°C$ eines Wassermassenstromes $\dot{m} = 1\,kg/s$ mit der konstanten spezifischen Wärmekapazität $c_p = 4{,}23\,\frac{kJ}{kg\,K}$ auf die Temperatur $t_2 = 75\,°C$ durch kondensierenden Dampf reibungsfrei erhöht. Die Temperatur des Dampfes beträgt während des gesamten Prozesses $t_{Dampf} = 400\,°C = konst$

Es ist die Entropiestromänderung des Wassers, des Dampfes und des Systems Wasser – Dampf zu berechnen, wenn angenommen wird, dass zwischen diesem System und der Umgebung kein Wärmeaustausch stattfindet.

Gegeben:

$t_1 = 30\,°C$ oder $T_1 = 303{,}15\,K$

$t_2 = 75\,°C$ oder $T_2 = 348{,}15\,K$

$t_{Dampf} = 100\,°C = konst$ oder $T_{Dampf} = 373{,}15\,K = konst$

$\dot{m} = 1\,kg/s$

$c_p = 4{,}23\,kJ/(kg\,K)$

$\delta W_R = 0$

$dp = 0$

$dS = \sum_i dS_i$ bzw. $d\dot{S} = \sum_i d\dot{S}_i$

Gesucht:

$\Delta \dot{S}_{Wasser}$

$\Delta \dot{S}_{Dampf}$

$\Delta \dot{S}$

Lösungsweg:

1. System: geschlossen, homogen, quasistatisch

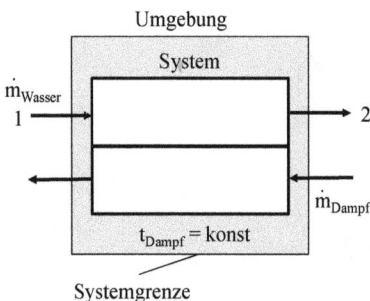

Abb. 6.8:   System für Beispiel 6.2

2. Ruhendes Bezugssystem BZS

3. Modellbildung
*   System Wasser – Wärmezufuhr bei veränderlicher Temperatur

Die Änderung der Entropie des Systems Wasser wird mit Gln. (6.16) und (4.49) wie folgt berechnet

$$dS = \frac{\delta Q + \delta W_R}{T} = \frac{dU + pdV}{T} = \frac{dH - Vdp}{T}$$

Mit $\delta W_R = 0$ und $dp = 0$ folgt

$$dS = \frac{\delta Q}{T} = \frac{dH}{T}$$

Damit gilt mit

$$c_p = \left(\frac{\partial h}{\partial T}\right)_v = \frac{dh}{dT}$$

$$dS = \frac{\dot{m} \cdot c_p \cdot dT}{T}$$

Nach Integration folgt für das System Wasser

$$\Delta \dot{S}_{Wasser} = \dot{m} \cdot c_p \ln\left(\frac{T_2}{T_1}\right) = 1\frac{kg}{s} \cdot 4{,}23\frac{kJ}{kg\,K} \cdot \ln\left(\frac{348{,}15\,K}{303{,}15\,K}\right) = 0{,}586\frac{kJ}{K\,s}$$

*   System Dampf – Wärmeabfuhr bei konstanter Temperatur

Die Änderung der Entropie des Systems Dampf wird mit Gln. (6.16) und (6.49) wie folgt berechnet

$$dS = \frac{\delta Q + \delta W_R}{T} = \frac{dH - Vdp}{T}$$

Mit $\delta W_R = 0$ und $dp = 0$ folgt

$$dS = \frac{\delta Q}{T} = \frac{dH}{T}$$

Der vom Dampf abgegebene (negative) Wärmestrom $-\dot{Q}_{Dampf,12}$ muss betraglich mit dem vom Wasser aufgenommenen (positiver) Wärmestrom $+\dot{Q}_{Wasser,12}$ übereinstimmen. Danach gilt

$$\delta \dot{Q} = \dot{m} \cdot c_p \cdot dT$$

Nach Integration folgt

$$-\dot{Q}_{Dampf,12} = \dot{Q}_{Wasser,12} = \dot{m} \cdot c_p \cdot (T_2 - T_1)$$

$$-\dot{Q}_{Dampf,12} = 1\frac{kg}{s} \cdot 4{,}23\frac{kJ}{kg\,K}(348{,}15\,K - 303{,}15\,K)$$

$$\dot{Q}_{Dampf,12} = -190{,}35 \frac{kJ}{s}$$

$$\Delta \dot{S}_{Dampf} = \frac{\dot{Q}_{Dampf,12}}{t_{Dampf}} = \frac{-190{,}35 \frac{kJ}{K\,s}}{373{,}15\,K} = -0{,}511 \frac{kJ}{K\,s}$$

- Gesamtsystem

  Mit $dS = \sum_i dS_i$ gilt auch $\Delta \dot{S} = \sum_i \Delta \dot{S}_i$

$$\Delta \dot{S} = \Delta \dot{S}_{Wasser} + \Delta \dot{S}_{Dampf} = 0{,}586 \frac{kJ}{K\,s} - 0{,}511 \frac{kJ}{K\,s} = 0{,}075 \frac{kJ}{K\,s}$$

Beispiel 6.3

Ein Gussblock aus Stahl mit der konstanten spezifischen Wärmekapazität $c_p = 0{,}42 \frac{kJ}{kg\,K}$, einer Masse von $m = 100\,kg$ und einer Temperatur von $t_1 = 800\,°C$ wird in Luft von der Umgebungstemperatur $t_U = 20\,°C = konst$ gebracht, wo er sich auf t_U abkühlt.

Es sind die Entropieänderungen des Stahlblocks $\Delta S_{Stahlblock}$, $\Delta s_{Stahlblock}$ sowie der Umgebung ΔS_U und des Gesamtsystems ΔS zu berechnen.

Gegeben:

$t_1 = 800\,°C$ oder $T_1 = 1073{,}15\,K$

$t_U = 20\,°C = konst$ oder $T_U = 293{,}15\,K = konst$ (Umgebung sehr groß)

$m = 100\,kg$

$c_p = 0{,}42\,kJ/(kg\,K)$

$\delta W_R = 0$

$dp = 0$

$$dS = \sum_i dS_i$$

Gesucht:

$\Delta S_{Stahlblock}$

$\Delta s_{Stahlblock}$

ΔS_U

ΔS

Lösungsweg:

1. System: geschlossen, homogen, quasistatisch

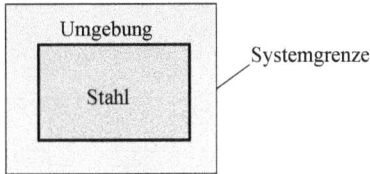

Abb. 6.9:   System für Beispiel 6.3

2. Ruhendes Bezugssystem BZS

3. Modellbildung
- System Stahlblock – Wärmeabfuhr bei veränderlicher Temperatur

   Die Änderung der Entropie des Systems Stahlblock wird mit Gln. (6.16) und (4.49) wie folgt berechnet

$$dS = \frac{\delta Q + \delta W_R}{T} = \frac{dH - V dp}{T}$$

   Mit $\delta W_R = 0$ und $dp = 0$ folgt

$$dS = \frac{\delta Q}{T} = \frac{dH}{T}$$

   Damit gilt mit

$$c_p = \left(\frac{\partial h}{\partial T}\right)_v = \frac{dh}{dT}$$

$$dS = \frac{m \cdot c_p \cdot dT}{T}$$

   Nach Integration folgt für das System Stahlblock für die Änderung der absoluten Entropie

$$\Delta S_{Stahlblock} = m \cdot c_p \ln\left(\frac{T_2}{T_1}\right) = 100 \ kg \cdot 0{,}42 \frac{kJ}{kg \ K} \cdot \ln\left(\frac{293{,}15 \ K}{1073{,}15 \ K}\right) = -54{,}6 \frac{kJ}{K}$$

- Für das System Stahlblock gilt für die Änderung der spezifischen Entropie

$$\Delta s_{Stahlblock} = \frac{\Delta S_{Stahlblock}}{m} = \frac{= -54{,}6 \ kJ/(K \ s)}{100 \ kg} = -0{,}546 \frac{kJ}{K}$$

- System Umgebung – Wärmezufuhr bei konstanter Temperatur T_U

  Die Änderung der Entropie des Systems Umgebung wird mit Gln. (6.16) und (4.49) wie folgt berechnet

  $$dS = \frac{\delta Q + \delta W_R}{T} = \frac{dH - V dp}{T}$$

  Mit $\delta W_R = 0$ und $dp = 0$ folgt

  $$dS = \frac{\delta Q}{T} = \frac{dH}{T}$$

  Die vom Stahlblock abgegebene (negative) Wärme $-Q_{Stahlblock,12}$ muss betraglich mit der von der Umgebung aufgenommenen (positiven) Wärme $Q_{U,12}$ überein-stimmen. Danach gilt

  $$\delta Q = m \cdot c_p \cdot dT$$

  Nach Integration folgt

  $$-Q_{Stahlblock,12} = Q_{U,12} = -m \cdot c_p \cdot (T_2 - T_1) = m \cdot c_p \cdot (T_1 - T_2)$$

  $$Q_{U,12} = 100 \, kg \cdot 0{,}42 \frac{kJ}{kg \, K} (1073{,}15 \, K - 293{,}15 \, K) = 32760 \, kJ$$

  $$\Delta S_U = \frac{Q_{U,12}}{T_U} = \frac{32760 \, kJ}{293{,}15 \, K} = 111{,}8 \frac{kJ}{K}$$

- Gesamtsystem

  Mit $dS = \sum_i dS_i$ gilt

  $$\Delta S = \Delta S_U + \Delta S_{Stahlblock} = 111{,}8 \frac{kJ}{K} - 0{,}546 \frac{kJ}{K} = 111{,}2 \frac{kJ}{K \, s}$$

7   Anwendung des ersten Hauptsatzes auf Kreisprozesse

Aufgabe der Energietechnik ist es, Energie für die Industrie für die Durchführung von Verfahren und technischen Prozessen und für die Bedürfnisse der Menschen bereitzustellen. Diese Energie wird aus chemischer, potentieller und nuklearer Energie gewonnen und kann in Form von elektrischer, mechanischer oder innerer Energie verwendet werden.

Die Umwandlung von chemischer Energie, d.h. der Energie natürlicher Brennstoffe (fossile Energieträger: Kohle, Erdöl, Erdgas), von nuklearer Energie, d.h. der Energie von Kernbrennstoffen (Uran) und potentieller Energie, z.B. Energie des angestauten Wassers erfolgt zur Zeit noch großtechnisch mit Hilfe der *Kraftmaschinen*.

Verbrennungskraftmaschinen sind Kraftmaschinen, bei denen der Brennstoff innerhalb der Maschine verbrannt wird.

Bei *Wärmekraftmaschinen* wird zugeführter Wärme in technische Arbeit umgewandelt.

Expansionsmaschinen (Turbinen) wandeln die zugeführte Energie in mechanische oder mit Hilfe eines Generators in elektrische Energie um.

Diese Kraftmaschinen weisen sehr hohe Verluste auf, da für die Bereitstellung der mechanischen Energie komplizierte Prozesse durchlaufen werden müssen.

Wesentlich geringere Energieverluste besitzen die nach der Energiewende 2011 zunehmend angewendeten direkten Verfahren, bei denen elektrische Energie aus erneuerbaren Energien (Windenergie, Wasserkraft, Sonnenenergie, Bioenergie, Geothermie, Wellenenergie) direkt gewonnen wird. Auch die Anwendung der Brennstoffzelle gehört zu den direkten Verfahren, bei der durch katalytische Verbrennung direkt Elektroenergie erzeugt wird.

Durchläuft ein Arbeitsstoff bei einem thermodynamischen Prozess verschiedene Zustandsänderungen und kommt wieder in den Ausgangszustand zurück, wird von einem *Kreisprozess* gesprochen. Da die Zustandsgrößen des Arbeitsstoffes immer wieder in den Ausgangszustand zurückkehren, wiederholt sich der Prozess periodisch.

Es werden hier nur *Kreisprozesse von Kraftmaschinen* behandelt. In Kraftmaschinen erfolgt die Umwandlung von Energie in Form von technischer Arbeit, elektrischer oder kinetischer Energie (Nutzenergie.

Die gewonnenen Erkenntnisse können auf *Kreisprozesse von Arbeitsmaschinen* (Kälte- und Klimaanlagen), die als Energiequelle die elektrische Energie verwenden, übertragen werden

Aufgabe der thermodynamischen Untersuchung der Energieumwandlungen ist es, die Wirtschaftlichkeit einer Anlage zu beurteilen und Möglichkeiten zur Verbesserung der Wirtschaftlichkeit zu finden. Diese Untersuchungen können einsetzen, wenn sich die Anlage im Planungsstadium befindet und für bestimmte geforderte Leistungen ausgelegt werden soll. Aber oft muss auch umgekehrt das so genannte statische Verhalten einer fertigen Anlage für geänderte Bedingungen oder zulässige Leistungsänderungen beurteilt werden. Die Wirtschaftlichkeitsuntersuchungen erstrecken sich sowohl auf die Güte der Umwandlung, die in erster Linie die Betriebskosten beeinflusst, als auch auf die geforderte Leistung, die in erster Linie in die Anlagenkosten eingeht. Wirtschaftlichkeit und Kostensicherheit sind das Ziel der Ingenieurarbeit in den Bereichen der Anlagenplanung (neudeutsch: Engineering, Development & Design etc.) der Industrie.

7.1   Prozessarbeit und thermischer Wirkungsgrad

Im Folgenden wir erläutert, wie zugeführter Wärme in technische Arbeit umgewandelt wird. Kraftmaschinenprozesse sind immer irreversibel, die Vorgänge in den Maschinen sind wie bereits bei Turbinen und Verdichtern festgestellt wurde, instationär und inhomogen, die Arbeitsstoffe sind reale Stoffe. Oftmals ist es aber für den Bachelor-Ingenieur ausreichend, die wichtigsten Einflussgrößen auf die Leistung und Wirtschaftlichkeit der Prozesse zu kennen. Dazu genügt es oft, die Prozesse als reversibel zu betrachten. Ähnlich wie die Betrachtungen zur Herleitung des ersten Hauptsatzes für offene Systeme werden auch hier die Vorgänge in den offenen Systemen durch Vorgänge in geschlossenen Systemen ersetzt. Wenn auch innerhalb der Teilsysteme keine stationären und homogenen Verhältnisse vorherrschen, kann doch der Arbeitsstoff zumindest an den Ein- und Ausströmbereichen der Teilsysteme als stationär strömendes Medium angesehen werden. Die Zustands- und Prozessgrößen sind dann von der Zeit unabhängig betrachtbar.

Zur Erläuterung der prinzipiellen Vorgänge bei einem Kraftmaschinenprozess soll hier eine Wärmekraftmaschine betrachtet werden. Wird als Arbeitsstoff in dem System der Einfachheit halber ein ideales Gas mit konstanter spezifischer Wärmekapazität angenommen, werden die Teilprozesse in der Wärmekraftmaschine zum so genannten *Joule-Prozess* wie nachfolgend beschrieben, zusammengefasst.

Das System Wärmekraftmaschine besteht in Wesentlichen aus den zu einem Kreis zusammengeschalteten Teilsystemen Verdichter, Erhitzer, Turbine und Kühler, siehe Abb. 7.1. Die Systemgrenze soll sämtliche Teilsysteme und stofflichen Verbindungen zwischen diesen Teilsystemen umfassen. Das System Wärmekraftmaschine ist scheinbar ein offenes System, denn an den beiden Wärmetauschern Erhitzer und Kühler treten jeweils Stoffmengen ein bzw. aus. Da die Wärmetauscher jedoch jeweils zwischen System und Umgebung stofflich getrennt sind und demnach nur Wärme übertragen, bleibt innerhalb des Systems die umlaufende Stoffmenge konstant und das System Wärmekraftmaschine kann als geschlossenes System betrachtet werden.

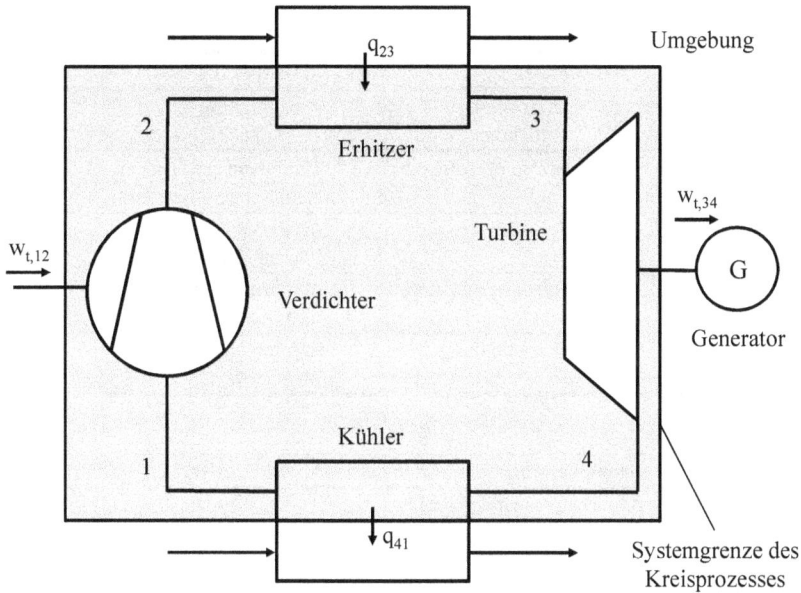

Abb. 7.1:   Schema einer Wärmekraftmaschine

Gemäß p, v-Diagramm, Abb. 7.2, lassen sich die periodischen Folgen von Zustandsänderungen des Kreisprozesses einer Wärmekraftmaschine erklären.

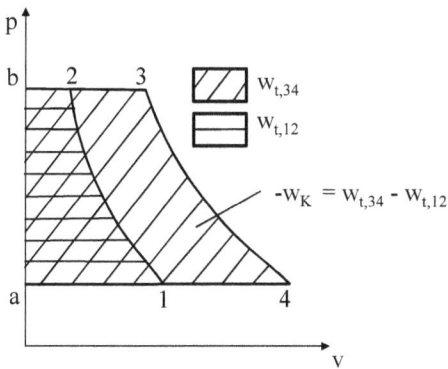

Abb. 7.2:   p,v-Diagramm für einen Joule-Prozess einer Wärmekraftmaschine

Die Zustandsänderungen laufen entsprechend Tabelle 7.1 ab.

Tab. 7.1:   Zustandsverläufe eines reversiblen Kreisprozesses einer Wärmekraftmaschine

Reversibler Kreisprozess einer Wärmekraftmaschine			
Zustands – *verlauf*	*Teilsystem* *(Aggregat)*	*Zustands –* *änderung*	*Prozessgröße* *(+) Zufuhr/(−) Abfuhr*
$1-2$	Verdichter	isentrope Verdichtung	Zufuhr von spezifischer technischer Arbeit $+w_{t,12}$
$2-3$	Erhitzer	isobare Erwärmung	Zufuhr von spezifischer Wärme $+q_{12}$
$3-4$	Turbine	isentrope Entspannung	Abfuhr von spezifischer technischer Arbeit $-w_{t,34}$
$4-1$	Kühler	isobare Kühlung	Abfuhr von spezifischer Wäme $-q_{41}$
Fläche im *p, v – Diagramm*			
$a-1-2-b$	spezifische technische Arbeit des Verdichters		$+w_{t,12}$
$b-3-4-a$	spezifische technische Arbeit der Turbine		$-w_{t,34}$
$1-2-3-4$	spezifische Prozessarbeit (Nutzarbeit des Kreisprozesses)		$-w_K$

Ein Arbeitsstoff, z.B. Luft, wird

- im Verdichter vom Zustand 1 auf Zustand 2 isentrop ($s_1 = s_2$) komprimiert ($p_2 > p_1$), die spezifische technische Arbeit $+w_{t,12}$ wird zugeführt
- im Erhitzer vom Zustand 2 auf Zustand 3 isobar ($p_2 = p_3$) erhitzt, die spezifische Wärme $+q_{12}$ wird zugeführt
- in der Turbine vom Zustand 3 auf Zustand 4 isentrop ($s_3 = s_4$) entspannt ($p_4 < p_3$), die spezifische technische Arbeit $-w_{t,34}$ wird abgeführt
- im Kühler vom Zustand 4 wieder zurück zum Ausgangszustand 1 isobar ($p_4 = p_1$) gekühlt. die spezifische Wärme $-q_{41}$ wird abgeführt

Die abgegebene spezifische technische Arbeit bei der Entspannung $-w_{t,34}$ ist betragsmäßig größer als die zugeführte spezifische technische Arbeit bei der Verdichtung $+w_{t,12}$.

Die Summe aus abgegebener spezifischer technischer Arbeit der Turbine und zugeführter spezifischer technischer Arbeit des Verdichters

$$+w_{t,12} - w_{t,34} = -w_K \tag{7.1}$$

wird als spezifische Prozessarbeit $-w_K$ bezeichnet. Die spezifische Prozessarbeit ist mit dem negativen Vorzeichen eine abgegebene spezifische Nutzarbeit des Kreisprozesses.

Die Turbine kann z.B. auf einer gemeinsamen Achse den Verdichter antreiben und die überschüssige Arbeit als Prozessarbeit an einen Generator außerhalb des thermodynamischen Systems zur Stromerzeugung abgeben.

Die Gl. (7.1) des Gesamtprozesses lässt sich aus den einzelnen Teilprozessen begründen. Für jeden Teilprozess mit der Zustandsänderung $i - k$ lautet der erste Hauptsatz für ein offenes, bewegtes Teilsystem nach Gl. (4.65)

$$q_{ik} + w_{R,ik} + w_{t,ik} = h_k - h_i + \frac{1}{2}(c_k^2 - c_i^2) + g(z_k - z_i) \qquad (7.2)$$

Gl. (7.2) auf alle 4 hintereinander geschaltete Teilprozesse angewendet, ergibt folgendes Gleichungssystem

$$1 - 2: \quad q_{12} + w_{R,12} + w_{t,12} = h_2 - h_1 + \frac{1}{2}(c_2^2 - c_1^2) + g(z_2 - z_1)$$

$$2 - 3: \quad q_{23} + w_{R,23} + w_{t,23} = h_3 - h_2 + \frac{1}{2}(c_3^2 - c_2^2) + g(z_3 - z_2)$$

$$3 - 4: \quad q_{34} + w_{R,34} - w_{t,34} = h_4 - h_3 + \frac{1}{2}(c_4^2 - c_3^2) + g(z_4 - z_3)$$

$$4 - 1: \quad -q_{41} + w_{R,41} + w_{t,41} = h_1 - h_4 + \frac{1}{2}(c_1^2 - c_4^2) + g(z_1 - z_4)$$

Die Teilprozesse laufen unter folgenden Bedingungen ab:

$1 - 2:$ isentroper Prozess (adiabat + reversibel), d. h. $q_{12} = 0, w_{R,12} = 0$

$2 - 3:$ keine spezifische techn. Arbeit, d. h. $w_{t,23} = 0$

$3 - 4:$ isentroper Prozess (adiabat + reversibel), d. h. $q_{34} = 0, w_{R,34} = 0$

$4 - 1:$ keine spezifische techn. Arbeit, d. h. $w_{t,41} = 0$

Die Addition der Gleichungen der 4 Teilprozesse ergibt

$$1 - 2: \quad 0 \ + w_{t,12} = h_2 - h_1 + \frac{1}{2}(c_2^2 - c_1^2) + g(z_2 - z_1)$$

$$2 - 3: \quad q_{23} + \quad 0 = h_3 - h_2 + \frac{1}{2}(c_3^2 - c_2^2) + g(z_3 - z_2)$$

$$3 - 4: \quad 0 \ - w_{t,34} = h_4 - h_3 + \frac{1}{2}(c_4^2 - c_3^2) + g(z_4 - z_3)$$

$$4 - 1: \quad -q_{41} + \quad 0 = h_1 - h_4 + \frac{1}{2}(c_1^2 - c_4^2) + g(z_1 - z_4)$$

$$w_{t,12} + q_{23} - w_{t,34} - q_{41} = 0$$

bzw. ergibt für die Summe aus (positiver) zugeführter spezifischer technischer Arbeit des Verdichters und (negativer) abgeführter spezifischer technischer Arbeit der Turbine die (negative) abgeführte spezifische Kreisarbeit (spezifische Nutzarbeit des Kreisprozesses)

$$-w_K = w_{t,12} - w_{t,34} = q_{23} - q_{41} \qquad (7.3)$$

Sogleich wird aus Gl. (7.3) deutlich, dass die abgegebene spezifische Kreisarbeit $-w_K$ auch als die Summe aus (positiver) zugeführter spezifischer Wärme des Erhitzers und (negative) abgeführter spezifischer Wärme des Kühlers berechnet werden kann.

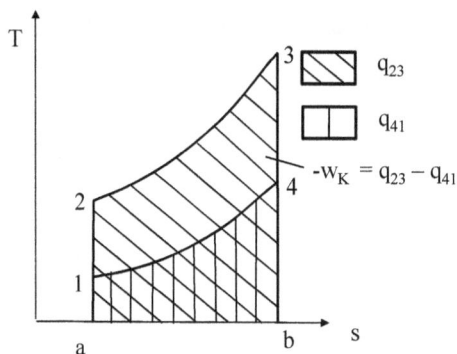

Abb. 7.3:   T,s-Diagramm für einen Joule-Prozess einer Wärmekraftmaschine

Der energetische Nutzen, d.h. die (negative) abgegebene spezifische Kreisarbeit (spezifische Nutzarbeit des Kreisprozesses) ist vom Betrag umso größer je kleiner die (positive) zugeführte spezifische Wärme des Erhitzers q_{41} ist, d.h. je kleiner der energetische Aufwand ist.

Mit dem so genannten thermischen Wirkungsgrad η_{th}, als Quotient vom Betrag der abgeführten (negativen) spezifischen Kreisarbeit $|w_k|$ und zugeführten spezifischen Wärme q_{23}

$$\eta_{th} = \frac{|w_k|}{q_{23}} = \frac{|q_{23} - q_{41}|}{q_{23}} = 1 - \frac{|q_{41}|}{q_{23}} \tag{7.4}$$

lässt sich eine Aufwand-Nutzen-Betrachtung des Kreisprozesses erstellen.

Im p, v-Diagramm, Abb. 7.3 ist erkennbar, dass eine große Fläche für w_k dann entsteht, wenn die Drücke ($p_2 = p_3$) von den Drücken ($p_1 = p_4$) bzw. die beiden Isentropen ($s_1 = s_2$) und ($s_3 = s_4$) weit voneinander entfernt liegen.

Aus einem entsprechend großen Druckverhältnis $\frac{p_2}{p_1} = \frac{p_3}{p_4}$ mit $p_2 > p_1$ bzw. $p_3 > p_4$ ergibt sich sowohl bei der isentropen Verdichtung als auch bei der isentropen Expansion mit Gl. (5.17) ein entsprechend großes Temperaturverhältnis

$$\frac{T_2}{T_1} = \frac{T_3}{T_4} = \left(\frac{p_2}{p_1}\right)^{\frac{\kappa-1}{\kappa}} \text{ mit } T_2 > T_1 \text{ bzw. } T_3 > T_4 \tag{7.5}$$

Die Kreisarbeit (Nutzarbeit des Kreisprozesses eines Kraftmaschinenprozesses) ergibt sich aus der Differenz zwischen den als Wärme zu- und abgeführten Energien. Kreisarbeit kann nur dann aus der als Wärme zugeführten Energie gewonnen werden, wenn für den Prozess der Wärmezu- und -abfuhr ein Temperaturgefälle vorhanden ist. Der thermische Wirkungsgrad ist umso größer, je größer das Temperaturgefälle ist.

Zum großen Druckverhältnis gehört nach Gl. (7.5) auch ein großes Temperaturverhältnis.

Wird die abzuführende Wärme von der Umgebung aufgenommen, ist die niedrigste Temperatur des Kraftmaschinenprozesses durch die Umgebungstemperatur T_U gegeben ($T_1 = T_4 = T_U$) und es kann für einen hohen thermischen Wirkungsgrad nur die Temperatur bei der Wärmezufuhr T_2 bis T_3 entsprechend hoch gewählt werden. Das größtmögliche Temperaturverhältnis

$$\frac{T_3}{T_U} = \left(\frac{p_2}{p_1}\right)^{\frac{\kappa-1}{\kappa}} \tag{7.6}$$

hängt jedoch von der größtmöglichen, werkstoffabhängigen Eintrittstemperatur T_3 für die entsprechende Turbine ab.

7.2   Betrachtungen zur Theorie von Kreisprozessen

Ein Kreisprozess kann nur in einem geschlossenen System realisiert werden. Ein geschlossenes System kann wie bei der Wärmekraftmaschine eine Anlage sein, in der der Arbeitsstoff strömt. Zur mathematischen Behandlung wird angenommen, dass die Stoffströme zumindest an den Ein- und Ausströmöffnungen der einzelnen Teilaggregate jeweils stationär sind und die Teilprozesse reversibel verlaufen. Ein Kreisprozess ist eine Folge von Zustandsänderungen, bei denen der Endzustand gleich dem Anfangszustand ist. Die Änderung jeder Zustandsgröße, so auch der Entropie, muss nach jedem Umlauf Null sein, Abb. 7.4.

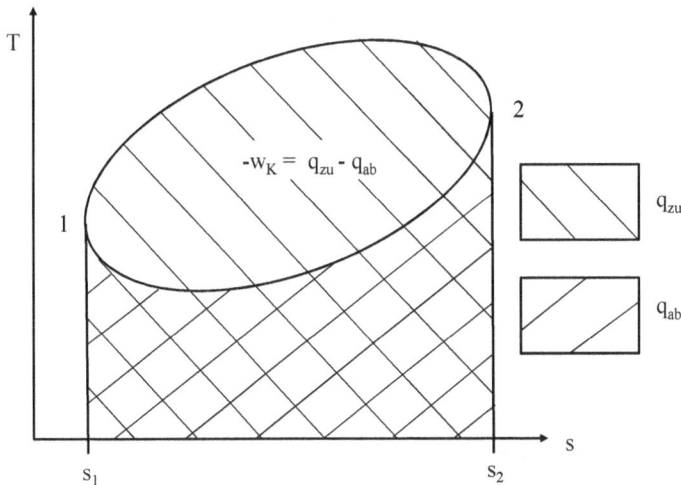

Abb. 7.4:   T,s-Diagramm für einen Kreisprozess mit reversiblen Teilprozessen

Damit gilt für Kreisprozesse mit reversiblen Vorgängen die Gleichung

$$\int_1^2 ds + \int_2^1 ds = \oint ds = s_2 - s_1 - (s_2 - s_1) = 0 \tag{7.7}$$

oder mit Gl. (4.33)

$$\delta Q + \delta W_D + \delta W_R = du$$

und mit Gl. (4.49)

$$\delta Q + \delta W_t + \delta W_R = dh$$

jeweils mit $\delta W_R = 0$ für reversible Vorgänge die Beziehungen

$$\oint (\delta Q + \delta W_D) = \oint du = 0 \qquad (7.8)$$

bzw.

$$\oint (\delta Q + \delta W_t) = \oint dh = 0 \qquad (7.9)$$

Anders als die Zustandsgrößen verhalten sich die Prozessgrößen. Wird dem geschlossenen System die spezifische Wärme q_{zu} zu- und die spezifische Wärme $-q_{ab}$ abgeführt (negatives Vorzeichen), so wird die spezifische Nutzarbeit des Kreisprozesses (spezifische Prozessarbeit) $-w_K$ abgegeben (negatives Vorzeichen).

$$-w_K = q_{zu} - q_{ab} \qquad (7.10)$$

bzw.

$-w_K = \sum_i q_i$ Summe aller zu- bzw.abgeführter spezifischer Wärmen
                        Zahlenwerte für Zufuhren (+) und Abfuhren (–)

Die abgegebene spezifische Nutzarbeit des Kreisprozesses stammt stets aus der Differenz zwischen den als spezifische Wärme zu- und abgeführten Energien. Dieser Zusammenhang gilt ausschließlich für reversible Vorgänge, die in Abb. 7.4 dargestellt sind.

Da die Prozessarbeit im p,v-Diagramm, Abb. 7.3, der von den Zustandsänderungen umschriebenen Fläche entspricht, ist keine Unterscheidung zwischen Volumenänderungsarbeit und technischer Arbeit erforderlich. Somit gilt in Erweiterung von Gl. (7.3)

$$-w_K = w_{t,zu} - w_{t,ab} = w_{D,zu} - w_{D,ab} \qquad (7.11)$$

bzw.

$-w_K = \sum_i w_{t,i}$ Summe aller zu- bzw. abgeführter spezifischer technischer
                        Arbeiten, Zahlenwerte für Zufuhren (+) und Abfuhren (–)

$-w_K = \sum_j w_{D,j}$ Summe aller zu- bzw.abgeführter spezifischer Volumenänderungsarbeiten,Zahlenwerte für Zufuhren (+) und Abfuhren (-)

Die (spezifische) Nutzarbeit eines Kreisprozesses kann als Summe aller zu- und abgeführten (spezifischen) Volumenänderungsarbeiten oder (spezifischen) technischen Arbeiten berechnet werden.

7.3   Carnotprozess

Anstelle der im p, v-Diagramm, Abb. 7.3, dargestellten reversiblen Zustandsänderungen des Kreisprozesses einer Wärmekraftmaschine bestehend aus zwei Isentropen und zwei Isobaren, könnte theoretisch denkbar, die Nutzarbeit eines Kreisprozesses $-w_K = q_{zu}-q_{ab}$ nach Gl. (7.3) sich auch aus zwei isentrope und zwei isotherme Zustandsänderungen zusammensetzen, Abb. 7.5.

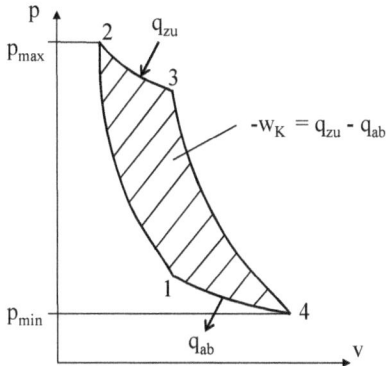

Abb. 7.5:   p,v-Diagramm eines Carnot-Prozesses

Dieser nach dem Franzosen CARNOT benannte Prozess setzt sich aus folgenden vier reversiblen Teilprozessen zusammen:

         1 − 2:   isentrope, d. h. adiabate + reversible Kompression

         2 − 3:   isotherme Expansion mit Wärmezufuhr an den Arbeitsstoff

         3 − 4:   isentrope, d. h. adiabate + reversible Expansion

         4 − 1:   isotherme Kompression mit Wärmeabgabe an den Arbeitsstoff

Wegen $-w_K = q_{zu} - q_{ab}$ nach Gl. (7.10) ist die spezifische Kreisarbeit, die in dem Prozess durch die beschreibende Fläche $(1 − 2 − 3 − 4)$ im T, s-Diagramm darstellbar ist, siehe Abb. 7.6, besonders eindrucksvoll.

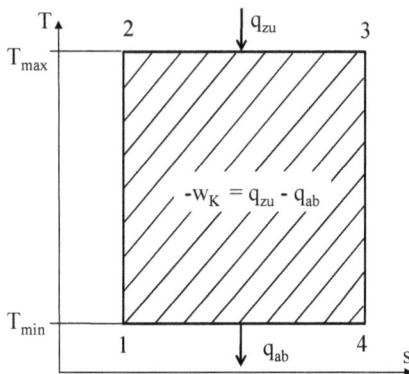

Abb. 7.6:   T,s-Diagramm eines Carnot-Prozesses

Der Carnot-Prozess lässt sich leider für Gase als Arbeitsstoff praktisch nicht verwirklichen, weil zwar eine isotherme Kompression oder Expansion durch unendlich langsam ablaufende Prozesse (im Widerspruch zu normalen Arbeitsgeschwindigkeiten für den Wärmeübertrag), aber eine isotherme Wärmezufuhr (*Teilprozess* 2 − 3) oder -abfuhr (*Teilprozess* 4 − 1) bei einem Gas als Arbeitsstoff nicht zu realisieren ist.

Wenn auch der Carnot-Prozess für Gase als Arbeitsstoff sich nicht verwirklichen lässt (im Gegensatz zu Stoffen im so genannten Nassdampfgebiet), so kann er doch als Vergleichsprozess dienen und ermöglicht damit grundlegende Einsichten in die thermodynamische Güte der Energieumwandlung.

Der thermische Wirkungsgrad des Carnot-Prozesses ergibt sich nach Gl. (7.4) wie folgt

$$\eta_{th} = \frac{|w_k|}{q_{zu}} = \frac{|q_{zu} - q_{ab}|}{q_{zu}} = 1 - \frac{|q_{ab}|}{q_{zu}} \qquad (7.12)$$

Für die reversibel übertragenen spezifischen Wärmen gilt

$$q_{zu} = T_{max} \cdot (s_3 - s_2) = T_{max} \cdot (s_4 - s_1) \qquad (7.13)$$

und

$$q_{ab} = T_{min} \cdot (s_4 - s_1) \qquad (7.14)$$

Damit folgt

$$\eta_{th} = \frac{|q_{zu} - q_{ab}|}{q_{zu}} = \frac{|T_{max} \cdot (s_4 - s_1) - T_{min} \cdot (s_4 - s_1)|}{T_{max} \cdot (s_4 - s_1)} = \frac{T_{max} - T_{min}}{T_{max}} \qquad (7.15)$$

Der thermische Wirkungsgrad eines Carnotprozesses wird als *Carnotfaktor* η_C bezeichnet. Damit lautet mit $T_{zu} = T_{max}$, der Temperatur der zugeführten Wärme q_{zu} und $T_{ab} = T_{min}$, der Temperatur der abgeführten Wärme q_{ab} der Carnotfaktor

$$\eta_C = \frac{T_{max} - T_{min}}{T_{max}} = \frac{T_{zu} - T_{ab}}{T_{zu}} = 1 - \frac{T_{ab}}{T_{zu}} \qquad (7.16)$$

Der Carnotfaktor ist umso größer, je höher die Temperatur T_{zu} ist, bei der die Wärme zugeführt wird und je niedriger die Temperatur T_{ab} ist, bei der die Wärme abgeführt wird.

Wird die abzuführende Wärme von der Umgebung aufgenommen, ist die niedrigste Temperatur durch die Umgebungstemperatur T_U gegeben ($T_{ab} = T_U$). Da für die Umgebungstemperatur stets $T_U > 0\ K$ beträgt, muss auch der Carnotfaktor

$$\eta_C < 1 \qquad (7.17)$$

sein. Da es für ein gegebenes Temperaturgefälle keinen reversiblen Kreisprozess gibt, der einen höheren thermischen Wirkungsgrad besitzt als der Carnot-Prozess, gilt

$$\eta_C = \eta_{th\,max} \qquad (7.18)$$

Nach Gl. (7.10) liefert der Carnot-Prozess aus einer zugeführten Wärme q_{zu} die theoretisch maximal mögliche Kreisarbeit

$$|w_k|_{max} = \eta_C \cdot q_{zu} \tag{7.19}$$

Beispiel 7.1

Es ist ein reversibler Kreisprozess gegeben. Es liege ein Fall vor, bei dem dieser geschlossene Kreisprozess in vier Prozessschritten unterteilt wird. In den einzelnen Prozessschritten werden folgende Wärmen an einen Zylinder mit beweglichen Kolben zu- bzw. abgeführt:

$$1-2: \quad Q_{12} = +10 \ kJ$$
$$2-3: \quad Q_{23} = -24 \ kJ$$
$$3-4: \quad Q_{34} = -3 \ kJ$$
$$4-1: \quad Q_{41} = +31 \ kJ$$

- Es ist der Kreisprozess in einem T, s-Diagramm qualitativ darzustellen.
- Es ist mit dem ersten Hauptsatz die abgegebene spezifische Kreisarbeit zu berechnen.

Gegeben:

$Q_{12} = +10 \ kJ$

$Q_{23} = -24 \ kJ$

$Q_{34} = -3 \ kJ$

$Q_{41} = +31 \ kJ$

Gesucht:

w_k

Lösungsweg:

1. System: geschlossenes System, alle Zustände laufen nacheinander in einem Zylinder ab

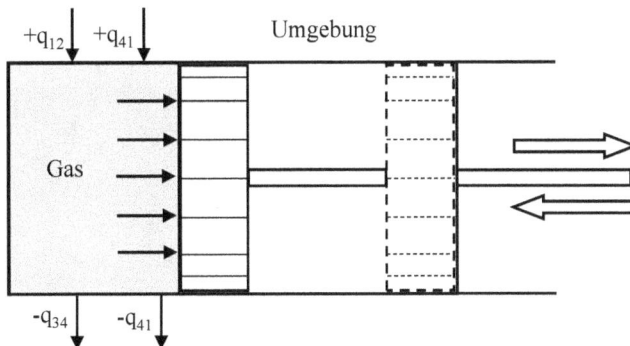

Abb. 7.7:   System für Beispiel 7.1

2. Ruhendes Bezugssystem BZS

3. Modellbildung
•   Im T, s-Diagramm stellt sich der Kreisprozess wie in Abb. 7.8 dar. Folgende Flächen
    sind dem T, s-Diagramm zu entnehmen:

$$A - 4 - 1 - 2 - B: \quad \text{spezifische Wärmezufuhr}$$

$$-\quad A - 4 - 3 - 2 - B: \quad \text{spezifische Wärmeabfuhr}$$

$$=\quad 1 - 2 - 3 - 4: \quad \text{resultierende spezifische Wärmezufuhr}$$

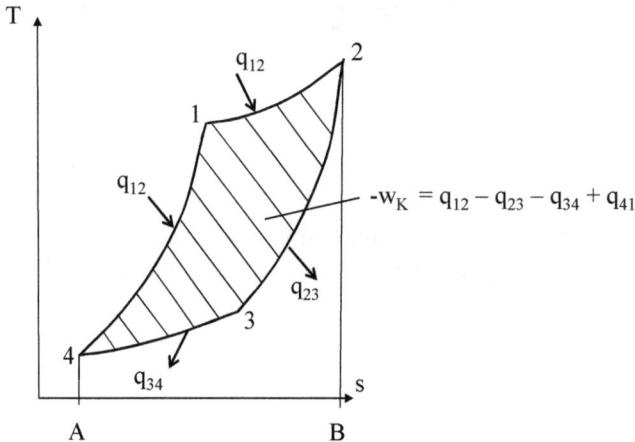

Abb. 7.8:   T,s-Diagramm für Beispiel 7.1

Mit dem ersten Hauptsatz für ein ruhendes, geschlossenes System für absolute
Größen nach Gl. (4.33) gilt

$$\delta Q + \delta W_D + \delta W_R = dU$$

und für einen Kreisprozess nach Gl. (7.8)

$$\oint (\delta Q + \delta W_D) = \oint dU = 0$$

Damit gilt nach Gl. (7.10) für Absolutgrößen

$$-W_K = \sum_i Q_i = Q_{12} + Q_{23} + Q_{34} + Q_{41}$$

$$-W_K = Q_{12} + Q_{23} + Q_{34} + Q_{41} = (10 - 24 - 3 + 31)\, kJ$$

$$W_K = -14\, kJ$$

Es wird bei diesem Prozess die Kreisarbeit $W_K = -14\, kJ$ abgegeben (negatives Vorzeichen). Die abgegebene Kreisarbeit ist betragsmäßig gleich der resultierenden
Wärmezufuhr.

Beispiel 7.2

In einem reversiblen Wärmekraftprozess wird in einem Erhitzer dem Arbeitsmedium ein Wärmestrom $\dot{Q}_{zu} = 100 \ kJ/s$ zugeführt. Die Leistung des Prozesses beträgt $\dot{W}_K = -10 \ kJ/s$.

- Die Energiemenge pro Sekunde des Kühlers $\dot{Q}_{ab}$ ist zu bestimmen.
- Es ist der thermische Wirkungsgrad η_{th} zu berechnen.

Gegeben:

$\dot{Q}_{zu} = 100 \ kJ/s$

$\dot{W}_K = -10 \ kJ/s$

Gesucht:

$\dot{Q}_{ab}$

Lösungsweg:

1. System: geschlossen

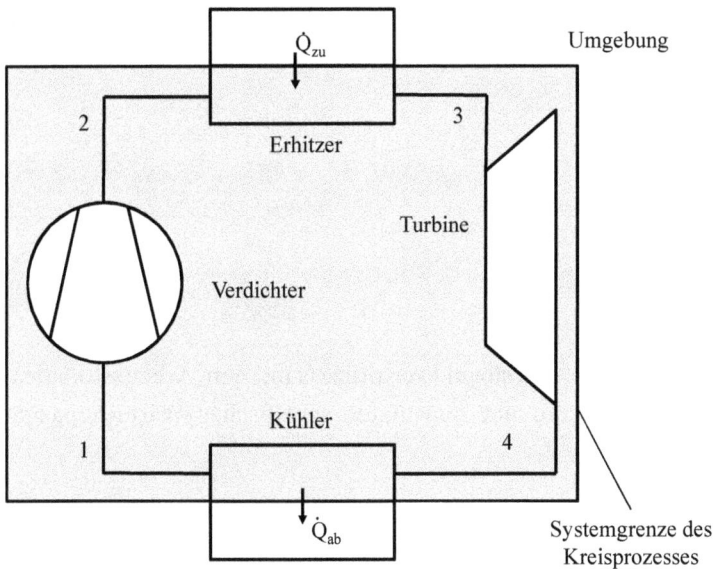

Abb. 7.9:   System für Beispiel 7.2

2. Ruhendes Bezugssystem BZS

3. Modellbildung
- Bestimmung der Energiemenge pro Sekunde des Kühlers $\dot{Q}_{ab}$

    Mit dem ersten Hauptsatz für ein ruhendes geschlossenes System nach Gl. (4.33) gilt

    $$\delta Q + \delta W_D + \delta W_R = dU$$

und für einen Kreisprozess nach Gl. (7.8)

$$\oint (\delta Q + \delta W_D) = \oint dU = 0$$

Damit gilt für absolute Stromgrößen nach Integration mit Gl. (7.10)

$$-\dot{W}_K = \sum_i \dot{Q}_i$$

bzw.

$$\dot{W}_K = -\sum_i \dot{Q}_i$$

$$\dot{W}_K = -(\dot{Q}_{zu} + \dot{Q}_{ab})$$

$$\dot{Q}_{ab} = -\dot{Q}_{zu} - \dot{W}_K = -100\frac{kJ}{s} - \left(-10\frac{kJ}{s}\right) = -90\frac{kJ}{s}$$

- Berechnung des thermischen Wirkungsgrades η_{th}

  Nach Gl. (7.12) gilt auch für absolute Stromgrößen folgende Gleichung

$$\eta_{th} = \frac{|w_k|}{q_{zu}} = \frac{|\dot{W}_K|}{\dot{Q}_{zu}}$$

$$\eta_{th} = \frac{10\ kJ/s}{100\ kJ/s} = 0,1$$

$$\eta_{th} = 10\%$$

Beispiel 7.3

Der in folgender Skizze dargestellte reversiblen Kreisprozess mit dem Arbeitsstoff ideales Gas *Luft* mit $R = 0,2871\frac{kJ}{kg\ K}$ und mit konstanter spezifischer Wärmekapazität $c_v = 0,716\frac{kJ}{kg\ K}$ ist gegeben.

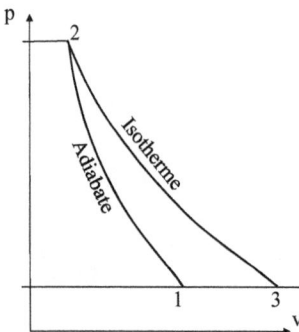

Abb. 7.10:   System für Beispiel 7.3

Der Anfangszustand der Luft beträgt $p_1 = 1,5\ bar$, $t_1 = 30\ °C$ und die Endtemperatur der adiabaten Verdichtung beträgt $t_2 = 200\ °C$.

- Es ist der Prozess in einem T, s-Diagramm qualitativ darzustellen.
- Die spezifische Kreisarbeit w_K ist zu bestimmen.
- Der Wirkungsgrad η_{th} ist zu berechnen

Die Teilprozesse sind folgende:

        $1 - 2$:   Isentrope (adiabate und reversible) Verdichtung

        $2 - 3$:   Isotherme Entspannung

        $3 - 1$:   Isobare Volumenänderungsarbeit

Gegeben:

$p_1 = 1,5\ bar$

$t_1 = 30\ °C$

$t_2 = 200\ °C$

$c_v = 0,716\ \dfrac{kJ}{kg\ K} = konst$

Gesucht:

w_k

η_{th}

Lösungsweg:

1. System: geschlossenes System, alle Zustände laufen nacheinander in einem Zylinder ab

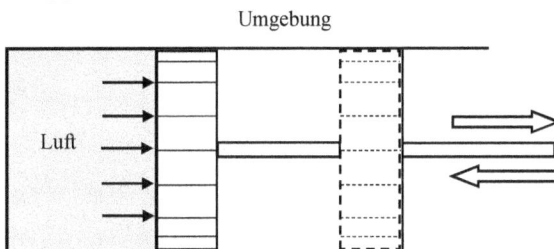

Abb. 7.11:   System für Beispiel 7.4

2. Ruhendes Bezugssystem BZS

3. Modellbildung
- Im T, s-Diagramm stellt sich der Kreisprozess wie folgt dar. Folgende Prozesse sind in das T, s -Diagramm eingetragen:

        $1 - 2$:   Isentrope (adiabate und reversible) Verdichtung

        $2 - 3$:   Isotherme Entspannung

        $3 - 1$:   Isobare Volumenänderungsarbeit

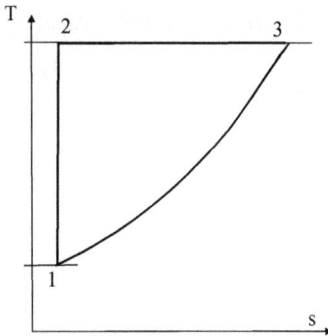

Abb. 7.12:   T,s-Diagramm für Beispiel 7.4

- Bestimmung der Kreisarbeit w_k

  Prozess 1 − 2
  adiabate reversible Verdichtung (isentrope Zustandsänderung)

  Mit dem ersten Hauptsatz für ein ruhendes geschlossenes System nach Gl. (4.33) gilt

  $$\delta q + \delta w_D + \delta w_R = du$$

  Mit $\delta w_R = 0$ und $\delta q = 0$ gilt für den Prozess der adiabaten, reversiblen Verdichtung (isentrope Zustandsänderung)

  $$\delta w_D = du$$

  Für das ideale Gas gilt

  $$c_v = \left(\frac{\partial u}{\partial T}\right)_v = \frac{du}{dT}$$

  $$du = c_v \cdot dT$$

  $$\delta w_D = du = c_v \cdot dT$$

  Nach Integration folgt mit $c_v = konst$

  $$w_{D,12} = -\int_1^2 p \cdot dv = c_v \cdot (T_1 - T_2) = 0{,}716\frac{kJ}{kg\,K} \cdot (473{,}15\,K - 303{,}15\,K)$$

  $$w_{D,12} = 121{,}7\ kJ/kg$$

  Der Druck p_2 (wird benötigt für den nächsten Teilprozess 2 − 3) ergibt sich für die isentrope Zustandsänderung 1 − 2 mit Gl. (5.17)

  $$\frac{T_2}{T_1} = \left(\frac{p_2}{p_1}\right)^{\frac{\kappa-1}{\kappa}}$$

und mit Gl. (5.16)

$$\frac{R}{c_p} = 1 - \frac{1}{\kappa}$$

$$\kappa = \frac{R + c_v}{c_v} = \frac{0{,}2871 \frac{kJ}{kg\,K} + 0{,}716 \frac{kJ}{kg\,K}}{0{,}716 \frac{kJ}{kg\,K}} = 1{,}4$$

$$p_2 = p_1 \cdot \left(\frac{T_2}{T_1}\right)^{\frac{\kappa}{\kappa-1}} = 1{,}5\,bar \cdot \left(\frac{473{,}15\,K}{303{,}15\,K}\right)^{\frac{1{,}4}{1{,}4-1}} = 7{,}13\,bar$$

Prozess 2 – 3
Isotherme Entspannung

Nach Gl. (4.18) folgt für die spezifische Volumenänderungsarbeit $w_{D,23}$ bei isothermer Zustandsänderung mit Gl. (5.40)

$$w_{D,23} = -\int_2^3 p \cdot dv = -R \cdot T \cdot \ln\left(\frac{p_2}{p_3 = p_1}\right)$$

$$w_{D,23} = R \cdot T \cdot \ln\left(\frac{p_1}{p_2}\right) = 0{,}2871 \frac{kJ}{kg\,K} \cdot 473{,}15\,K \cdot \ln\left(\frac{1{,}5\,bar}{7{,}13\,bar}\right)$$

$$w_{D,23} = -q_{23} = -210{,}3\,kJ/kg$$

Prozess 3 – 1
Spezifische Volumenänderungsarbeit bei isobarer Zustandsänderung

Nach Gl. (4.18) folgt für die spezifische Volumenänderungsarbeit bei isobarer Zustandsänderung mit Gl. (5.67)

$$w_{D,31} = -\int_3^1 p \cdot dv = -R \cdot (T_1 - T_3) = -0{,}2871 \frac{kJ}{kg\,K} \cdot (303{,}15K - 473{,}15\,K)$$

$$w_{D,31} = 48{,}8\,kJ/kg$$

Prozess 1 – 2 – 3 – 1
Berechnung der Kreisarbeit

Nach Gl. (7.11) folgt

$$-w_K = \sum_j w_{D,j} = w_{D,12} + w_{D,23} + w_{D,34} = (121{,}7 - 210{,}3 + 48{,}8)\,kJ/kg$$

$$w_K = -39{,}8\,kJ/kg$$

Es wird bei diesem Prozess die Kreisarbeit $w_K = -39{,}8\,kJ/kg$ abgegeben (negatives Vorzeichen).

- Berechnung des Wirkungsgrades für einen Kreisprozess mit folgenden Teilprozessen:

$$1 - 2: \quad \text{Isentrope: adiabate und reversible Verdichtung } q_{12} = 0$$

$$2 - 3: \quad \text{Isotherme Entspannung} - q_{23} = w_{D,23} < 0$$

$$3 - 1: \quad \text{Isobare Volumenänderungsarbeit } w_{D,31} < 0$$

Nach Gl. (7.12) beträgt der thermische Wirkungsgrad mit $q_{zu} = q_{23}$

$$\eta_{th} = \frac{|w_k|}{q_{zu}} = \frac{39{,}8 \; kJ/kg}{210{,}3 \; kJ/kg} = 0{,}19 \qquad \eta_{th} = 19\%$$

8 Anwendung des zweiten Hauptsatzes auf Energieumwandlungen

8.1 Exergie und Anergie

Alle thermodynamischen Prozesse müssen nicht nur den ersten Hauptsatz, sondern auch den zweien Hauptsatz erfüllen. Nach dem ersten Hauptsatz sind alle Prozesse möglich, bei denen lediglich die Summe der Energien konstant bleibt. Der zweite Hauptsatz schränkt diese Aussage erheblich ein, in dem er nur Prozesse zulässt, bei denen die Entropieerzeugung immer positiv oder bei reversiblen Prozessen höchstens Null ist. Dadurch, dass nicht alle Prozesse möglich sind, folgt unmittelbar, dass auch nicht alle Energieformen beliebig in andere Energieformen umgewandelt werden können. Die Energie, die unbeschränkt in jede andere Energieform umgewandelt werden kann, wird als so genannte *technische Arbeitsfähigkeit* oder als *Exergie E* und die Energie, die nicht umgewandelt werden kann, als *Verlust an technischer Arbeitsfähigkeit (Energieentwertung)* oder als *Anergie B* bezeichnet. Nach dem ersten Hauptsatz muss die Energie W als Summe aus Exergie E und Anergie B immer konstant bleiben.

$$W = E + B \qquad (8.1)$$

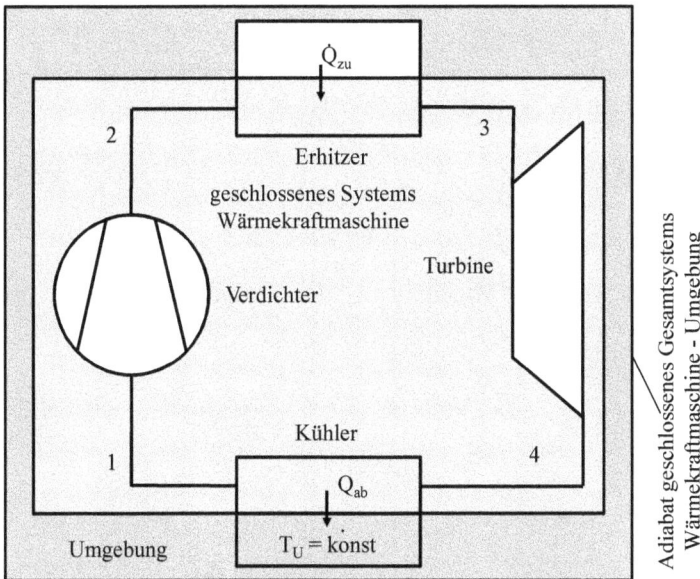

Abb. 8.1:   Reversible Wärmekraftmaschine

Für den Ingenieur ist von der Energie nur der umwandelbare Anteil, die Exergie, interessant.. Nur mit Hilfe der Exergie lasse sich technische Prozesse aufrechterhalten. Ein einfaches Beispiel ist die Wärmekraftmaschine, siehe Abschn. 8.1.

In Abb. 8.1 ist nicht nur das geschlossene System der Wärmekraftanlage zur Anwendung des ersten Hauptsatzes, sondern auch das adiabate, geschlossene Gesamtsystem, bestehend aus Anlage und Umgebung zur Anwendung des zweiten Hauptsatzes, dargestellt.

Die Luft am Eintritt in die Turbine besitzt Exergie und Anergie. Die Exergie ist der Anteil, der sich bei einem reversiblen Vorgang in der Turbine in technische Arbeit oder mit Hilfe eines Generators in elektrische Energie umwandeln lässt, wenn bis auf den Umgebungszustand expandiert wird.

Wird die abzuführende Wärme von der Umgebung aufgenommen, ist die niedrigste Temperatur des Kraftmaschinenprozesses durch die Umgebungstemperatur T_U gegeben, wie bereits in Abschn. 7.1 festgestellt wurde.

Die Luft am Austritt der Turbine mit Umgebungsparametern besitzt nur Anergie. Diese Energie lässt sich nicht mehr technisch verwerten. Zur richtigen Anwendung der Exergie und Anergie müssen die Anteile der Exergie und Anergie der einzelnen Energieformen analysiert werden.

8.2 Exergie und Anergie der Wärme

Um die Exergie der Wärme zu berechnen, wird gedanklich diese Wärme einer Wärmekraftmaschine zugeführt, die reversibel arbeitet. Damit nicht andere Energieformen die Bilanz verfälschen, muss die Maschine einen geschlossenen Kreislauf besitzen, d.h. der Arbeitsstoff in der Maschine ist immer der gleiche. Demzufolge muss der Arbeitsstoff am Ende des Kreisprozesses die gleichen Zustandsgrößen besitzen wie zu Beginn, siehe Abschn. 7.1.

Der Arbeitsstoff wird im Prozess $1 - 2$ isentrop (reversibel und adiabat) verdichtet. Während der Verdichtung wird dem Arbeitsstoff die Arbeit

$$\int_1^2 \delta W_t = W_{t,12} \tag{8.2}$$

zugeführt.

Während des Prozesses $2 - 3$ wird der Maschine bei der Temperatur T_2 bis T_3 die Wärme

$$\int_2^3 \delta Q = Q_{23} = Q_{zu} \tag{8.3}$$

zugeführt.

Danach wird das Arbeitsmittel beim Prozess $3 - 4$ bis auf die konstante Temperatur der Umgebung T_U umkehrbar und adiabat entspannt. Dabei kann von dem Arbeitsmitel die technische Arbeit

$$\int_3^4 \delta W_t = W_{t,34} \tag{8.4}$$

abgegeben werden. Bei der Temperatur T_U wird im Prozess $4 - 1$ von dem Arbeitsmittel die Wärme

$$\int_4^1 \delta Q = Q_{41} = Q_{ab} \tag{8.5}$$

an die Umgebung abgeführt.

Nach Gl. (7.11) ergibt sich aus der Summe aus (positiver) zugeführter technischer Arbeit des Verdichters $\int_1^2 \delta W_t$ und (negativer) abgeführter technischer Arbeit der Turbine $- \int_3^4 \delta W_t$ die (negative) abgeführte spezifische Kreisarbeit (spezifische Nutzarbeit des Kreisprozesses) bzw. mit $-W_K = \sum_i W_{t,i}$

$$-W_K = \int_1^2 \delta W_t - \int_3^4 \delta W_t \tag{8.6}$$

Nach Gl. (7.10) ergibt sich auch, dass die abgegebene spezifische Kreisarbeit $-W_K$ aus der Summe aus (positiver) zugeführter Wärme des Erhitzers $\int_3^2 \delta Q$ und (negative) abgeführter Wärme des Kühlers $- \int_4^1 \delta Q$ berechnet werden kann bzw. mit $-W_K = \sum_i Q_{,i}$

$$-W_K = \int_2^3 \delta Q - \int_4^1 \delta Q \tag{8.7}$$

Nach der Entropiebilanz für geschlossene, adiabate Systeme müssen für reversible Prozesse im Gesamtsystem nach Gl. (6.35) die Summen der Entropien der Teilsysteme konstant bleiben, d.h. die Änderung der Entropie des Gesamtsystems ist Null

$$dS = \sum_i dS_i = 0 \tag{8.8}$$

Somit muss die Entropieabnahme bei der Wärmezufuhr $\int_2^3 ds$ gleich der Entropiezunahme der Umgebung $\int_4^1 ds$ sein

$$-\int_4^1 ds = \int_2^3 ds \tag{8.9}$$

Für die reversibel bei der Temperatur T_U abgeführte Wärme gilt

$$\int_4^1 \delta Q = -T_U \int_4^1 ds \tag{8.10}$$

Für die reversibel beim Prozess $3-2$ bei der variablen Temperatur T zugeführte Wärme gilt

$$\int_2^3 \delta Q = \int_2^3 T ds \tag{8.11}$$

bzw.

$$ds = \frac{\delta Q_{23}}{T} = -\frac{\delta Q_{41}}{T_U} \tag{8.12}$$

oder für die verwertbare Kreisarbeit

$$W_K = T_U \int_4^1 \frac{\delta Q_{41}}{T} - \int_2^3 \delta Q_{23} \tag{8.13}$$

Die von der Wärmekraftmaschine an die Umgebung bei T_U abgeführte Wärme ist nicht weiter verwertbar und besteht restlos aus der Anergie B_q (Anergie B mit dem Index q für Wärme)

$$B_q = T_U \int_4^1 \frac{\delta Q_{41}}{T} \tag{8.14}$$

Die von der Wärmekraftmaschine verwertbare Kreisarbeit besteht, da die Vorgänge reversibel verlaufen, restlos aus Exergie. Die Exergie der zugeführten Wärme E_Q (Exergei E mit dem Index Q für Wärme) entspricht der abgeführten Kreisarbeit W_K

$$E_Q = |W_K| \tag{8.15}$$

oder mit Gl. (8.13)

$$E_Q = T_U \int_4^1 \frac{\delta Q_{41}}{T} - \int_2^3 \delta Q_{23} \tag{8.16}$$

Bei einem Carnot-Prozess sind die Integrationswege $1-4$ und $2-3$ identisch, so dass für diesen Fall die Exergie der abgeführten Wärme auf einen beliebigen Weg $1-2$

$$E_Q = \int_1^2 \left(1 - \frac{T_U}{T}\right) \delta Q = Q_{12} - T_U \int_1^2 \frac{\delta Q}{T} \tag{8.17}$$

beträgt.

Der Faktor $1 - \frac{T_U}{T}$ ist der bereits bekannte Carnot-Faktor. Somit gilt für die Exergie der auf einen beliebigen Weg $1-2$ zugeführten Wärme

$$E_Q = \eta_c \cdot Q_{12} \tag{8.18}$$

Die Exergie der Wärme ist gleich der mit dem Carnot-Faktor multiplizierten Wärme

Für die Anergie der Wärme folgt aus Gl. (8.1) mit Gl. (8.17)

$$B_Q = T_U \int_1^2 \frac{\delta Q}{T} \tag{8.19}$$

Für eine Wärmeübertragung bei $p = konst$ lässt sich die Exergie der Wärme E_q wie folgt berechnen. Für die isobare Wärmezufuhr mit $\delta Q = m \cdot dh = m \cdot c_p \cdot dT$ folgt mit Gl. (8.19)

$$E_Q = \int_1^2 \delta Q - T_U \int_1^2 \frac{\delta Q}{T} = Q_{12} - m \cdot T_U \int_1^2 c_p \frac{dT}{T} \tag{8.20}$$

bzw. nach Integration

$$E_Q = Q_{12} - m \cdot T_U \cdot c_{pm} \Big|_{T_1}^{T_2} \ln \frac{T_2}{T_1} \tag{8.21}$$

8.3   Exergie und Anergie des Stoffstromes

Zur Berechnung der Exergie eines Stoffstromes dient eine reversibel arbeitende Turbine, Abb. 8.2, die auf Grund einer zugeführten Energie eines stationären Stoffstromes technische Arbeit abgibt. Erkennbar ist in Abb. 8.2 das offene System der reversibel arbeitenden Turbine für die Anwendung des ersten Hauptsatzes und das adiabate, geschlossene Gesamtsystem Turbine – Umgebung für die Anwendung des zweiten Hauptsatzes.

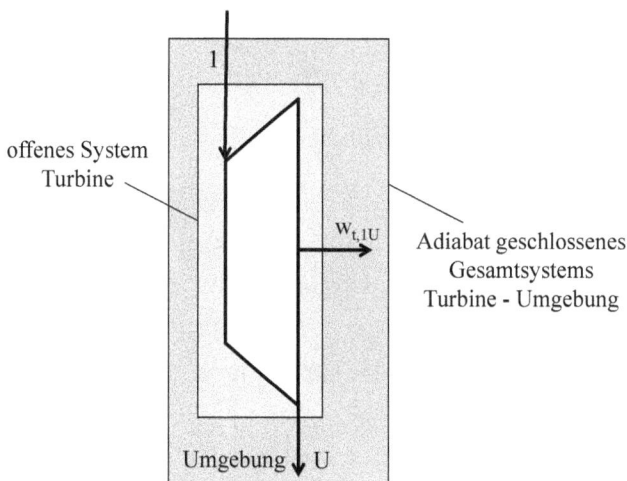

Abb. 8.2:   Reversibel arbeitende Turbine mit Stoffzustand 1 und Stoffzustand U

Der Stoffstrom tritt in die Turbine mit der Gesamtenthalpie H_1 ein und verlässt die Turbine mit der Gesamtenthalpie des Umgebungszustandes H_U.

Der erste Hauptsatz für ein bewegtes offenes System einer reversibel arbeitenden Turbine lautet dann nach Gl. (4.66)

$$Q_{1U} + W_{t,1U} = H_U - H_1 + m \cdot \frac{c_U^2 - c_1^2}{2} + g \cdot m \cdot (z_U - z_1) \qquad (8.22)$$

Der Stoffstrom hat im Umgebungszustand den Druck p_U, die Temperatur T_U, die Geschwindigkeit $c_U = 0$ und die Höhe $z_U = 0$.

Mit Gl. (6.41) folgt für die im Prozess $1 - U$ reversibel übertragene Wärme

$$Q_{1U} = T_U \cdot (S_U - S_1) \qquad (8.23)$$

Somit ergibt sich für Gl. (8.23)

$$T_U(S_U - S_1) + W_{t,1U} = H_U - H_1 + m \frac{-c_1^2}{2} + g \cdot m \cdot (-z_1) \qquad (8.24)$$

und für die abgegebene technische Arbeit $W_{t,1U}$, die voll für den Antrieb eines Generators verwendbar und damit identisch ist mit der Exergie des Stoffstroms E_{Strom}

$$-W_{t,1U} \equiv E_{Strom} = H_1 - H_U - T_U \cdot (S_1 - S_U) + m \frac{c_1^2}{2} + g \cdot m \cdot z_1 \qquad (8.25)$$

Für ein ruhendes System, d.h. wenn die Änderungen der kinetischen und potentiellen Energie verschwinden, lautet die Berechnungsgleichung für die Exergie eines Stoffstromes

$$E_{Strom} = H_1 - H_U - T_U \cdot (S_1 - S_U) \qquad (8.26)$$

bzw. in spezifischen Größen

$$e_{Strom} = h_1 - h_U - T_U \cdot (s_1 - s_U) \qquad (8.27)$$

Die spezifische Anergie beträgt wegen $h = e + b$ nach Gl. (8.1)

$$b_{Strom} = h_U + T_U \cdot (s_1 - s_U) \qquad (8.28)$$

Aus Gl. (8.29) ist erkennbar, dass nicht die gesamte Enthalpiedifferenz eines Stoffstromes in Exergie, sondern nur der um $T_U(s_1 - s_U)$ verminderte Teil umwandelbar ist.

Die spezifische Exergie eines idealen Gasstromes lautet mit $h_1 - h_U = c_{pm} \Big|_{T_1}^{T_U} (T_1 - T_U)$

nach Gl. (4.95) und mit $s_1 - s_U = c_{pm} \Big|_{T_1}^{T_2} \cdot \ln \frac{T_1}{T_U} - R \cdot \ln \frac{p_1}{p_1}$ nach Gl. (5.5)

$$e_{Strom} = c_{pm} \Big|_{T_1}^{T_U} \cdot (T_1 - T_U) - T_U \left(c_{pm} \Big|_{T_1}^{T_2} \cdot \ln \frac{T_1}{T_U} - R \cdot \ln \frac{p_1}{p_1} \right) \qquad (8.29)$$

oder mit $c_p = konst$

$$e_{Strom} = c_p \cdot (T_1 - T_U) - T_U \cdot \left(c_p \cdot \ln\frac{T_1}{T_U} - R \cdot \ln\frac{p_1}{p_U} \right) \qquad (8.30)$$

Aus Gl. (8.30) ist erkennbar, dass nicht die gesamte Enthalpiedifferenz eines Stoffstromes $(h_1 - h_U)$ in Exergie, sondern nur der um $T_U \left(c_p \cdot \ln\frac{T_1}{T_U} - R \cdot \ln\frac{p_1}{p_U} \right)$ verminderte Teil umwandelbar ist.

Die Anergie beträgt also

$$b_{Strom} = T_U \left(c_p \cdot \ln\frac{T_1}{T_U} - R \cdot \ln\frac{p_1}{p_U} \right) \qquad (8.31)$$

Beispiel 8.1

Es ist ein stationärer Luftstrom mit der Temperatur von $t_1 = 50\,°C$ und dem Druck $p_1 = 3\,bar$ gegeben.

Es ist die spezifische Exergie des Luftstromes zu berechnen, wenn die Umgebungsbedingungen mit $t_U = 20\,°C$ und $p_U = 1\,bar$ gegeben sind. Die spezifische Wärmekapazität der Luft soll $c_p = 1{,}008\,\frac{kJ}{kg\,K} = konst$ und die spezielle Gaskonstante der Luft $R = 0{,}2871\,\frac{kJ}{kg\,K}$ betragen.

Gegeben:

$p_1 = 3\,bar$

$t_1 = 50\,°C \qquad T_1 = 323{,}15\,K$

$t_U = 20\,°C \qquad T_U = 293{,}15\,K$

$c_p = 1{,}008\,\dfrac{kJ}{kg\,K} = konst$

$R = 0{,}2871\,\dfrac{kJ}{kg\,K}$

Gesucht:

e_{Strom}

Lösungsweg:

1. System: offenes System

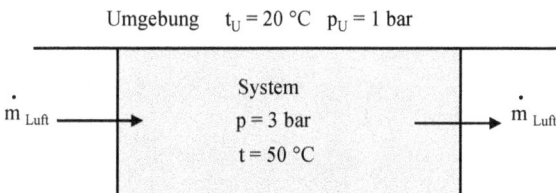

Abb. 8.3:   System für Beispiel 8.1

2. Ruhendes Bezugssystem BZS

3. Modellbildung
*   Berechnung der spezifische Exergie des Luftstromes

    Nach Gl. (8.30) gilt

$$e_{Strom} = c_p \cdot (T_1 - T_U) - T_U \cdot \left(c_p \cdot \ln\frac{T_1}{T_U} - R \cdot \ln\frac{p_1}{p_U} \right)$$

$$= 1{,}008\frac{kJ}{kg\,K} \cdot 30\,K - 293{,}15\,K \cdot \left(1{,}008\frac{kJ}{kg\,K} \cdot \ln\frac{323{,}15}{293{,}15} - 0{,}2871\frac{kJ}{kg\,K} \cdot \ln\frac{3}{1} \right)$$

$$e_{Strom} = 93{,}9\frac{kJ}{kg}$$

8.4   Zufuhr von Exergie an ein inhomogenes, geschlossenes System

Es wird nun die mit der Energiezufuhr durch Arbeit und Wärme verbundene Zufuhr technischer Arbeit bestimmt.

Einer Zufuhr technischer Arbeit entspricht einer gleichen Zufuhr technischer Arbeitsfähigkeit (Exergie).

Die Zufuhr nichttechnischer Arbeit an ein System kann in die nichttechnische Arbeit der Druckkräfte $W_{nt,D}$, nichttechnische Arbeit der Reibungskräfte $W_{nt,R}$ und der nichttechnischen Anteile der kinetischen Energie $E_{nt,kin}$ und potentiellen Energie $E_{nt,pot}$ zerlegt werden. Bedingt durch den vorgegebenen Umgebungszustand kann aus der nichttechnischen Arbeit der Druckkräfte $W_{nt,D}$ in einem reversiblen Ersatzvorgang keine technische Arbeit gewonnen werden. Aus der nichttechnischen Arbeit der Reibungskräfte, der kinetischen und der potentiellen Energie ist es jedoch möglich, in einem reversiblen Ersatzvorgang eine gleichgroße technische Arbeit zu gewinnen.

Einer Zufuhr von nichttechnischer Arbeit entspricht also die Zufuhr einer technischen Arbeitsfähigkeit (Exergie) von der Größe der in der nichttechnischen Arbeit enthaltenen nichttechnischen Reibungsarbeit $W_{nt,R}$ und der nichttechnischen kinetischen Energie $E_{nt,kin}$ und potentiellen Energie $E_{nt,pot}$.

Aus der einem System bei der Umgebungstemperatur T_U zugeführten Wärme δQ lässt sich mit einem Carnot-Prozess, der zwischen den Temperaturen T und der Umgebungstemperatur T_U abläuft, die Exergie der Wärme E_Q nach Gl. (8.18) gewinnen. Exergie der Wärme ist technische Arbeitsfähigkeit und wiederum ist identisch mit einer technischen Arbeit

$$\delta W_t = \eta_c \cdot \delta Q = \left(1 - \frac{T_U}{T} \right) \cdot \delta Q \qquad (8.32)$$

Der technischen Arbeitsfähigkeit (Exergie) einer Wärmezufuhr nach Gl. (8.18)

$$E_Q = \int_1^2 \left(1 - \frac{T_U}{T}\right) \delta Q = Q_{12} - T_U \int_1^2 \frac{\delta Q}{T} \tag{8.33}$$

entspricht demzufolge einer zusätzlichen Zufuhr von technischer Arbeit.

Die insgesamt bei einem Prozess einem System zugeführte technische Arbeitsfähigkeit (Exergie) beträgt damit

$$E_{zu} = W_t + E_{nt} + E_Q = W_t + W_{nt,R} + E_{nt,kin} + E_{nt,pot} + \int_1^2 \left(1 - \frac{T_U}{T}\right) \delta Q \tag{8.34}$$

8.5 Die Exergie eines inhomogenen, geschlossenen Systems

Die in einem System enthaltene technische Arbeitsfähigkeit, auch Exergie genannt, ist die technische Arbeit, die reversibel aus einem System bei konstanten Umgebungsbedingungen gewonnen werden kann. Technische Arbeit ist solange gewinnbar, solange sich das System nicht im Gleichgewicht mit der Umgebung befindet. Ist der Gleichgewichtszustand (Index G) erreicht, kann kein Prozess mehr ablaufen und keine technische Arbeit gewonnen werden.

Die technische Arbeitsfähigkeit (Exergie) ist somit die technische Arbeit, die erhalten wird, wenn das System von seinem Zustand reversibel in das Gleichgewicht mit der Umgebung gebracht wird. Bei diesem Prozess darf dem System keine technische Arbeitsfähigkeit (Exergie) von außen zugeführt werden. Die gewonnene technische Arbeit würde sonst zum Teil auf die zugeführte technische Arbeitsfähigkeit (Exergie) zurückzuführen sein. Das bedeutet, dass Wärme nur aus der Umgebung mit der Temperatur T_U entnommen werden kann.

Die technische Arbeit ergibt sich nach dem ersten Hauptsatz zu

$$\delta W_t = dU_g - \delta W_{nt} - \delta Q \tag{8.35}$$

$$\int_1^2 \delta W_{nt} = p_U \cdot (V_1 - V_G) \quad \text{z. B. nichttechn. Anteil für einmalige Zustandsänderung}$$

$$\int_1^2 \delta W_{nt} = p_G \cdot V_G - p_1 \cdot V_1 \quad \text{z. B. nichttechn. Anteil für kontinuierliche Strömung}$$

Wenn die technische Arbeit reversibel gewonnen werden soll, dürfen keine Reibungserscheinungen δW_R auftreten. Außerdem darf eine Wärmeübertragung nur bei verschwindenden Temperaturdifferenzen erfolgen, insbesondere zwischen System und Umgebung nur bei $T = T_G = T_U$.

Mit der Entropiedefinition ergibt sich $\delta Q = T_U \cdot dS$ und damit für die differenzielle Änderung der technischen Arbeitsfähigkeit (Exergie)

$$dE = \delta W_{t,rev} = dU_g - \delta W_{nt,rev} - T_U \cdot dS \tag{8.36}$$

Die technische Arbeitsfähigkeit (Exergie) eines inhomogenen, geschlossenen, bewegten Systems im Zustand 1 beträgt damit

$$E_{g,1} = \int_1^G -\delta W_t = \int_G^1 \delta W_t = U_{g,1} - U_{g,G} - W_{nt,D,G1} - T_U \cdot (S_1 - S_G) \qquad (8.37)$$

mit

$$U_{g,1} - U_{g,G} = U_1 - U_G + \frac{m}{2}(c_G^2 - c_1^2) + g \cdot m \cdot (z_G - z_1)$$

Insbesondere ergibt sich für eine einmalige Zustandsänderung Gl. (8.35)

$$W_{nt,D,G1} = p_U \cdot (V_G - V_1) \qquad (8.38)$$

$$E_g = U_g - U_{g,G} + p_U \cdot (V - V_G) - T_U \cdot (S - S_G) \qquad (8.39)$$

und für eine kontinuierliche Strömung (eindimensional, stationär) nach Gl. (8.35)

$$W_{nt,D,G1} = p_G \cdot V_G - p_1 \cdot V_1 \qquad (8.40)$$

$$E_g = U_g + p \cdot V - (U_{g,G} + p_G \cdot V_G) - T_U \cdot (S - S_G) \qquad (8.41)$$

$$E_g = H - H_{g,G} - T_U \cdot (S - S_G) \qquad (8.42)$$

Die in einem System enthaltene technische Arbeitsfähigkeit (Exergie) E_g ist die technische Arbeit, die reversibel aus einem System bei konstanten Umgebungsbedingungen gewonnen werden kann, d.h. abgeführt werden kann.

8.6   Die Bilanz der technischen Arbeitsfähigkeiten (Exergiebilanz)

Im Gegensatz zur Energiebilanz führt die dem System zugeführte technische Arbeitsfähigkeit (Exergie) nicht zu einer äquivalenten Erhöhung der technischen Arbeitsfähigkeit (Exergie) des Systems. Es muss der Verlust an technischer Arbeitsfähigkeit (Exergieverlust) berücksichtigt werden.

Der Exergieverlust ist der bei einem irreversiblen Prozess in Anergie umgewandelte Teil der Exergie

In Abschn. 8.5 wurde die in einem System enthaltene und damit abführbare technische Arbeitsfähigkeit (Exergie) mit E_g bezeichnet. Die differenzielle Änderung der abführbaren technische Arbeitsfähigkeit (Exergie) eines Systems wird damit zu dE_g.

Die Bilanz der technischen Arbeitsfähigkeiten (Exergiebilanz) eines Systems ergibt sich aus zugeführter technischer Arbeitsfähigkeit δE_{zu} gleich abführbare technische Arbeitsfähigkeit dE_g plus dem Verlust an technischer Arbeitsfähigkeit (Anergie) δB

$$\delta E_{zu} = dE_g + \delta B \qquad (8.43)$$

mit der Zufuhr an technischer Arbeitsfähigkeit

$$\delta E_{zu} = \delta W_t + \delta W_{nt,R} + \sum_G \left(1 - \frac{T_U}{T}\right) \delta Q \tag{8.44}$$

und der abführbaren technischen Arbeitsfähigkeit nach Gl. (8.36)

$$dE_g = dU_g + \delta W_{nt,D} - T_U \cdot dS \tag{8.45}$$

Es ergibt sich für den Verlust an technischer Arbeitsfähigkeit (Anergie)

$$\delta B = \delta W_t + \delta W_{nt} + \delta Q - dU_g + T_U \cdot \left(dS - \sum_G \frac{\delta Q}{T}\right) \tag{8.46}$$

Mit

$$dU_g = \delta W_t + \delta W_{nt} + \delta Q \tag{8.47}$$

und

$$\delta S_{irr} = dS - \sum_G \frac{\delta Q}{T} \tag{8.48}$$

folgt

$$\delta B = T_U \cdot \delta S_{irr} \tag{8.49}$$

Der Verlust an technischer Arbeitsfähigkeit, d.h. die im System auftretende Energieentwertung (Anergie) ist somit der irreversiblen Entropie proportional.

8.7   Die Anergie bei Reibung und Wärmeübertragung

Wird einem homogenen, geschlossenen System eine Reibungsarbeit δW_R zugeführt,
ergibt sich die Anergie bei Reibung (Verlust an technischer Arbeitsfähigkeit) zu

$$\delta B_R = T_U \cdot \delta S_{irr} = \frac{T_U}{T} \cdot \delta W_R \tag{8.50}$$

Bei der Übertragung einer Wärme δQ zwischen den Systemen A und B mit den Temperaturen $T_A > T_B$ wird für die Anergie bei Wärmeübertragung (Verlust an technischer
Arbeitsfähigkeit) Folgendes erhalten

$$\delta B_Q = T_U \cdot \delta S_{irr} = T_U \cdot dS_{AB} = T_U \cdot (dS_A + dS_B) \tag{8.51}$$

$$\delta B = T_U \cdot \left(-\frac{|\delta Q|}{T_A} + \frac{|\delta Q|}{T_B}\right) \tag{8.52}$$

$$\delta B = T_U \cdot \frac{T_A - T_B}{T_A \cdot T_B} \cdot |\delta Q| \tag{8.53}$$

Offensichtlich ist die Anergie bei Wärmeübertraung (Verlust an technischer Arbeitsfähigkeit) umso höher, je niedriger die Temperaturen sind, bei denen die Irreversibilität auftritt.

8.8   Der technische Arbeitsverlust

Häufig wird die Auswirkung von Irreversibilitäten bzw. von Änderungen der Irreversibilitäen auf die technische Arbeit benötigt.

Die einem System während einer Zustandsänderung $1 - 2$ zuzuführende technische Arbeit ergibt sich aus der Bilanz aller technischen Arbeitsfähigkeiten (Exergien) zu

$$W_{t,12} = E_{g,2} - E_{g1} + B_{Q,12} - E_{Q,12} \tag{8.54}$$

Zu bemerken ist, dass hier sowohl wegabhängige Integrale $\int_1^2 \delta B_Q = B_{Q,12}$ wie wegunabhängige Integrale $\int_1^2 dE_g = E_{g,2} - E_{g,1}$ existieren.

Es soll nun ein System mit dem gleichen Anfangszustand 1 betrachtet werden, in dem aber erhöhte Irreversibilitäten auftreten.

Dann wird sich der Verlust an technischer Arbeitsfähigkeit und die dem System zuzuführende Arbeit gegenüber dem ersten System erhöhen. Im Allgemeinen wird sich auch ein anderer Endzustand $2'$ und eine andere Größe E_G einstellen. Der Mehraufwand an technischer Arbeit, der technische Arbeitsverlust $B_{12'}$ ergibt sich zu

$$\Delta W_t = B_{12'} = W_{t,12'} - W_{t,12} = E_{g,2'} - E_{g,2} + B_{Q,12} - (E_{Q,12'} - E_{Q,12}) \tag{8.55}$$

Offenbar unterscheidet sich der technische Arbeitsverlust im Allgemeinen von der Erhöhung des technischen Arbeitsfähigkeitsverlustes. Der Unterschied wird durch die Auswirkung der erhöhten Irreversibiltät auf die Zustandsänderung bedingt.

Der Verlust an technischer Arbeitsfähigkeit infolge einer betrachteten Irreversibilität tritt nur dann als technischer Arbeitsverlust in Erscheinung, wenn das System anschließend reversibel in den Gleichgewichtszustand mit der Umgebung gebracht wird:

$$E_{g,2} = E_{g,2'} = E_{g,G} = 0 \tag{8.56}$$

In technischen Prozessen ist dies nicht möglich.

Es ist noch darauf hinzuweisen, dass der technische Arbeitsfähigkeitsverlust $B_{12'}$ alle Irreversibilitäten des Systems erfassen muss. Dabei ist zu beachten, dass die Erhöhung einer Irreversibilität im System weitere Irreversibilitäten verursachen kann, die bei der Berechnung von $B_{12'}$ mit zu berücksichtigen sind.

Beispiel 8.2

Eine Dampfleitung mit einer Dampftemperatur von $t_D = 150\,°C = konst$ hat einen Wärmeverlust von $3,5\,kW$. Der Umgebungszustand ist mit $p_U = 1\,bar$ und $T_U = 20\,°C$ gegeben. Es ist die Leistung zu berechnen, die theoretisch zu gewinnen wäre, wenn der Wärmeverlust ausgenutzt werden könnte.

Gegeben:

$t_D = 150\,°C = konst$

$\dot{Q} = 3,9\,kW$

$p_U = 1\,bar$

$T_U = 20\,°C$

Gesucht:

$\dot{E}_Q$

Lösungsweg:

1. System: geschlossen

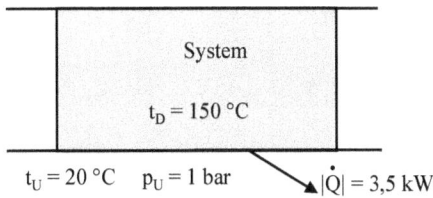

Abb. 8.4:   System für Beispiel 8.2

2. Ruhendes Bezugssystem BZS

3. Modellbildung
*   Bilanz der technischen Arbeitsfähigkeit für eine Zustandsänderung eines geschlossenen Systems

    Nach Gl. (8.54) gilt

    $$W_{t,12} = E_{g,2} - E_{g,1} + B_{Q,12} - E_{Q,12}$$

    und in Stromgrößen

    $$\dot{W}_{t,12} + \dot{E}_{Q,12} = \dot{E}_{g,2} - \dot{E}_{g,1} + \dot{B}_{Q,12}$$

    Mit

    $$\dot{W}_{t,12} = 0$$

    $$\dot{E}_{g,2} - \dot{E}_{g,1} = 0$$

    gilt

    $$\dot{E}_{Q,12} = \dot{B}_{Q,12} = \left(1 - \frac{T_U}{T_D}\right) \cdot \dot{Q} = \left(1 - \frac{293,15\,K}{423,15\,K}\right) \cdot 3,5\,kW$$

    $$\dot{E}_{Q,12} = 1,075\,kW$$

Beispiel 8.3

Ein mit Gas von t = 150 °C = *konst* gefüllter Behälter gibt stündlich 300 *kJ* an die Umgebung mit T_U = 20 °C ab. Es ist die ungenutzte Leistung zu berechnen.

Gegeben:

System A (Behälter)

$t = 150 °C = konst$

$\dot{Q} = 300\ kJ$

System U (Umgebung)

$T_U = 20 °C = konst$

Gesucht:

$\dot{B}_{AU}$

Lösungsweg:

1.   System A: geschlossen

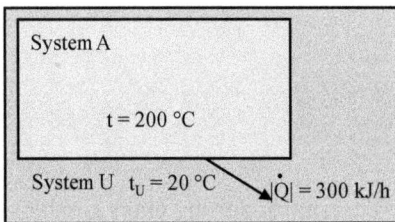

Abb. 8.5:   System für Beispiel 8.3

2.   Ruhendes Bezugssystem BZS

3.   Modellbildung
*   Berechnung der ungenutzte Leistung: Arbeitsfähigkeitsverlust pro Zeiteinheit (Anergie pro Zeiteinheit).

   Der Verlust tritt auf durch die Wärmeübertragung bei endlichen Temperaturdifferenzen.

   Nach Gl. (8.53) gilt

$$\delta B_Q = \delta B_{AU} = T_U \cdot \frac{T_A - T_U}{T_A \cdot T_U} \cdot |\delta Q| = \left(1 - \frac{T_U}{T_A}\right) \cdot |\delta Q|$$

$$\dot{B}_{AU} = \frac{T_A - T_U}{T_A} \cdot |\dot{Q}| = \frac{473{,}15\ K - 293{,}15\ K}{473{,}15\ K} \cdot 300\frac{kJ}{h} = 114\frac{kJ}{h}$$

$$\dot{B}_{AU} = 31{,}7\ W$$

Beispiel 8.4

Es ist ein mit Luft von $t_1 = 100\,°C$ und $p_1 = 10\ bar$ gefüllter Druckkessel mit $V = 2\ m^3$ gegeben. Es ist die Arbeitsfähigkeit (Exergie) der Luft zu berechnen, wenn die Umgebung mit $T_U = 20\,°C = konst$ und $p_U = 1\ bar = konst$ vorgegeben ist. Ebenfalls bekannt sind die Werte für Luft $R = 0{,}287\,\frac{kJ}{kg\ K}$ und $c_v = 0{,}716\,\frac{kJ}{kg\ K}$

Der Druckkessel erfährt keine Änderungen hinsichtlich kinetischer und potentieller Energien.

Gegeben:

$t_1 = 100\,°C$

$p_1 = 10\ bar = 10 \cdot 10^2\ kJ/m^3$

$V = 2\ m^3$

$T_U = 20\,°C = konst$

$p_U = 1\ bar = 1 \cdot 10^2\ kJ/m^3 = konst$

$R = 0{,}287\,\dfrac{kJ}{kg\ K}$

$c_v = 0{,}716\,\dfrac{kJ}{kg\ K} = konst$

Gesucht:

E_1

Lösungsweg:

1. System: geschlossen

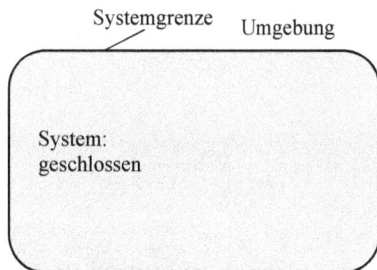

Abb. 8.6:   System für Beispiel 8.4

2. Ruhendes Bezugssystem BZS

3. Modellbildung
•   Berechnung der Exergie der Luft

Es wird angenommen, dass zur Ermittlung der Exergie der Luft, die Luft eine einmalige Zustandsänderung bis zum Gleichgewicht mit der Umgebung ausführt.

Nach Gl. (8.37) beträgt die Exergie eines Systems

$$E_{g,1} = \int_1^G -\delta W_t = \int_G^1 \delta W_t = U_{g,1} - U_{g,G} - W_{nt,D,G1} - T_U \cdot (S_1 - S_G)$$

$$E_{g,1} = U_1 - U_G - W_{nt,D,G1} - T_U \cdot (S_1 - S_G) + \frac{m}{2} \cdot (c_G^2 - c_1^2) + g \cdot m \cdot (z_G - z_1)$$

$$m = \frac{p_1 \cdot V_1}{R \cdot T_1} = \frac{10 \cdot 10^2 \; kJ/m^3 \cdot 2 \; m^3}{0{,}287 \; \dfrac{kJ}{kg \; K} \cdot 373{,}15 \; K} = 18{,}68 \; kg$$

$$V_G = \frac{m \cdot R \cdot T_U}{p_U} = \frac{18{,}68 \; kg \cdot 0{,}287 \; \dfrac{kJ}{kg \; K} \cdot 293{,}15 \; K}{1 \cdot 10^2 \; kJ/m^3} = 15{,}7 \; m^3$$

Mit

$$U_1 - U_G = c_v \cdot (T_1 - T_U)$$

$$W_{nt,D,G1} = p_U \cdot (V_1 - V_G)$$

$$\frac{m}{2} \cdot (c_G^2 - c_1^2) = 0$$

$$g \cdot m \cdot (z_G - z_1) = 0$$

folgt

$$E_{g,1} = E_1 = c_v \cdot (T_1 - T_U) - p_U \cdot (V_1 - V_G) - T_U \cdot (S_1 - S_G)$$

Nach Gl. (5.9) ist

$$T_U \cdot (S_1 - S_G) = T_U \cdot m \cdot (s_1 - s_G) = c_v \; \ln\left(\frac{T_2}{T_1}\right) - R \; \ln\left(\frac{V_2}{V_1}\right)$$

Daraus folgt

$$E_{g,1} = E_1 = m \cdot c_v \cdot (T_1 - T_U) - p_U \cdot (V_1 - V_G) - c_v \; \ln\left(\frac{T_2}{T_1}\right) - R \; \ln\left(\frac{V_2}{V_1}\right)$$

$$-c_v \; \ln\left(\frac{T_2}{T_1}\right) - R \; \ln\left(\frac{V_2}{V_1}\right)$$

$$E_1 = 18{,}68 \; kg \cdot 0{,}716 \; \frac{kJ}{kg \; K} \; 80 \; K - 1 \cdot 10^2 \; \frac{kJ}{m^3} \cdot (2 \; m^3 - 15{,}7 \; m^3)$$

$$-0{,}716 \; \frac{kJ}{kg \; K} \; \ln\left(\frac{373{,}15 \; K}{293{,}15 \; K}\right) - R \; \ln\left(\frac{2 \; m^3}{15{,}7 \; m^3}\right)$$

$$E_1 = (1070 - 1370 + 2300) \; kJ$$

$$E_1 = 2000 \; kJ$$

9 Wärmeübertragung und Wärmedämmung

9.1   Transport thermischer Energie

Die Kapitel 1 bis 8 behandeln als abgeschlossenes Teilgebiet der technischen Thermodynamik die *Grundlagen der Energielehre.*

Der *Transport thermischer Energie*, der häufig auch unter dem konventionellen Begriff Wärmelehre zusammengefasst wird, befasst sich mit den Grundlagen der Wärmeübertragung, d.h. mit der Lehre vom Wärmetransport durch Leitung, Konvektion und Strahlung oder auch um deren Verhinderung (Wärmedämmung, Wärmeisolation).

Auch der Begriff Wärmeübertragung ist zu eng gefasst, da nicht nur der zwischen zwei durch eine Fläche getrennten Systemen unterschiedlicher Temperatur ablaufende Wärmetransport, sondern auch der Energietransport durch stoffliche Energieträger (mit ihren Atomen und Molekülen) innerhalb eines Systems (Leitung und Konvektion) und der Energietransport zwischen Körpern ohne stofflichen Träger (Strahlung), zum Transport thermischer Energie gehören.

Der historisch gewachsene Begriff „Wärmeübertragung" soll hier an Stelle des Transports thermischer Energie beibehalten werden, da er sich als Fachausdruck wie auch Wärmeleitung und Wärmedurchgang etabliert hat.

Die so genannte „Wärmeübertragung" ist durch

    Wärmeleitung
    Konvektion und
    Strahlung

möglich.

*   *Wärmeleitung* tritt in festen, flüssigen und gasförmigen Stoffen durch Elektronendiffusion bzw. zwischenmolekularen thermischen Energietransport auf, bei denen die Stoffteilchen annähernd ihren festen Platz beibehalten.
*   *Konvektion* tritt in fluiden Stoffen, d.h. in Gasen und Flüssigkeiten durch thermischen Energietransport auf. Der Energietransport kann durch die sich bewegenden oder strömenden Stoffteilchen selbst erfolgen.
*   *Strahlung* kann auch durch einen leeren Raum erfolgen, d.h. der thermische Energietransport durch (Wärme-)Strahlung ist überhaupt nicht an Stoffteilchen gebunden, sondern erfolgt durch elektromagnetische Wellen.

Aufgabe des Maschinenbauers ist es, den Wärmefluss in vielen Technikbereichen (z.B. Wärmeübertrager, Kühler, Dampferzeuger in der Chemie- und Pharmaindustrie) entweder zu begünstigen oder aber weitestgehend zu hemmen (z.B. Wärmedämmung und Isolation im Anlagenbau und in der Bauindustrie).

9.2   Wärmeleitung

Der Wärmetransportmechanismus bei der Wärmeleitung ist bei Gasen und Flüssigkeiten ein zwischenmolekularer thermischer Energietransport und bei Feststoffen eine
Energieübertragung durch Elektronendiffusion.

Für die phänomenologische Betrachtungsweise des Wärmeleitproblems ist der atomis-
tische und molekulare Aufbau des zu betrachtenden Systems uninteressant.

Mathematisch wird der Wärmeleitvorgang durch zwei Erfahrungsgesetze erfasst:

*   Gesetz von FOURIER (Verknüpfung zwischen Wärmeströmen und Temperaturen)
*   Anwendung des ersten Hauptsatzes (auf die Energieform Wärme)

Im realen, allgemeinen instationären Fall der Wärmeleitung ist die Temperatur eine
Funktion der Raumkoordinaten x, y, z und der Zeitkoordinate τ. Bleiben die einzelnen
Teilchen des Stoffes zeitlich unverändert, so ist dessen Temperaturfunktion stationär.
Die Temperatur einer dreidimensionalen Wärmeleitung ist dann nur vom Ort x, y, z des
jeweiligen Teilchens abhängig. Die Temperatur ist eine skalare Größe, d.h. sie besitzt
keine Richtung. Für die Temperatur bei den bisher betrachteten homogenen Systemen
musste kein Ort angegeben werden, weil diese an allen Stellen des Systems gleich groß
ist. Hängt die Temperatur jedoch vom Ort ab, wird von einem so genannten *Temperaturfeld (Skalarfeld)* gesprochen.

Es wird hier der Einfachheit halber nur das eindimensionale Temperaturfeld ohne Zeit-
einfluss, d.h. die *stationäre eindimensionale Wärmeleitung* behandelt, d.h. die Temperatur T ist hier nur von der Ortskoordinate x abhängig, siehe Abb. 9.1.

$$T = T(x) \tag{9.1}$$

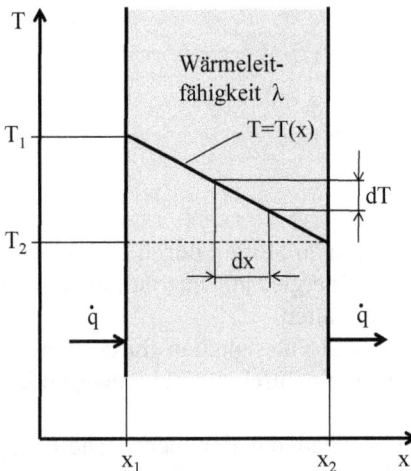

Abb. 9.1:   Stationäre eindimensionale Wärmeleitung durch eine ebene, homogene Wand

Für jede Art von Wärmeleitung ist ein Temperaturgefälle $(T_2 - T_1)/(x_2 - x_1)$ erforderlich. Der Wärmetransport durch Wärmeleitung erfolgt immer in Richtung des Temperaturgefälles von höherer zu niederer Temperatur. Daraus folgt, dass der auf eine Fläche

bezogene Wärmestrom $\dot{q}$ proportional zum negativen Temperaturgefälle $(T_2 - T_1)/$ $(x_2 - x_1)$ sein muss.

$$\dot{q} \sim -\frac{T_2 - T_1}{x_2 - x_1} \tag{9.2}$$

Die Temperatur nimmt also längs des Weges in Richtung des Wärmeflusses ab.

Mit einem Proportionalitätsfaktor λ entsteht die Beziehung

$$\dot{q} = -\lambda \cdot \frac{T_2 - T_1}{x_2 - x_1} \tag{9.3}$$

Die so genannte Wärmeleitfähigkeit $\lambda = \lambda(T)$ ist eine experimentell zu ermittelnde Stoffeigenschaft und hat bei guten Wärmeleitern (Metalle) einen hohen Wert und bei schlechten Wärmeleitern (Dämmstoffen) einen sehr niedrigen Wert.

Die Temperaturen $T(x)$ an einer beliebigen Stelle x in der Wand lassen sich berechnen, wenn ein infinitesimales Temperaturgefälle anstelle des endlichen Temperaturgefälles zum Ansatz gebracht wird

$$\dot{q} = -\lambda(T) \cdot \frac{dT(x)}{dx} \tag{9.4}$$

Wird der flächenbezogene Wärmestrom zudem mit einer Übertragungsfläche A multipliziert, ist der durch die Wand fließende Wärmestrom $\dot{Q}$ wie folgt berechenbar

$$\dot{Q} = \dot{q} \cdot A = -\lambda(T) \cdot A \cdot \frac{dT(x)}{dx} \tag{9.5}$$

Gl. (9.5) ist das Erfahrungsgesetz von FOURIER für die eindimensionale stationäre Wärmeleitung.

$\frac{dT}{dx}$ ist hier nichts anderes als der Temperaturgradient $grad(T) = \left(\frac{\partial T}{\partial x} \frac{\partial T}{\partial y} \frac{\partial T}{\partial z}\right)$ für den eindimensionalen Fall $grad(T) = \left(\frac{dT}{dx}\right)$, der im Gegensatz zur skalaren Temperatur selbstverständlich ein Vektor ist, der die Richtung des größten Temperaturanstiegs in einem Temperaturfeld angibt. Für den eindimensionalen Fall gilt für die partielle Ableitung $\frac{\partial T}{\partial x} = \frac{dT}{dx}$. Demzufolge sind sowohl $\dot{q}$ als auch $\dot{Q}$ Vektoren. Es wird hier aber im eindimensionalen Fall zur Vereinfachung auf die vektorielle Schreibweise $\vec{\dot{q}}$ und $\vec{\dot{Q}}$ verzichtet, da die Richtung der Wärmeströme festliegt.

Nach dem ersten Hauptsatz muss, wenn in der Wand selbst die Summe aller Zustandsänderungen Null ist, der eintretende Wärmestrom identisch mit dem austretenden sein.

$$\dot{q}_1 = \dot{q}_2 = \dot{q} \tag{9.6}$$

Das Temperaturfeld $T(x)$ innerhalb einer Wand wird auch als Temperaturprofil bezeichnet. Abb. 9.1 zeigt das lineare Temperaturprofil einer „stoffbezogen homogenen" ($\lambda = konst$), ebene Wand.

Im Allgemeinen ist die Wärmeleitfähigkeit von Gasen, Flüssigkeiten und festen Dämmstoffen eine Funktion der Temperatur $\lambda = \lambda(T)$, siehe Tab. 9.1 und 9.2, bei Gasen ist λ dazu noch geringfügig druckabhängig, siehe Tab. 9.1, bei festen Stoffen (außer Dämmstoffen) kann λ als konstant angenommen werden, siehe Tab. 9.3. Bei Dämmstoffen Tab. 9.2 liegt auf Grund der Porenstruktur keine reine Wärmeleitung vor. Die Wärmeleifähigkeit setzt sich aus folgenden Anteilen zusammen

- Anteile vom festen Grundgerüst (reine Wärmeleitung)
- Gas in den Zwischenräumen (Wärmeleitung und Konvektion) und
- Transparenz (Wärmestrahlung)

In der Regel werden deshalb bei Dämmstoffen resultierende oder *effektive Wärmeleitfähigkeiten* angegeben, die dann natürlich im Gegensatz zu metallischen Feststoffen Temperaturabhängigkeiten aufweisen. Mit zunehmender Temperatur steigt sowohl der Anteil der Wärmestrahlung als auch der Anteil der Wärmeleitfähigkeit der im Dämmstoff eingeschlossenen Gase.

Tab. 9.1:   Wärmeleitfähigkeiten von Gasen und Flüssigkeiten (nach [6])

	Wärmeleitfähigkeit λ in $W/(m\,K)$				
Stoff *Temperatur* *in °C*	*Luft* 0,1 *MPa*	*Gase* CO_2 *druckabhängig* 0,0981 *MPa*	H_2 0,0981 *MPa*	*Hg*	H_2O
0	0,02454	0,0143	0,176	7,78	0,569
100	0,03181	0,0213	0,229	9,07	0,681

Tab. 9.2:   Effektive Wärmeleitfähigkeiten von Wärmedämmstoffen (nach verschiedenen Quellen)

	Effektive Wärmeleitfähigkeit λ in $W/(m\,K)$				
Stoff *Temperatur* *in °C*	*PUR* *Hartschaum*	*Mineralfaser*	*Styropor*	*Kork*	*Holzfaser −* *dämmplatte*
0	0,024	0,032	0,176	0,045	0,040
100	0,035	0,045	0,229	0,055	0,060

Tab. 9.3:   Wärmeleitfähigkeiten von festen Stoffen (nach verschiedenen Quellen)

Wärmeleitfähigkeit λ in $W/(m\,K)$					
Aluminium	*Kupfer*	*Stahl*	*Glas*	*Ziegelstein*	*Beton*
229	383	52	1,16	0,46	1,28

9.2.1 Wärmeleitung durch eine einschichtige ebene Wand

Aus Gl. (9.4) folgt mit $\lambda = konst$

$$\frac{\dot{q}}{\lambda} \int_{x_1}^{x_2} dx = -\int_{T_1}^{T_2} dT \tag{9.7}$$

$$\frac{\dot{q}}{\lambda}(x_2 - x_1) = -(T_2 - T_1) \tag{9.8}$$

Mit der Wanddicke

$$\delta = x_2 - x_1 \tag{9.9}$$

folgt hieraus

$$\dot{q} = \frac{\lambda}{\delta}(T_1 - T_2) \tag{9.10}$$

Damit ist der flächenbezogene Wärmestrom durch eine ebene Wand der Wärmeleitfähigkeit λ und dem Temperaturgefälle $(T_1 - T_2)$ proportional. Zur Wanddicke verhält sich der flächenbezogene Wärmestrom umgekehrt proportional.

Der Temperaturverlauf $T = T(x)$ ist bei konstanter Wärmeleitfähigkeit λ in der ebenen Wand geradlinig abnehmend, siehe Abb. 9.1.

Für eine beliebige Stelle x lautet gemäß Gl. (9.8) die Temperaturfunktion

$$T(x) = T_1 - \frac{\dot{q}}{\lambda}(x - x_1) \tag{9.11}$$

Für den Wert $x_1 = 0$ wird Gl. (9.11) zur Geradengleichung $T(x) = ax + b$ mit $a = -\frac{\dot{q}}{\lambda} = konst$ und $b = T_1 = konst$, womit der geradlinige Verlauf von $T = T(x)$ bestätigt ist.

Da Temperaturdifferenzen in Kelvin- und Celsius-Graden identisch sind, gelten die Berechnungsgleichungen auch für Celsius-Temperatur-Werte.

Beispiel 9.1

Eine Ziegelwand mit $\lambda = 0,46\ W/(m\ K)$ ist $0,24\ m$ dick.

Es ist der flächenbezogene Wärmestrom durch diese Wand zu berechnen, wenn die Wandtemperaturen an den beiden Oberflächen $t_1 = 20\ °C$ und $t_2 = -10\ °C$ betragen.

Es ist die Stelle in der Wand zu bestimmen, an der die Temperatur genau $t(x) = 0\ °C$ beträgt. (Diese Stelle spielt bei der Wärmedämmung von Häuserwänden eine besondere Rolle. Es wird durch entsprechende Wärmedämmung verhindert, dass es bei Abkühlung feuchter Luft nicht zur Kondensation in der Wand, verbunden mit Verschlechterung des Wärmedämmverhaltens und evtl. Schimmelbildung kommt).

Gegeben:

$t_1(x = 0,00\ m) = 20\ °C$

$t_2(x = 0,24\ m) = -10\ °C$

$$\lambda = 0{,}46 \frac{W}{m\,K} = konst$$

$$\delta = 0{,}24\,m$$

Gesucht:

$\dot{q}$

$x = x(t = 0\,°C)$

Lösungsweg:

1. System: geschlossen

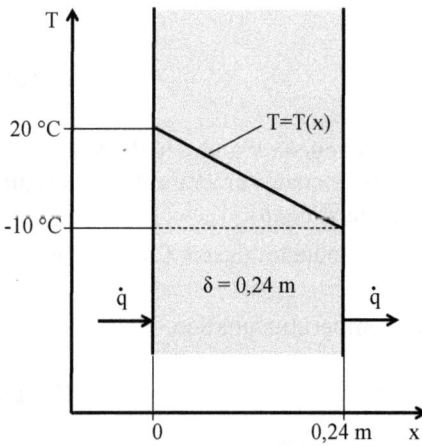

Abb. 9.2:   System für Beispiel 9.1

2. Ruhendes Bezugssystem BZS

3. Modellbildung
*   Berechnung des flächenbezogenen Wärmestroms
    Nach Gl. (9.10) gilt

$$\dot{q} = \frac{\lambda}{\delta}(T_1 - T_2) = \frac{0{,}46\frac{W}{m\,K}}{0{,}24\,m}(20 - (-10))K = 57{,}5\frac{W}{m^2}$$

*   Bestimmung des x-Wertes bei der Temperatur $t(x) = 0\,°C$
    Aus Gl. (9.11) folgt mit $x_1 = 0$

$$x - x_1 = x = \frac{\lambda}{\dot{q}}[t_1 - t(x)] = \frac{0{,}46\frac{W}{m\,K}}{57{,}5\frac{W}{m^2}}(20\,°C - 0\,°C) = \frac{0{,}46\frac{W}{m\,K}}{57{,}5\frac{W}{m^2}} \cdot 20\,K$$

$$x(t = 0\,°C) = 0{,}16\,m$$

9.2.2   Wärmeleitung durch eine mehrschichtige ebene Wand

Abb. 9.2 zeigt eine dreischichtige ebene Wand mit für jede Schicht unterschiedlichen materialabhängigen Wärmeleitfähigkeiten λ_1, λ_2, λ_3. Die Wärmeleitfähigkeiten sollen jeweils konstant sein. Die Schichten sollen dicht an dicht liegen, so dass die Temperaturen an den Oberflächen benachbarter Schichten gleich sind.

Nach dem ersten Hauptsatz muss in der Schicht, wenn dort die Summe aller Zustandsänderungen des Schichtsystems Null ist, jeweils der eintretende Wärmestrom gemäß Gl. (9.6) identisch mit dem austretenden sein. Bei der stationären Wärmeleitung ist der flächenbezogene Wärmestrom in allen Schichten gleich groß. Mit den Zwischentemperaturen

T_{12} – Temperatur zwischen Schicht 1 und 2

T_{23} – Temperatur zwischen Schicht 2 und 3

gilt für die drei Schichten

$$\dot{q} = \frac{\lambda_1}{\delta_1}(T_1 - T_{12}) \qquad (9.12)$$

$$\dot{q} = \frac{\lambda_2}{\delta_2}(T_{12} - T_{23}) \qquad (9.13)$$

$$\dot{q} = \frac{\lambda_3}{\delta_3}(T_{23} - T_2) \qquad (9.14)$$

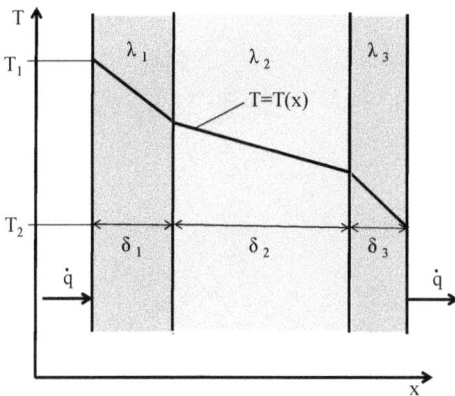

Abb. 9.3:   Stationäre eindimensionale Wärmeleitung durch eine ebene, homogene Wand

Aus Gln. (9.12), (9.13) und (9.14) folgt durch Umstellen nach den Zwischentemperaturen T_{12} und T_{23} und deren Elimination die Berechnungsbeziehung des spezifischen Wärmestroms für eine dreischichtige Wand

$$\dot{q} = \frac{T_1 - T_2}{\dfrac{\delta_1}{\lambda_1} + \dfrac{\delta_2}{\lambda_2} + \dfrac{\delta_3}{\lambda_3}} \qquad (9.15)$$

oder verallgemeinert für eine n-schichtige ebene Wand

$$\dot{q} = \frac{T_1 - T_2}{\frac{\delta_1}{\lambda_1} + \frac{\delta_2}{\lambda_2} + \cdots + \frac{\delta_n}{\lambda_n}} = \frac{T_1 - T_2}{\sum_i \frac{\delta_i}{\lambda_i}}$$ (9.16)

Beispiel 9.2

Die Betonwand eines Hauses mit $\lambda_1 = 1{,}28\,W/(m\,K)$ und der Wandstärke von $0{,}24\,m$ wird nach außen hin gedämmt mit einer $0{,}10\,m$ dicken Styroporschicht mit $\lambda_2 = 0{,}2W/(m\,K)$. (Die Wärmeleitfähigkeit von Styropor wird temperaturunabhängig angenommen, sonst müsste für die berechnete mittlere Temperatur der Dämmschicht eine iterative Korrektur vorgenommen werden.)

Es ist der flächenbezogene Wärmestrom durch diese Wand vor und nach der Dämmmaßnahme zu berechnen, wenn die Wandtemperaturen an der Hausinnenseite $t_1 = 20\,°C$ und an der Hausaußenseite $t_1 = -10\,°C$ betragen.

Gegeben:

$t_1(x = 0{,}00\,m) = 20\,°C$

$t_2(x = 0{,}24\,m) = -10\,°C$

$\lambda_1 = 1{,}28\,W/(m\,K)$

$\lambda_2 = 0{,}2\,W/(m\,K)$

$\lambda = 0{,}46\,W/(m\,K)$

$\delta_1 = 0{,}24\,m$

$\delta_2 = 0{,}10\,m$

Gesucht:

$\dot{q}$ vor und nach der Dämmung

Lösungsweg:

1.   System: geschlossen

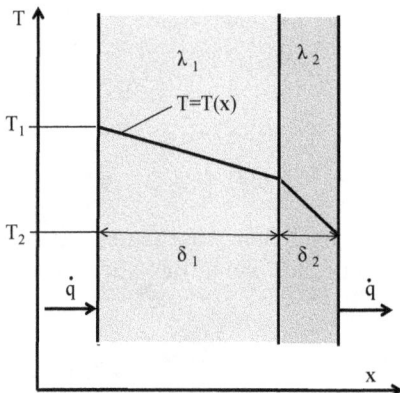

Abb. 9.4:   System für Beispiel 9.2

2. Ruhendes Bezugssystem BZS

3. Modellbildung
- Berechnung des flächenbezogenen Wärmestroms für die ungedämmte Wand

   Nach Gl. (9.16) gilt für eine Schicht

$$\dot{q} = \frac{T_1 - T_2}{\dfrac{\delta_1}{\lambda_1}} = \frac{20 - (-10)K}{\dfrac{0,24\,m}{1,28\,W/(m\,K)}} = \frac{30\,K}{0,1875\,\dfrac{m^2 K}{W}} = 160,0\,\frac{W}{m^2}$$

- Berechnung des flächenbezogenen Wärmestroms für die gedämmte Wand

   Nach Gl. (9.16) gilt für zwei Schichten

$$\dot{q} = \frac{T_1 - T_2}{\dfrac{\delta_1}{\lambda_1} + \dfrac{\delta_2}{\lambda_2}} = \frac{20 - (-10)K}{\dfrac{0,24\,m}{1,28\,W/(m\,K)} + \dfrac{0,10\,m}{0,20\,W/(m\,K)}} = \frac{30\,K}{0,6875\,\dfrac{m^2 K}{W}} = 43,6\,\frac{W}{m^2}$$

9.3 Konvektion

Im Gegensatz zur *Wärmeleitung*, d.h. zum thermischen Energietransport durch *Berührung zweier fester Stoffe* wird der thermischen Energietransport durch Berührung zweier Stoffe, bei denen wenigstens ein Stoff ein Fluid (Gas oder Flüssigkeit) ist, als Konvektion bezeichnet. Konvektion ist nur in fluiden Stoffen möglich.

Konvektion tritt bei *Berührung mit fluiden Stoffen* durch thermischen Energietransport auf. Der thermische Energietransport kann einerseits dadurch geschehen, dass die Wärme wie in festen Stoffen von Fluidteilchen zu Fluidteilchen geleitet wird und andererseits durch die sich bewegenden oder strömenden Stoffteilchen selbst erfolgen.

Da die Wärmeleitfähigkeiten von Fluiden gegenüber festen Stoffen sehr viel kleiner ist, siehe Tab. 9.1–9.3, kann selbige gegenüber dem thermischen Energietransport durch Konvektion ohne großen Genauigkeitsverlust vernachlässigt werden.

Die Wärmeübertragung durch Konvektion kann wie auch durch Leitung nur von höherer zu niederer Temperatur erfolgen.

Der Temperaturverlauf im strömenden Fluid ist im Gegensatz zu festen Stoffen nicht mehr linear, sondern, da die strömenden Teilchen sich in Bewegung befinden, dem Geschwindigkeitsprofil derselben ähnlich, siehe Abb. 9.5

Die Strömungsgeschwindigkeit c, die Strömungsart und Art der Entstehung der Strömung hat großen Einfluss auf den so genannten *konvektiven Wärmeübergang* vom Fluid auf die Feststoffwand und umgekehrt. Bei der *laminaren Strömung* bewegen sich die Fluidteilchen hauptsächlich auf parallelen Bahnen zur Feststoffwand. Da Fluide schlechte Wärmeleiter sind, ist der Wärmeübergang zur Wand gering.

Anders dagegen ist der Wärmetransport bei *turbulenter Strömung*. Die Teilchen vermischen sich auch quer zur Strömung und tragen damit ein Vielfaches gegenüber der laminaren Strömung zum konvektiven Wärmeübergang bei. Das Strömungsprofil der turbulenten Strömung ist in der Randschicht zur Feststoffwand sehr viel steiler als bei einer laminaren Strömung. Demzufolge ist auch das Temperaturgefälle beim konvektiven Wärmeübergang bei turbulenter Strömung in der Randschicht zur Feststoffwand sehr viel größer als bei der laminaren Strömung.

Nach Art der Entstehung der Strömung wird zwischen *freier Strömung* (infolge Dichteunterschieden zwischen warmen und kalten Fluidteilchen in einem Schwerefeld) und *erzwungener Strömung* (z.B. von Pumpen erzeugten Druckdifferenzen) unterschieden.

Es wird hier nicht näher auf die Theorie der laminaren und turbulenten Strömung und über die einzelnen Mechanismen des konvektiven Wärmeübergangs eingegangen. Vielmehr sollen qualitative Aussagen über die beeinflussenden Parameter herausgestellt werde.

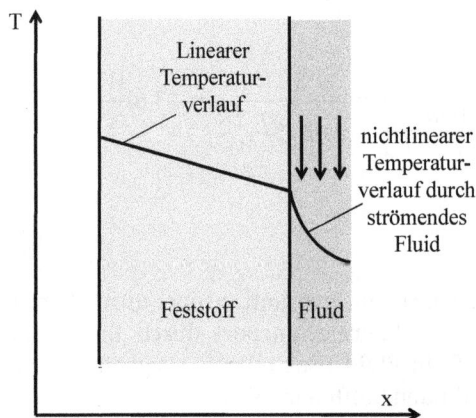

Abb. 9.5:   System für Beispiel 9.2

Einen Einfluss besitzt auch die Wärmeleitfähigkeit des strömenden Fluids auf den Wärmeübergang. Auch die geometrische Form und die Oberflächenbeschaffenheit der Wärmeübergangsfläche sind nicht unwesentlich. Maßnahmen wie z.B. Aufrauen der Oberfläche führen zu turbulenten Strömungen und damit zu verbesserten Wärmeübergängen.

Diese und eine Menge anderer Einflussfaktoren lassen sich zu einem so genannten Wärmeübergangskoeffizienten α zusammenfassen. Der Wärmeübergangskoeffizient α ist keine Stoffkonstante wie die Wärmeleitfähigkeit λ. Aus den vorstehenden Ausführungen geht hervor, dass der Wärmeübergangskoeffizient α von einer Vielzahl von Einflussfaktoren abhängt. Somit gilt

$$\alpha = \alpha(c, \lambda, \text{Oberflächengeometrie}, \ldots) \tag{9.17}$$

Die mathematisch-physikalische Ermittlung dieser komplizierten Abhängigkeit soll hier nicht weiter vertieft werden. Dem Anliegen dieses Buches gerecht werdend, wird hier der einfachere Weg über Erfahrungsgesetze und experimentell ermittelte Wärmeübergangskoeffizienten beschritten.

Ähnlich zum Aufbau des Grundgesetzes der Wärmeleitung von FOURIER

$$\dot{Q} \sim \text{Stoffgröße} \cdot A \cdot \Delta T / \Delta x \tag{9.18}$$

ist auch der Aufbau der Grundgleichung des Wärmeübergangs

$$\dot{Q} \sim \text{Koeffizient} \cdot A \cdot \Delta T \qquad (9.19)$$

Der Wärmestrom ist der berührten Fläche zwischen Wand und Fluid aber nicht einem Temperaturgefälle $\Delta T / \Delta x$, sondern der Temperaturdifferenz ΔT zwischen Wandtemperatur T_W und Fluidtemperatur T_F proportional. Der Proportionalitätsfaktor (Koeffizient) α heißt hier Wärmeübergangskoeffizient durch Konvektion. Wie festgestellt wurde, ist α kein Stoffwert, sondern wird von vielen Parametern beeinflusst und kann für viele technische Bedingungen als experimentell ermittelter Wert aus einschlägigen Tabellen entnommen werden.

Damit ergibt sich für die Berechnung des Wärmeübergangs durch Konvektion die einfache Beziehung

$$\dot{Q} = \alpha \cdot A \cdot \Delta T \qquad (9.20)$$

Gl. (9.20) ist die Grundgleichung des Wärmeübergangs durch Konvektion nach NEWTON. Die Temperaturdifferenz zwischen Wandtemperatur T_W und Fluidtemperatur T_F ist dabei

$$\Delta T = T_F - T_W \; \text{bei Wärmestrom von Fluid zu Wand} \qquad (9.21)$$

oder

$$\Delta T = T_W - T_F \; \text{bei Wärmestrom von Wand zu Fluid} \qquad (9.22)$$

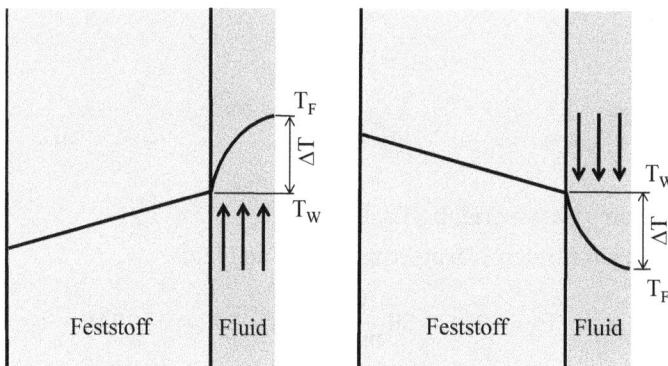

Abb. 9.6:   Temperaturverlauf beim Wärmeübergang (links von Fluid an Wand, rechts von Wand an Fluid)

Beispiel 9.3

Die Karosserie eines fahrenden Autos hat eine Oberfläche von $6 \, m^2$ und eine Oberflächentemperatur von $t_W = 15 \, °C$ Die Umgebungstemperatur der Luft beträgt $t_F = 10 \, °C$. Der Wärmeübergangskoeffizient wird mit $\alpha = 50 \frac{W}{m^2 K}$ vorgegeben. Die Strömung der Luft am Auto kann wie die Strömung an einer ebenen Wand angenommen werden.

Es ist der Wärmestrom von der Karosserieoberfläche zur Außenluft zu berechnen.

Gegeben:

$t_W = 15\,°C$

$t_F = 10\,°C$

$\Delta T = T_W - T_F = 5\,K$

$A = 6\,m^2$

$\alpha = 50\dfrac{W}{m^2 K}$

Gesucht:

$\dot{Q}$

Lösungsweg:

1. System: geschlossen

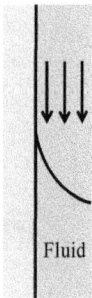

Abb. 9.7:   System für Beispiel 9.3

2. Ruhendes Bezugssystem BZS

3. Modellbildung
- Berechnung des Wärmestroms Karosserieoberfläche an Luft

    Nach Gln. (9.20) und (9.22) gilt für den Wärmestrom Wand an Fluid

$$\dot{Q} = \alpha \cdot A \cdot \Delta T = \alpha \cdot A \cdot (t_W - t_F) = 50\frac{W}{m^2 K} \cdot 6\,m^2 \cdot 5\,K = 1500\,W$$

9.4   Strahlung

Thermischer Energietransport durch *Strahlung* unterscheidet sich gänzlich vom thermischen Energietransport der Leitung und Konvektion. Strahlung kann durch einen leeren Raum erfolgen, d.h. der thermische Energietransport durch Strahlung ist an keinem Stoffteilchen, an keinen stofflichen Träger gebunden, sondern erfolgt durch elektromagnetische Wellen, die sich mit Lichtgeschwindigkeit fortbewegen. Wesentlichen Einfluss auf die Größe des abgegebenen Energiestromes hat die Temperatur des Strahlers, deshalb auch neben der so genannten Wärmestrahlung auch der Name Temperaturstrahlung.

Die Temperaturstrahlung umfasst einen Wellenlängenbereich von $0{,}8\ \mu m$ bis $800\ \mu m$ und kann von festen, flüssigen und gasförmigen Stoffen ausgehen und auf einen festen, flüssigen oder gasförmigen Körper auftreffen.

Ein Körper kann im Allgemeinen von der ankommenden flächenbezogenen Bestrahlungsstärke E einen Teil a absorbieren, einen Teil r reflektieren und einen Teil d unverändert hindurch lassen.

(Die Bestrahlungsstärke E darf nicht verwechselt werden mit der Exergie E. Leider haben sich in der Literatur die Bezeichnungen so gefestigt, dass sie hier nicht geändert werden sollen).

Damit lässt sich für die auf den Körper auftreffende flächenbezogene Bestrahlungsstärke E wie folgt angeben.

$$E = a \cdot E + r \cdot E + d \cdot E \tag{9.23}$$

Dabei gilt

$$a + r + d = 1 \tag{9.24}$$

Mit

$$a \quad \text{Absorptionskoeffizient} \tag{9.25}$$

$$r \quad \text{Reflexionskoeffizient} \tag{9.26}$$

$$d \quad \text{Durchlasskoeffizient} \tag{9.27}$$

Ein Körper, der die gesamte Strahlung absorbiert ($a = 1$), heißt schwarzer Körper.

Ein Körper, der die gesamte Strahlung reflektiert ($r = 1$), heißt weißer Körper.

Ein Körper, der die gesamte Strahlung hindurch lässt ($d = 1$), heißt diatherm.

(Die Bezeichnungen schwarz und weiß haben nichts mit der farblichen Wahrnehmung zu tun.)

Bei festen und flüssigen Körpern erfolgt die Absorption der Strahlung bereits dicht unter der Oberfläche in einer absorbierenden Randschicht von $1\ \mu m$ bis $1\ mm$ Dicke.

Körper in *technischen Anwendungsbereichen*, die dicker als diese Randschicht sind, absorbieren und reflektieren, aber lassen keine Strahlung durch. Für diese gilt

$$a + r = 1 \tag{9.28}$$

Absolut schwarze oder absolut weiße Körper gibt es nicht. Es gibt nur nahezu schwarze Körper. Das dunkelste derzeit bekannte Material (University of Michigan) sind Kohlenstoff-Nanoröhrchen mit $a = 0{,}999, r = 0{,}001$, bei dem Licht praktisch weder reflektiert noch gestreut und die Oberflächenstruktur des Objektes praktisch unsichtbar ist. Ein nahezu weißer Körper wäre z.B. poliertes Gold mit $a = 0{,}02, r = 0{,}98$.

Der absolut schwarze Körper dient lediglich als Modellfall, er emittiert bei einer bestimmten Temperatur von allen möglichen Körpern den größten flächenbezogenen Energiestrom $\dot{E}_S$ in der Maßeinheit W/m^2. Der Index s bedeutet schwarze Strahlung.

Bei zwei sich gegenüber erstehenden Flächen gleicher Temperatur, von denen die eine grau und die andere schwarz ist, absorbiert die graue Fläche den Strahlungsenergie-strom

$$\dot{E} = a \cdot \dot{E}_S \tag{9.29}$$

Umgekehrt kann der graue Körper genau den gleichen Energiestrom emittieren.
Mit

$$\varepsilon \quad \text{Emissionskoeffizient} \tag{9.30}$$

folgt somit

$$\dot{E} = \varepsilon \cdot \dot{E}_S \tag{9.31}$$

Daraus folgt das Gesetz von KIRCHHOFF

$$\varepsilon = a \tag{9.32}$$

Gase verhalten sich anders als flüssige und feste Körper. Sie absorbieren nur in be-stimmten Wellenlängenbereichen. Einige Gase sind diatherm (Wasserstoff, Stickstoff, Sauerstoff) und es gilt für diese Gase

$$d = 1 \tag{9.33}$$

Andere Gase absorbieren und reflektieren (Kohlendioxid, Kohlenmonoxid, Methan und Kohlenwasserstoffgase), aber nicht an der Oberfläche, sondern im Innern des Gaskör-pers an den Molekülen. Sie sind umso klimaschädigender, je dicker der Gaskörper ist und es gilt für diese Gase

$$a + d = 1 \tag{9.34}$$

Nach STEFAN-BOLZMANN ist der flächenbezogene Energiestrom der schwarzen Strah-lung der 4. Potenz der Strahlertemperatur proportional.

$$\dot{E}_S \sim \left(\frac{T}{100}\right)^4 \tag{9.35}$$

Mit einem Proportionalitätsfaktor C_s wird daraus eine Beziehung zur Berechnung des flächenbezogenen Energiestroms des schwarzen Strahlers

$$\dot{E}_S = C_s \left(\frac{T}{100}\right)^4 \tag{9.36}$$

mit

$$C_s = 5{,}670 \; \frac{W}{m^2 K^4} \tag{9.37}$$

C_s ist der Strahlungskoeffizient des schwarzen Strahlers (und $\sigma = C_s/100^4$ ist die STE-FAN-BOLTZMANN-Konstante, die nicht zu verwechseln ist mit der BOLTZMANN-Konstante k_B im Abschn. 6.2.3).

Nach Gl. (9.31) lässt sich daraus mit dem Emissionsverhältnis ε der abgestrahlte flächenbezogene Energiestrom technischer Oberflächen (grauer Körper) wie fogt berechnen

$$\dot{E} = \varepsilon \cdot C_s \left(\frac{T}{100}\right)^4 \tag{9.38}$$

Eine technische Oberfläche A emittiert den Wärmestrom

$$\dot{Q} = A \cdot \varepsilon \cdot C_s \left(\frac{T}{100}\right)^4 \tag{9.39}$$

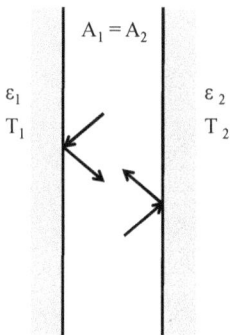

Abb. 9.8: Strahlungsaustausch zwischen zwei parallelen Flächen gleicher Größe

Zwei parallele gleichgroßen Flächen $A_1 = A_2 = A$, Abb. 9.8, mit den Emissionsverhältnissen ε_1 bzw. ε_2 und den Temperaturen T_1 bzw. T_2 übertragen folgenden Wärmestrom

$$\dot{Q}_{12} = \frac{A \cdot C_s}{\dfrac{1}{\varepsilon_1} + \dfrac{1}{\varepsilon_2} - 1} \cdot \left[\left(\frac{T_1}{100}\right)^4 - \left(\frac{T_2}{100}\right)^4\right] \tag{9.40}$$

Dabei wird von folgenden Voraussetzungen ausgegangen:

Jede der beiden Flächen emittiert und reflektiert Strahlung.

Die gesamte von einer Fläche ausgehende Strahlung soll die andere Fläche treffen und umgekehrt (das bedeutet technisch: nicht zu großer Flächenabstand).

Beispiel 9.4

Für einen Thermosbehälter der chemischen Industrie mit annähernd gleicher Innen- und Außenfläche $A_1 = A_2 = A = 0{,}2\ m^2$ ist der durch die Wandung gehende Wärmestrom zu berechnen. Die Temperatur der Innenfläche A_1 des Thermosbehälters beträgt $t_1 = 95\,°C$ und die Temperatur der Außenfläche A_2 ist identisch mit der Umgebungstemperatur von $t_2 = 22\,°C$.

Die Innen- und Außenwand des Thermosbehälters haben im Verhältnis zur Oberfläche A einen sehr geringen Abstand. Die Emissionskoeffizienten der beiden Oberflächen werden mit $\varepsilon_1 = \varepsilon_2 = 0,05$ vorgegeben.

Gegeben:

$A_1 = A_2 = A = 0,2\ m^2$

$t_1 = 95\ °C \quad T_1 = 368,15\ K$

$t_2 = 22\ °C \quad T_2 = 295,15\ K$

$\varepsilon_1 = \varepsilon_2 = 0,05$

$C_s = 5,670\ \dfrac{W}{m^2 K^4}$

Gesucht:

$\dot{Q}_{12}$

Lösungsweg:

1.　System: geschlossen

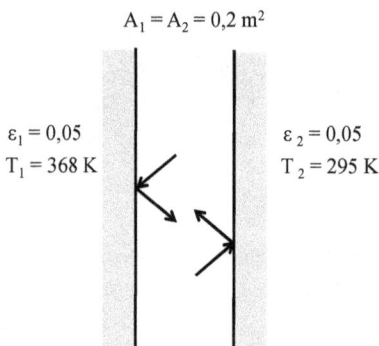

$A_1 = A_2 = 0,2\ m^2$

$\varepsilon_1 = 0,05$
$T_1 = 368\ K$

$\varepsilon_2 = 0,05$
$T_2 = 295\ K$

Abb. 9.9:　System für Beispiel 9.4

2.　Ruhendes Bezugssystem BZS

3.　Modellbildung

• Berechnung des Wärmestroms

Nach Gl. (9.40) gilt für den Wärmestrom durch Strahlung zwischen zwei gleichen Flächen geringen Abstandes

$$\dot{Q}_{12} = \frac{A \cdot C_s}{\dfrac{1}{\varepsilon_1} + \dfrac{1}{\varepsilon_2} - 1} \cdot \left[\left(\frac{T_1}{100}\right)^4 - \left(\frac{T_2}{100}\right)^4 \right]$$

$$\dot{Q}_{12} = \frac{0,2\ m^2 \cdot 5,670\ \dfrac{W}{m^2 K^4}}{\dfrac{1}{0,05} + \dfrac{1}{0,05} - 1} \left[\left(\frac{368,15\ K}{100}\right)^4 - \left(\frac{295,15}{100}\right)^4 \right] = 3,06\ W$$

9.5   Kombination von Strahlung und Konvektion

Bei technischen Oberflächen ist sehr oft ein thermischer Energietransport sowohl durch Strahlung als auch durch Konvektion vorhanden.

Eine Heizfläche A_1 mit der Oberflächentemperatur T_1 gibt Wärme durch Konvektion an das durch Thermik vorbeiströmende Fluid (z.B. Luft) mit der Temperatur T_F und durch Strahlung an einen davor stehenden Körper mit der Oberfläche A_2 und der Oberflächentemperatur T_2 ab.

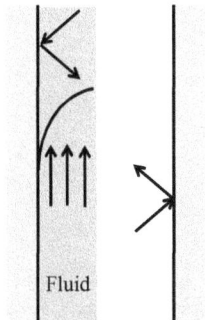

Abb. 9.10:   Thermischer Energietransport durch Konvektion und Strahlung

Mit der Annahme von $A_1 \approx A_1 \approx A$ beträgt der übertragene Gesamtwärmestrom nach Gl. (9.20) und (9.40)

$$\dot{Q} = \alpha \cdot A \cdot (T_1 - T_F) + \frac{A \cdot C_s}{\frac{1}{\varepsilon_1} + \frac{1}{\varepsilon_2} - 1} \cdot \left[\left(\frac{T_1}{100}\right)^4 - \left(\frac{T_2}{100}\right)^4 \right] \qquad (9.41)$$

Beispiel 9.5

Eine Heizfläche $A_1 = 10\,m^2$ mit der Oberflächentemperatur $T_1 = 303\,K$ gibt Wärme durch Konvektion an das durch Thermik vorbeiströmende Fluid (z.B. Luft) mit der Temperatur $T_F = 293\,K$ und durch Strahlung an einen davor stehenden Körper mit der Oberflächentemperatur $T_2 = 291\,K$ ab. Der Wärmeübergangskoeffizient beträgt $\alpha = 4\,W/(m^2 K)$.

Die Oberflächen A_1 und A_2 können als gleich angenommen werden.

Die Emissionskoeffizienten betragen $\varepsilon_1 = 0,05$ und $\varepsilon_2 = 0,04$. Der Strahlungskoeffizient des schwarzen Strahlers beträgt $C_s = 5,670\,\frac{W}{m^2 K^4}$.

Gegeben:

$A_1 = A_2 = A = 10\,m^2$

$T_1 = 303\,K$

$T_2 = 291\,K$

$T_F = 293\,K$

$\varepsilon_1 = 0,05$

$\varepsilon_2 = 0{,}04$

$\alpha = 4\,\dfrac{W}{m^2 K}$

$C_s = 5{,}670\ \dfrac{W}{m^2 K^4}$

Gesucht:

$\dot{Q}$

Lösungsweg:

1. System: geschlossen

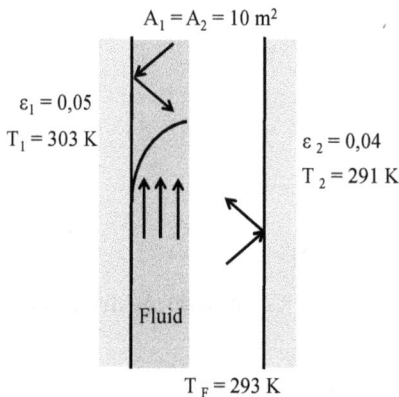

Abb. 9.11:   System für Beispiel 9.5

2. Ruhendes Bezugssystem BZS

3. Modellbildung
*   Berechnung des Wärmestroms

    Nach Gl. (9.41) gilt für den kombinierten Wärmestrom durch Strahlung zwischen zwei gleichen Flächen geringen Abstandes und Konvektion zwischen Wandfäche und Fluid

$$\dot{Q} = \alpha \cdot A \cdot (T_1 - T_F) + \frac{A \cdot C_s}{\dfrac{1}{\varepsilon_1} + \dfrac{1}{\varepsilon_2} - 1} \cdot \left[\left(\frac{T_1}{100}\right)^4 - \left(\frac{T_2}{100}\right)^4\right]$$

$$\dot{Q}_{12} = 4\,\frac{W}{m^2 K} \cdot 3\,m^2 \cdot (303 - 293)\,K + \frac{10\,m^2 \cdot 5{,}670\,\frac{W}{m^2 K^4}}{\dfrac{1}{0{,}05} + \dfrac{1}{0{,}04} - 1} \cdot \left[\left(\frac{303\,K}{100}\right)^4 - \left(\frac{291}{100}\right)^4\right]$$

$$\dot{Q}_{12} = 120\,W + 16\,W = 136\,W$$

9.6   Kombination von Konvektion und Leitung

Bei technischen Prozessen ist sehr oft ein thermischer Energietransport sowohl durch Konvektion als auch durch Leitung vorhanden. Der thermische Energietransport von einem wärmeren Fluid an ein kälteres Fluid durch eine feste Wand, wie er z.B. in Wärmeübertragern stattfindet, wird als *Wärmedurchgang* bezeichnet.

Der Wärmedurchgang, siehe Abb. 9.12, setzt sich zusammen aus

- Wärmeübergang vom wärmeren Fluid an die Wand
- Wärmeleitung durch die Wand und
- Wärmeübergang von der Wand an das kältere Fluid

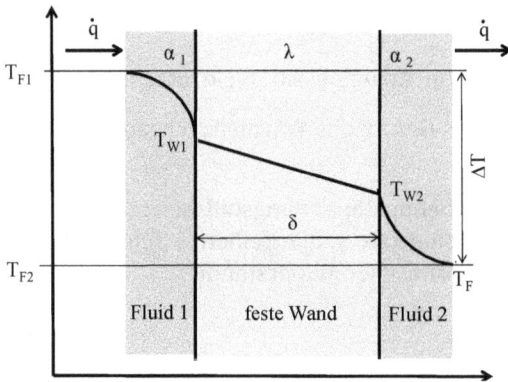

Abb. 9.12:   Wärmedurchgang durch eine ebene Wand

Für den flächenbezogenen Wärmeübergang vom Fluid 1 zur Wand gilt nach Gl. (9.20) und (9.21)

$$\dot{q} = \alpha_1 \cdot (T_{F1} - T_{W1}) \tag{9.42}$$

Für die Wärmeleitung in der Wand gilt nach Gl. (9.10)

$$\dot{q} = \frac{\lambda}{\delta} \cdot (T_{W1} - T_{W2}) \tag{9.43}$$

Für den flächenbezogenen Wärmeübergang von der Wand zum Fluid 2 zur gilt nach Gl. (9.20) und (9.22)

$$\dot{q} = \alpha_2 \cdot (T_{W2} - T_{F2}) \tag{9.44}$$

Die Gln. (9.42) bis (9.44) jeweils nach T_{W1} und T_{W2} umgestellt, führt zur Elimination dieser beiden Wandtemperaturen und es folgt

$$\dot{q} = \frac{T_{F1} - T_{F2}}{\dfrac{1}{\alpha_1} + \dfrac{\delta}{\lambda} + \dfrac{1}{\alpha_2}} = \frac{\Delta T}{\dfrac{1}{\alpha_1} + \dfrac{\delta}{\lambda} + \dfrac{1}{\alpha_2}} \tag{9.45}$$

oder allgemein für eine n-schichtige ebene Wand mit Gl. (9.16)

$$\dot{q} = \frac{T_{F1} - T_{F2}}{\frac{1}{\alpha_1} + \Sigma_i \frac{\delta_i}{\lambda_i} + \frac{1}{\alpha_2}} = \frac{\Delta T}{\frac{1}{\alpha_1} + \Sigma_i \frac{\delta_i}{\lambda_i} + \frac{1}{\alpha_2}} \qquad (9.46)$$

In der Verfahrenstechnik und im thermischen Apparatebau wird als Maß für den Wärmestromdurchgang durch eine ein- oder mehrschichtige Wand bei unterschiedlichen Fluidtemperaturen auf beiden Wandseiten der so genannte Wärmedurchgangskoeffizient k und in der Bauphysik der so genannte Wärmedämmwert U verwendet.

$$k = \frac{1}{\frac{1}{\alpha_1} + \Sigma_i \frac{\delta_i}{\lambda_i} + \frac{1}{\alpha_2}} \qquad (9.47)$$

Gl. (9.46) könnte mit der Stromgröße $\dot{q} = \frac{\Delta T}{R_T}$ in Analogie zur Elektrotechnik mit der elektrischen Stromgröße $I = \frac{\Delta U}{R}$ als OHMsches Gesetz des Wärmedurchgangs bezeichnet werden.

Analog zur elektrischen Stromgröße I, zur treibenden Spannungsdifferenz ΔU und zum elektrischen Widerstand R stehen hier die Stromgröße $\dot{q}$, die treibende Temperaturdifferenz ΔT und die Summe der so genannten thermischen Widerstände

$$R_T = \frac{1}{\alpha_1} + \sum_i \frac{\delta_i}{\lambda_i} + \frac{1}{\alpha_2} \qquad (9.48)$$

mit folgenden thermischen Einzelwiderständen

$$R_{\ddot{U},1} = \frac{1}{\alpha_1} \quad \text{Wärmeübergangswiderstand} \qquad (9.49)$$

$$R_{\ddot{U},2} = \frac{1}{\alpha_2} \quad \text{Wärmeübergangswiderstand} \qquad (9.50)$$

$$R_{D,i} = \frac{\delta_i}{\lambda_i} \quad \text{Wärmeleitwiderstand} \qquad (9.51)$$

Daraus folgt für den flächenbezogenen Wärmestrom durch eine mehrschichtige ebene Wand

$$\dot{q} = \frac{\Delta T}{R_T} = k \cdot \Delta T \qquad (9.52)$$

und für den Wärmestrom durch eine mehrschichtige ebene Wand

$$\dot{Q} = \frac{A \cdot \Delta T}{R_T} = k \cdot A \cdot \Delta T \qquad (9.53)$$

Beispiel 9.6

Für eine mehrschichtige ebene Wand, siehe Abb. 9.13, mit $\delta_1 = 3\ cm$, $\delta_2 = 10\ cm$, $\alpha_1 = 100\ W/(m^2 K)$, $\alpha_2 = 1000\ W/(m^2 K)$, $\lambda_1 = 50\ W/(m\ K)$ und $\lambda_2 = 0{,}04\ W/(m\ K)$ ist der Wärmedurchgangskoeffizient k zu berechnen.

Gegeben:

$\alpha_1 = 100\ W/(m^2 K)$

$\alpha_2 = 1000\ W/(m^2 K)$

$\delta_1 = 3\ cm$

$\delta_2 = 10\ cm$

$\lambda_1 = 50\ W/(m\ K)$

$\lambda_2 = 0{,}04\ W/(m\ K)$

Gesucht:

k

Lösungsweg:

1. System: geschlossen

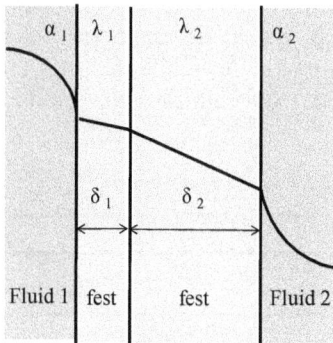

Abb. 9.13: System für Beispiel 9.6

2. Ruhendes Bezugssystem BZS

3. Modellbildung
- Berechnung des Wärmedurchgangskoeffizienten (k-Wert)

    Nach Gln. (9.47) und (9.49) bis (9.51) gilt für die thermischen Widerstände und der Berechnungsgleichung für den Wärmedurchgangskoeffizienten k

    $$\frac{1}{\alpha_1} = 0{,}01\ \frac{m^2 K}{W}$$

    $$\frac{\delta_1}{\lambda_1} = \frac{0{,}03\ m}{50\ W/(m\ K)} = 0{,}0006\ \frac{m^2 K}{W}$$

$$\frac{\delta_2}{\lambda_2} = \frac{0,10\ m}{0,04\ W/(m\ K)} = 2,5\ \frac{m^2 K}{W}$$

$$\frac{1}{\alpha_2} = 0,001\ \frac{m^2 K}{W}$$

$$k = \frac{1}{\frac{1}{\alpha_1} + \frac{\delta_1}{\lambda_i} + \frac{\delta_2}{\lambda_2} + \frac{1}{\alpha_2}}$$

$$k = \frac{1}{0,01\ \frac{m^2 K}{W} + 0,0006\ \frac{m^2 K}{W} + 2,5\ \frac{m^2 K}{W} + 0,001\ \frac{m^2 K}{W}}$$

$$k = \frac{1}{2,5116\ \frac{m^2 K}{W}} = 0,4\ \frac{W}{m^2 K}$$

9.7   Zusammenstellung wesentlicher Merkmale des thermischen Energietransports

Die wesentlichen Merkmale des thermischen Energietransports durch Wärmeleitung, konvektiven Wärmeübergang und durch Strahlung wie z.B. die Art der beim Transport beteiligten Körper, die Art des thermischen Energietransports und schließlich das zugehörige physikalisch-mathematische Modell (Grundgesetz) zur einfachen Berechnung des ensprechenden Vorgangs sind in Tab. 9.4 aufgelistet.

Tab. 9.4:   Zusammenstellung wesentlicher Merkmale des thermischen Energietransports

Thermischer Energietransport			
Art	Wärmeleitung	Konvektion	Strahlung
Energie – Transport – Vorgang	stoffgebunden intermolekular interatomar	stoffgebunden (makroskopische Teilchenbewegung)	nichtstoffgebunden (elektromagnetische Wellen)
Ort des Energie – Transports	innerhalb Festkörpern innerhalb Fluids	zwischen Festkörper und strömenden Fluid und umgekehrt	Emissionsort kann Oberfläche von Festkörpern oder Fluiden sein
Grund – gesetz	FOURIER $\dot{q} = -\lambda \cdot \frac{dT(x)}{dx}$	NEWTON $\dot{q} = \alpha \cdot \Delta T$	STEFAN – BOLZMANN $\dot{E} = \varepsilon \cdot C_s \cdot \left(\frac{T}{100}\right)^4$

Selbstverständlich können die Transportvorgänge der Wärmeleitung, Konvektion und Strahlung sich überlagern oder nebeneinander auftreten, wie in den Abschnitten 9.5 und 9.6 beschrieben wurde. Andererseits können untergeordnete Wärmeleitungsvorgänge in Flüssigkeiten und Gasen gegenüber den Wärmeleitvorgängen in Festkörpern mit hinreichender technischer Genauigkeit vernachlässigt werden.

Literatur

[1] Baehr, Hans-Dieter und Kabelac, Stephan, Thermodynamik, 13. Aufl., Berlin Heidelberg New York 2006

[2] Hahne, Erich, Technische Thermodynamik, 5. Aufl. Oldenbourg Verlag, München Wien 2010

[3] Meyer, Günter und Schiffner, Erich, Technische Thermodyamik, 4. Aufl., Leipzig 1989

[4] Elsner, Norbert, Grundlagen der Technischen Thermodynamik, 7. Aufl., Berlin 1988

[5] Bosnjakovic; F., Technische Thermodynamik, 8. Aufl., Darmstadt 1998

[6] VDI-Wärmeatlas, 10. Aufl., Düsseldorf 2006

[7] Windisch, Herbert, Thermodynamik, 4. Aufl., Oldenbourg Verlag, München 2011

[8] Herwig, H. und Kautz, Christian, Technische Thermodynamik, Pearson Studium, München 2007

[9] Doering, Ernst, Schedwill, Herbert und Dehli, Martin, Grundlagen der technischen Thermo-dynamik, 6. Aufl., Wiesbaden 2008

[10] Geller, Wolfgang,Thermodynamik für Maschinenbauer, 4. Aufl., Berlin 2006

[11] Lucas, Klaus, Thermodynamik, 7. Aufl., Berlin 2008

[12] Lüdecke, Christa und Lüdecke, Dorothea, Thermodynamik, Berlin 2000

[13] Langeheinecke, Klaus, Jany Peter und Thieleke, Gerd, Thermodynamik für Ingenieure, 8. Aufl., Wiesbaden 2011

[14] Cerbe, Günter und Wilhelms, Gernot, Technische Thermodynamik, 16 Aufl., München 2011

[15] Reimann,Michael, Thermodynamik mit Mathcad, München 2010

[16] Stierstadt, Klaus, Thermodynamik, Berlin 2010

[17] Müller, Ingo, Grundzüge der Thermodynamik, 3. Aufl., Berlin 2001

[18] Weigand, Bernhard, Köhler, Jürgen und v. Wolfersdorf, Jens, Thermodynamik kompakt, Berlin 2010

[19] Nickel, Ulrich, Lehrbuch der Thermodynamik, 2. Aufl., Erlangen 2011

[20] Kittel, Charles und Krömer, Herbert, Thermodynamik, 5. Aufl., Oldenbourg V., München 2001

[21] Langbein, Werner, Thermodynamik, 3. Aufl., Frankfurt 2010

[22] Fischer, Siegfried, Zur Berücksichtigung der Temperaturabhängigkeit der spezifischen Wärme von Einzelgasen und Gasgemischen bei der thermodynamischen Berechnung von Strömungsmaschinen, Freiberger Forschungsheft Ausgabe 381, Leipzig 1965

[23] Hütte I, Des Ingenieurs Taschenbuch Maschinenbau, 28. Aufl., Berlin 1954

[24] Dittrich, E. u.a. Technische Thermodynamik, Abschn. 4 in Taschenbuch Maschinenbau, Band 2, Berlin 1985

[25] Faltin, Hans, Technische Wärmelehre, berichtigter Nachdruck der 4. Aufl. Berlin 1964

[26] Michejew, Michail Aleksandrowič, Grundlagen der Wärmeübertragung, 3. Aufl. Berlin 1968

Index

www.ingramcontent.com/pod-product-compliance
Lightning Source LLC
Chambersburg PA
CBHW081103220326

41598CB00038B/7203